# Fundamentos
# de diseño microelectrónico

Luis Castañer
Vicente Jiménez
Daniel Bardés

Material complementario del libro:
http://www.edicionsupc.es/edv062

**UPC** Edicions UPC
UNIVERSITAT POLITÈCNICA DE CATALUNYA

Primera edición: mayo de 2002
Reimpresión: septiembre de 2009

Diseño de la cubierta: Ernest Castelltort

© Los autores, 2002

© Edicions UPC, 2002
Edicions de la Universitat Politècnica de Catalunya, SL
Jordi Girona Salgado 1-3, 08034 Barcelona
Tel.: 934 137 540   Fax: 934 137 541
Edicions Virtuals: www.edicionsupc.es
E-mail: edicions-upc@upc.es

Producción:    LIGHTNING SOURCE

Depósito legal: B-21755-2002
ISBN: 978-84-8301-846-0

# Introducción

El libro *Fundamentos de diseño microelectrónico* ha sido desarrollado principalmente como una herramienta de autoaprendizaje, en que se hace un amplio uso de las capacidades de interactividad del formato *Adobe Portable Document*, PDF. Este énfasis en el autoaprendizaje puesto en el material hacen de él un complemento útil en cualquier curso básico de microelectrónica, aunque está originalmente pensado como soporte teórico de una asignatura cuatrimestral de tres créditos de teoría, apoyada en unas prácticas paralelas de otros tres créditos.

El diseño de circuitos o de sistemas destinados a resolver problemas electrónicos de tratamiento de señales analógicas o digitales forma parte de la vida profesional de los ingenieros con perfil electrónico. Además, el temario propuesto comparte objetivos con otras muchas áreas de ingeniería donde se precisa un recorrido eficaz desde la concepción de un circuito o sistema hasta su implentación práctica y la verificación de las especificaciones.

El diseño microelectrónico a nivel de transistor es, quizá, una de las disciplinas de diseño más atractivas porque se desarrolla en contacto directo con los modelos de los dispositivos que son pieza fundamental de la electrónica: los transistores. El objetivo último del diseño es decidir las interconexiones, tamaños y posiciones relativas de dichos transistores. El diseñador tiene la capacidad de decidir entre muchas opciones para la realización de un circuito, simplemente eligiendo topologías, disposición y tamaños para una tecnología de fabricación determinada.

El diseño estructurado, apoyado en todas sus etapas por herramientas de simulación tipo SPICE, permite ir depurando la implementación del circuito para cumplir con especificaciones parciales, hasta satisfacer la funcionalidad lógica y eléctrica. Entonces se plasma el circuito en un conjunto de máscaras que, utilizadas en un proceso de fabricación, normalmente CMOS, permite obtener las muestras físicas de los componentes para comprobar sus prestaciones.

Este camino es el que recorre el diseñador interesado al seguir este material, que contiene dos elementos fundamentales: los contenidos teóricos propuestos y el diseño de un circuito concreto en las prácticas asociadas.

Los contenidos teóricos desarrollados en este libro están pensados de forma que los conceptos fundamentales del diseño digital y analógico se describen utilizando modelos sencillos, que permiten obtener, en una primera aproximación, criterios para las decisiones que tienen que ver con la topología del circuito, así como unos valores orientativos de los tamaños de los transistores que se deben implementar. Los resultados de los modelos teóricos son verificados y refinados con ayuda de las herramientas numéricas de simulación, lo que permite avanzar rápidamente.

El primer capítulo está pensado para proporcionar los elementos necesarios para poder comenzar a desarrollar el estudio previo de las prácticas de laboratorio y por ese motivo describe los modelos SPICE de los transistores MOS así como algunas características indispensables de los circuitos CMOS. Así mismo, se avanza una parte del temario y se describen los principios de funcionamiento de una fuente de corriente, que es el primer circuito analógico que se describe en el curso por ser uno de los circuito clave en el diseño que se propone para las prácticas de laboratorio.

A continuación se adopta el cauce normal del curso, pensado para seguirse a un ritmo de un capítulo por semana. Las cinco semanas siguientes están dedicadas a los circuitos digitales: se describen en profundidad los conceptos de robustez de los circuitos digitales, velocidad y consumo de potencia; se desarrollan modelos de retardo que permiten comprender las mejores opciones para hacer rápido a un circuito digital; y por último, en esta parte se describen algunos circuitos muy usados en microelectrónica como osciladores y comparadores con histéresis.

En esta fase del curso, el trabajo del laboratorio debe estar a punto de concluir la fase de concepción y simulación para introducir específicamente el diseño de los *layouts* o máscaras necesarias para la implementación del circuito diseñado. En este punto se hace imprescindible conocer los aspectos principales de un proceso tecnológico microelectrónico. Eso permite comprender las reglas de diseño que deben ser respetadas para que un circuito tenga garantizado el funcionamiento una vez fabricado.

A partir de este capítulo, y hasta el penúltimo, se describen los circuitos analógicos más comunes así como su implementación en circuito integrado. Se describen las arquitecturas específicas para tecnologías CMOS y bipolar y se verifican mediante simulación sus prestaciones de ganancia, ancho de banda, etc.

La última semana se dedica a revisar una forma específica de diseño de circuitos usando puertas de transmisión, lo que da una visión complementaria al resto del curso.

El trabajo de las prácticas de laboratorio, que complementa el desarrollo del curso propuesto en este libro, está concebido como la realización de un circuito completo por parte de cada estudiante con especificaciones individualizadas. Se trata de un circuito mixto con una sección digital y una sección analógica para construir un PLL (*Phase-Locked-Loop*). El diseñador debe implementar la funcionalidad exigida mediante el diseño de un oscilador controlado por tensión, un comparador, un filtro y un biestable. El oscilador incorpora una fuente de corriente. Este conjunto de bloques, así como las numerosas aplicaciones en telecomunicación y electrónica de este circuito, lo hace idóneo para este curso. El diseño de *layout* se puede realizar mediante una herramienta conocida con el nombre de MAGIC, utilizada en numerosas universidades de todo el mundo y que eventualmente permite además fabricar los circuitos diseñados. Los enunciados de las prácticas de laboratorio se encuentran en la página de web de la asignatura Diseño Microelectrónico I de la titulación de Ingeniería Electrónica, de la Universitat Politècnica de Catalunya: http://gummel.upc.es/micu/

En su conjunto, el material contenido en el libro reúne una combinación muy atractiva de desarrollo conceptual, modelos de primer orden, recurso fácil y útil a simulador numérico así como manejo de una herramienta de diseño de *layouts*; es decir, un paseo completo por el mundo de la microelectrónica desde el esquema al chip. Es impresionante darse cuenta que lo que decía Richard Feynmann en una famosa conferencia titulada *"There is plenty of room at the bottom"* ("Abajo hay mucho sitio") resulta cierto, y de una forma directa puede ser percibido por el estudiante de este curso sobrevolando drenadores, surtidores, PADs y resolviendo conflictos en la escala de las micras.

Los autores de este material han enseñado esta asignatura durante bastantes años en la UPC y han tenido la impresión de que el trabajo que le supone al estudiante es recompensado por la destreza y habilidad que adquiere en el manejo de herramientas profesionales de diseño, así como por la madurez que desarrolla para tomar decisiones de diseño basadas en criterios sólidos.

## Índice

El texto en color azul corresponde a vínculos interactivos.

# Capítulo 1
## Introducción al diseño VLSI. Modelos y conceptos básicos

# LECCIÓN 1

## Introducción al diseño VLSI. Modelos y conceptos básicos

# Índice

NOTA: Este es un documento interactivo. Los diferentes elementos interactivos estarán marcados sobre el texto en color gris. Para un correcto funcionamiento de los vínculos presentes en el documento, es necesario que se haya seguido el procedimiento de instalación descrito en la guía de instalación de la asignatura.

## 1.1 Introducción

Esta lección es una introducción al curso de diseño microelectrónico, y más concretamente, una lección que permite adquirir los conocimientos necesarios para poder empezar las prácticas que le corresponden; en particular, está orientado a la resolución del estudio previo de dichas prácticas. En ella se describen los modelos analíticos de primer orden de los transistores NMOS y PMOS, así como la corrección de movilidad de los portadores en los transistores. Esta parte permite encontrar el dimensionado correcto de los transistores de las prácticas.

Con el mismo objetivo se incluye una breve introducción sobre el funcionamiento del inversor CMOS, la descripción de un método sistemático de diseño e implementación de una función lógica combinacional y, por último, un circuito que actúa como fuente de corriente y que es una parte importante del circuito de las prácticas de laboratorio. La mayor parte de estos aspectos se tratan de forma más detallada en lecciones posteriores, pero el material contenido en esta lección es el imprescindible para el trabajo de laboratorio.

## 1.2 Modelo SPICE del transistor NMOS

Los transistores MOS en los circuitos integrados son representados por un modelo equivalente que muestra el comportamiento de tensiones y corrientes en los terminales resultantes de una cierta combinación de tensiones en la puerta y el drenador respecto a la fuente. Existen numerosos niveles de modelos, desde el nivel 1, que es el que se usará en este curso para los cálculos manuales, hasta el nivel 39, que permiten representar con distinta precisión y complejidad el comportamiento de los transistores. Para que una simulación dé resultados fiables, es indispensable disponer de los parámetros tecnológicos de la tecnología que va a ser usada, que es información que suele suministrar el fabricante. Como es lógico, estos ficheros de parámetros tecnológicos son el resultado de numerosas medidas, así como de estadísticas de los valores de los parámetros en una fabricación industrial.

En nuestro caso, la tecnología SCMOS que vamos a usar proporciona unos ficheros tecnológicos correspondientes al nivel 2 de los modelos de los transistores. No disponemos de modelos más elaborados, lo que significa que los resultados deben considerarse dentro de un cierto margen de validez. Sin embargo, desde el punto de vista educativo, tiene la ventaja de que los modelos más sencillos convergen mejor en la simulación, y desde el punto de vista metodológico son perfectamente válidos.

Los parámetros tecnológicos nivel 2 del modelo SPICE para el NMOS son los siguientes:

```
.model nfet nmos
+ level    =2.0      tox    =2.50e-8   vto    =0.70
+ ld  =0.325u        nsub   =2e+16     gamma=0.65
+ uo  =510.          uexp   =0.22      ucrit=24.3k
+ vmax=54k           delta=0.40        rsh    =55
+ neff=4.0           lambda=0.0        nfs    =0.0     nss  =0.0
+ xj  =0.4u          cj     =130u      mj     =0.53    cjsw =620p
+ mjsw     =0.5      pb     =0.68      cgdo   =320p    cgso =320p
+ js  =2u
```

Pulsando el ratón sobre el cuadro es posible acceder a la descripción de estos parámetros en el manual de SPICE.

Parámetros que corresponden a las definiciones siguientes:

LEVEL          => Nivel de complejidad del modelo usado
TOX            => Espesor del óxido de puerta (m)
VTO            => Tensión umbral, sin efecto sustrato (V)
LD             => Difusión lateral (m)
NSUB           => Dopado del sustrato ($cm^{-3}$)
GAMMA          => Factor de efecto sustrato ($V^{1/2}$)

UO                      => Movilidad de electrones con valor bajo de campo eléctrico (cm$^2$/Vs)
UEXP, UCRIT   => Parámetros de corrección de movilidad (adimensional)
VMAX               => Velocidad máxima de los electrones en silicio (m/s)
DELTA               => Factor de corrección por anchura pequeña (adimensional)
RSH                    => Resistencia de cuadro de la difusión n (ohm/cuadro)
NEFF                  => Coeficiente de carga total en el canal, fija y móvil (adimensional)
LAMBDA           => Factor de modulación de longitud de canal (V$^{-1}$)
NFS                    => Densidad de estados superficiales rápidos (cm$^{-2}$)
NSS                    => Densidad de estados superficiales lentos  (cm$^{-2}$)
XJ                       => Profundidad de la unión D/S al sustrato (m)
CJ                       => Capacidad unitaria de la unión D/S al sustrato (F/m$^2$)
MJ                      => Factor de gradualidad de la unión D/S al substrato (adimensional)
CJSW                 => Capacidad unitaria de la unión lateral (F/m)
MJSW                => Factor de gradualidad de la unión lateral (adimensional)
PB                      => Potencial de la unión D/S al substrato (V)
CGDO                => Capacidad unitaria de superposición  G-D (F/m)
CGSO                 => Capacidad unitaria de superposición G-S (F/m)
JS                       => Densidad de corriente de saturación de las uniones D/S a sustrato (A/m$^2$)

Los símbolos utilizados para los transistores NMOS son los de la figura 1.1:

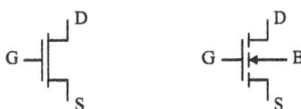

*Figura 1.1. Símbolos de un transistor NMOS*

El recuadro siguiente comprende un resumen de las ecuaciones de un transistor NMOS en el nivel 1 de modelo con indicación de su geometría vertical y de sus características terminales.

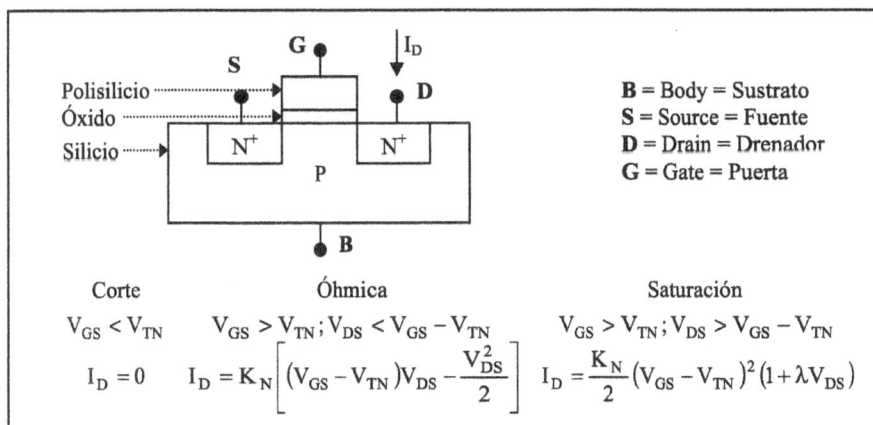

| Corte | Óhmica | Saturación |
|---|---|---|
| $V_{GS} < V_{TN}$ | $V_{GS} > V_{TN}; V_{DS} < V_{GS} - V_{TN}$ | $V_{GS} > V_{TN}; V_{DS} > V_{GS} - V_{TN}$ |
| $I_D = 0$ | $I_D = K_N \left[ (V_{GS} - V_{TN})V_{DS} - \dfrac{V_{DS}^2}{2} \right]$ | $I_D = \dfrac{K_N}{2}(V_{GS} - V_{TN})^2 (1 + \lambda V_{DS})$ |

*Cuadro 1.1. Resumen del modelo del transistor NMOS*

Como se ve, el transistor NMOS tiene tres regiones de funcionamiento:

- Corte: todos los terminales están en circuito abierto menos el sustrato.

- Saturación: hay una relación cuadrática de la corriente de drenador en función de ($V_{GS}$-$V_T$), así como una pequeña dependencia con la tensión de drenador a través del parámetro $\lambda$, modulación de longitud de canal (de pequeño valor). Si $\lambda$=0, hablamos de un MOS ideal.

En el simulador SPICE se utiliza un modelo de nivel 2. En este caso, si se asigna valor cero al parámetro lambda el simulador calculará automáticamente un valor de lambda a partir de otros parámetros del modelo.

- Óhmica: la relación es cuadrática en $V_{DS}$ y lineal en $(V_{GS}-V_T)$.

Asimismo, la condición que separa ambas regiones de funcionamiento, $V_{DS}=V_{GS}-V_T$, es una relación muy importante para los cálculos manuales y debe ser recordada. Finalmente, la constante K que multiplica la corriente se relaciona con diversas características del transistor y los materiales según las expresiones siguientes:

$$K = K' \frac{W}{L} = \mu_n C'_{ox} \frac{W}{L} = \mu_n \frac{\varepsilon_{ox}}{t_{ox}} \frac{W}{L}$$

donde W y L son la anchura y longitud del canal del transistor respectivamente, $\mu_n$ es la movilidad de los electrones en el silicio, $C'_{ox}$ es la capacidad de puerta por unidad de área, $\varepsilon_{ox}$ es la constante dieléctrica del óxido de puerta, y $t_{ox}$ es el espesor del óxido de puerta.

## 1.3 Trazado de las curvas características de un transistor NMOS

Para conseguir la simulación de las características del transistor NMOS utilizando el simulador SPICE con el modelo del transistor descrito anteriormente, se puede usar el circuito siguiente:

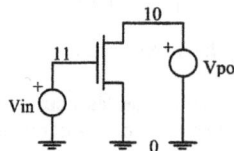

*Figura 1.2. Circuito para simular las características de un transistor NMOS*

al que corresponde el siguiente fichero SPICE  (*netlist*):

```
Curvas del transistor NMOS

**************
* curvas.cir *
**************

* Modelo del transistor NMOS

.model nfet nmos
+ level=2.0          tox=2.50e-8      vto=0.70
+ ld=0.325u          nsub=2e+16       gamma=0.65
+ uo=510.  uexp=0.22  ucrit=24.3k
+ vmax=54k delta=0.40  rsh=55
+ neff=4.0 lambda=0.0  nfs=0.0         nss=0.0      xj=0.4u
+ cj=130u  mj=0.53    cjsw=620p        mjsw=0.53    pb=0.68
+ cgdo=320p          cgso=320p        js=2u

* Transistor NMOS
m1 10 11 0 0 nfet w=40u l=8u

* Polarizacion del transistor
vpol 10 0 dc 0
vin 11 0 dc 0
```

```
* Simulacion
.dc vpol 0 5 0.1 vin 0 5 0.5

* Lineas de control
.control
run
plot -i(vpol)
.endc

.end
```

Consultar el Anexo 1 para ver un breve resumen sobre los comandos SPICE y la estructura de los ficheros (*netlist*)

donde la asignación de nodos es la siguiente:

- Orden de nodos en la identificación del transistor NMOS: drenador, puerta, fuente, sustrato.
- La señal de entrada se pone entre los nodos 11 y 0.
- La señal de salida aparece en el nodo 10, que es el drenador.
- La masa es siempre el nodo 0 en SPICE.

El tipo de análisis que se desea es un análisis DC (de continua) en el cual la tensión de polarización entre drenador y fuente recorre el dominio 0-5V con saltos de 0.1V. Por otro lado, se desea que el barrido se repita para cada posible valor de $V_{GS}=V_{IN}$, desde 0 a 5V, en incrementos de 0.5V. Esto se hace mediante la instrucción:

```
.dc vpol 0 5 0.1 vin 0 5 0.5
```

El resultado de esta simulación es

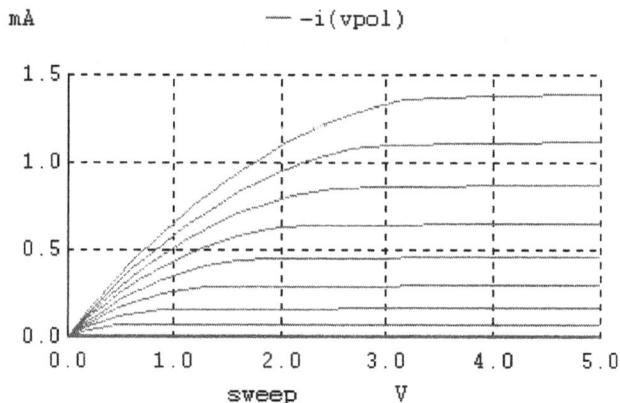

Pulsando sobre esta gráfica se accede al simulador. Desde el simulador, el comando EDIT permite modificar el fichero original.

*Figura 1.3. Simulación de las curvas características del transistor NMOS*

La magnitud representada es -i(vpol) dado que, por convención, la corriente en las fuentes se define entrante por su primer terminal. Por tanto, para hallar la corriente que entra en el drenador, se ha de considerar la corriente saliente de la fuente, de ahí el signo menos.

En esta simulación se ve que hay varias curvas en función de los valores de la tensión de puerta que se han admitido en la simulación.

## Ejercicio 1.1

Comparar el valor resultante de la simulación SPICE en $V_{GS}$=5V, $V_{DS}$=5V para un transistor con W=40μm L=8μm, con el valor numérico que se calcula mediante el modelo analítico del nivel 1, usando los parámetros del modelo.

DATOS:  Constante dieléctrica en el vacío $\varepsilon_0 = 8.854 \ 10^{-12}$ F/m

Constante relativa del óxido de silicio $\varepsilon_{rox} = 3,89$

### Solución

Esta es una solución interactiva. Rellenando las casillas es posible corregir los resultados obtenidos. Al introducir los valores es fundamental emplear las unidades correctas para poder validar el resultado.

En primer lugar se deberá calcular la capacidad del óxido de puerta, en función del grosor del óxido de puerta y la constante dieléctrica de este material. Para ello requeriremos el valor de $t_{ox}$ del modelo, el cual se halla definido en metros:

$$C'_{ox} = \frac{\varepsilon_0 \cdot \varepsilon_{rox}}{t_{ox}} = \boxed{\phantom{XXXX}} \ F/m^2$$

Seguidamente calcularemos la transconductancia del transistor n-MOS. Para ello necesitaremos la movilidad de los electrones Uo que proporciona el modelo y que se hallan en cm²/Vs:

$$K'_n = \mu_n \cdot C'_{ox} = \boxed{\phantom{XXXX}} \ A/V^2$$

Con ello, dado que el transistor se halla en saturación, podemos usar la fórmula correspondiente para hallar la corriente deseada:

$$I_D = \boxed{\phantom{XXXX}} \ mA$$

De la gráfica de la simulación SPICE sale

$$I_D = \boxed{\phantom{XXXX}} \ mA$$

## 1.4 Corrección de valor de la movilidad

A la vista del resultado anterior es claro que el modelo de primer orden es inexacto y que conviene hacer alguna corrección para que los cálculos analíticos se aproximen a la simulación. Esa corrección hay que hacerla teniendo en cuenta que la movilidad es dependiente de la tensión aplicada así como de ciertos parámetros listados en el modelo SPICE, concretamente UCRIT, UEXP.

La corrección es, para los datos del modelo,

$$K_{eff}^{'} = K'\left(\frac{UCRIT \times 7.7 \times 10^{-6}}{|V_{GS} - V_T|}\right)^{UEXP}$$

En el caso del ejercicio anterior, los valores de los parámetros pueden obtenerse del modelo del transistor NMOS descrito al principio de este capítulo.

Con lo que resultaría

$$K_{eff}^{'} = \boxed{\phantom{XXXXX}} A/V^2$$

y esto se traslada al valor de la corriente en Vgs=5V, Vds=5V:

$$I_D = \boxed{\phantom{XXXXX}} mA$$

La corrección de movilidad debe tenerse en cuenta para calcular los valores de las dimensiones de los transistores. En las prácticas de laboratorio calcularemos las dimensiones de los transistores con el modelo de primer orden y posteriormente corregiremos los valores hallados para tener en cuenta esta corrección.

## Ejercicio 1.2

Conocidas las características de drenador del transistor NMOS del ejercicio anterior, mediante simulación SPICE, calcular el valor del parámetro LAMBDA ($\lambda$). Para ello se han de medir los valores de $I_D$ para $V_{GS}$=5V y $V_{DS}$=4V y $V_{DS}$=5V.

## Solución

Empleando la opción de zoom sobre la gráfica de simulación (arrastrando el botón izquierdo) obtenemos los valores de corriente de drenador. Es muy importante obtener estos valores con gran precisión (error máximo del 0.1%) dado que ambos valores son muy parecidos:

$$I_D(V_{GS} = 5V, V_{DS} = 4V) = \boxed{\phantom{XXXXX}} mA$$
$$I_D(V_{GS} = 5V, V_{DS} = 5V) = \boxed{\phantom{XXXXX}} mA$$

De ello se halla $\lambda$, a partir de la fórmula de $I_D$ en saturación, y resulta:

$$\lambda = \boxed{\phantom{XXXXX}} V^{-1}$$

## 1.5 Regiones de funcionamiento óhmica-saturación

En muchos circuitos es importante saber si los transistores están en saturación o en zona óhmica. En los siguientes ejercicios se presentan diversas situaciones interesantes.

### Ejercicio 1.3

Averiguar si un transistor NMOS con los valores de los parámetros del modelo anterior está saturado o en zona óhmica cuando $V_{DS}$=5V, $V_{GS}$=5V.

### Solución

A partir de las fórmulas descritas anteriormente es posible saber si el transistor se halla en zona óhmica o en saturación. Para ello necesitaremos también el parámetro $V_T$ del modelo.

$$\boxed{\text{Elige una opción}}$$

### Ejercicio 1.4

Calcular el valor de la tensión $V_{DS}$ que es frontera entre las zonas óhmica y de saturación, para $V_{GS}$=5V.

### Solución

Para hallar la frontera entre ambas zonas se han de emplear las fórmulas del transistor NMOS y el parámetro $V_T$ del modelo:

$$V_{DS} = \boxed{\phantom{xxxx}}\ V$$

### Ejercicio 1.5

Conociendo el valor de la corriente $I_D$= 50μA que circula por un transistor que está saturado, averiguar el valor de la tensión de puerta $V_{GS}$. Se sabe que W=2 μm, L= 2 μm. Usar en los cálculos las expresiones sin corrección de movilidad.

### Solución

Considerando la fórmula de $I_D$ para saturación, y el valor $V_T$ del modelo, obtenemos

$$V_{GS} = \boxed{\phantom{xxxx}}\ V$$

## 1.6 Modelo del transistor PMOS

Los parámetros tecnológicos del nivel 2 del modelo SPICE del transistor PMOS que vamos a usar en este curso son los de la tabla. Como se ve, tiene forma de fichero SPICE.

```
.model pfet pmos
+level =2.        tox=2.5e-8      vto=-1.1
+ld=0.3u          nsub=5e+16      gamma=0.87
+uo=210           uexp=0.33       ucrit=51k
+vmax=47k         delta=0.40      rsh=75
+neff=0.88        lambda=0.0      nfs=0.0     nss=0.0     xj=0.5u
+cj=490u          mj=0.46         cjsw=590p   mjsw=0.46   pb=0.78
+cgdo=320p        cgso=320p       js=10u
```

Pulsando el ratón sobre el cuadro es posible acceder a la descripción de estos parámetros en el manual de SPICE.

Los símbolos utilizados para los transistores PMOS son los de la figura 1.4.

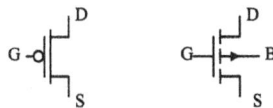

*Figura 1.4. Símbolo de un transistor PMOS*

El recuadro siguiente comprende un resumen de las ecuaciones de un transistor PMOS:

- El signo de la tensión umbral es negativo
- La corriente de drenador es saliente
- Las tensiones de puerta y drenador son negativas

| Corte | Óhmica | Saturación |
|-------|--------|------------|
| $V_{SG} < \lvert V_{TP} \rvert$ | $V_{SG} > \lvert V_{TP} \rvert; V_{SD} < V_{SG} - \lvert V_{TP} \rvert$ | $V_{SG} > \lvert V_{TP} \rvert; V_{SD} > V_{SG} - \lvert V_{TP} \rvert$ |
| $I_D = 0$ | $I_D = K_P \left[ \left( V_{SG} - \lvert V_{TP} \rvert \right) V_{SD} - \dfrac{V_{SD}^2}{2} \right]$ | $I_D = \dfrac{K_P}{2} \left( V_{SG} - \lvert V_{TP} \rvert \right)^2 \left( 1 + \lambda V_{SD} \right)$ |

*Cuadro 1.2. Resumen del modelo del transistor PMOS*

## 1.7 Curvas características del transistor PMOS

En este caso, se van a simular las características del transistor PMOS utilizando el simulador SPICE. El transistor se polariza tal como muestra la figura 1.5:

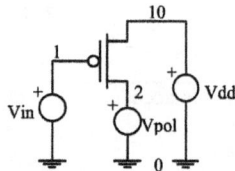

*Figura 1.5. Circuito para simular las características de un transistor PMOS*

El circuito se corresponde con el siguiente *netlist*:

```
Curvas del transistor PMOS

* Modelo del transistor PMOS

.model pfet pmos
+level =2.   tox=2.5e-8  vto=-1.1
+ld=0.3u     nsub=5e+16  gamma=0.87
+uo=210      uexp=0.33   ucrit=51k
+vmax=47k    delta=0.40  rsh=75
+neff=0.88   lambda=0.0  nfs=0.0     nss=0.0     xj=0.5u
+cj=490u     mj=0.46     cjsw=590p   mjsw=0.46   pb=0.78
+cgdo=320p   cgso=320p   js=10u

* Transistor PMOS
m1 2 1 10 10 pfet W=40u L=8u

* Polarizacion del transistor
vcc 10 0 dc 5
vin 1 0 dc 0
vpol 2 0 dc 0

.dc vpol 0 5 0.1 vin 0 5 1

* Lineas de control
.control
run
plot -i(vpol)
.endc

.end
```

En este caso, la tensión de entrada $V_{GS}$=Vin se barre también entre 0 y 5V, pero con pasos de 1V. La simulación SPICE da los siguientes resultados:

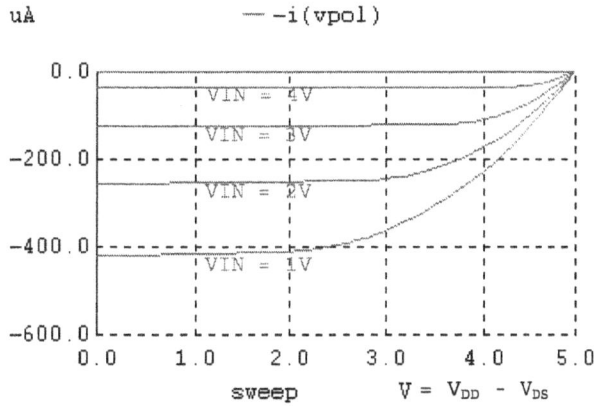

Pulsando sobre esta gráfica se accede al simulador.

*Figura 1.6. Simulación de las curvas características del transistor PMOS*

Lo mismo puede obtenerse simulando las características usando una polarización de signos contrarios a la del transistor NMOS, como en la figura:

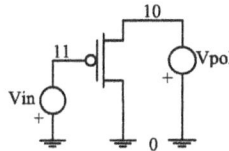

*Figura 1.7. Circuito para simular el transistor PMOS con polarización contraria a la del NMOS*

En este caso el *netlist* es

```
Curvas alternativas del transistor PMOS

* Modelo del transistor PMOS

.model pfet pmos
+level =2.     tox=2.5e-8        vto=-1.1
+ld=0.3u       nsub=5e+16        gamma=0.87
+uo=210        uexp=0.33         ucrit=51k
+vmax=47k      delta=0.40        rsh=75
+neff=0.88     lambda=0.0        nfs=0.0        nss=0.0      xj=0.5u
+cj=490u       mj=0.46           cjsw=590p      mjsw=0.46    pb=0.78
+cgdo=320p     cgso=320p js=10u


* Transistor PMOS
m1 10 11 0 0 pfet W=40u L=8u

* Polarizacion del transistor
vpol 10 0 dc -5
```

```
vin 11 0 dc 0


* Simulacion
.dc vpol -5 0 0.1 vin -5 0 1

* Lineas de control
.control
run
plot -i(vpol)
.endc

.end
```

Y el resultado es

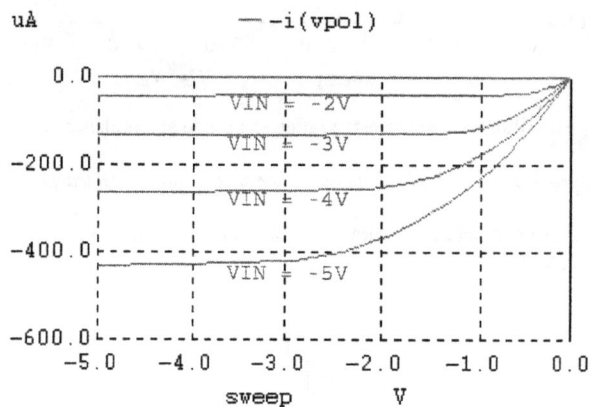

Pulsando sobre esta gráfica se accede al simulador.

*Figura 1.8. Simulación alternativa de las curvas características del transistor PMOS*

La única diferencia entre ambas curvas corresponde a los valores de la tensión de entrada, que en este caso son valores negativos, incrementándose hacia la parte baja de la gráfica.

## Ejercicio 1.6

Comparar el valor resultante de la simulación SPICE en $V_{GS}$=-5V, $V_{DS}$=-5V para un transistor PMOS con W=40μm L=8μm, con el valor numérico que se calcula mediante el modelo analítico del nivel 1, usando los parámetros del modelo.

## Solución

En primer lugar se deberá calcular la capacidad del óxido de puerta en función del grosor del óxido de puerta y la constante dieléctrica de este material. Para ello necesitaremos consultar el valor de $t_{ox}$ del modelo:

$$C_{ox} = \frac{\varepsilon_0 \cdot \varepsilon_{rox}}{t_{ox}} = \boxed{\phantom{xxxxx}} \quad fF/m^2$$

Seguidamente calcularemos la transconductancia del transistor PMOS. Para ello necesitaremos la movilidad de los huecos, definida como Uo en el modelo y dada en cm$^2$/Vs:

$$K'_p = \mu_p \cdot C_{ox} = \boxed{\phantom{xxxxx}} \; A/V^2$$

Con ello, dado que el transistor se encuentra en saturación, podemos usar la fórmula correspondiente para hallar la corriente deseada:

$$I_D = \boxed{\phantom{xxxxx}} \; mA$$

De la gráfica de la simulación SPICE se obtiene

$$I_D = \boxed{\phantom{xxxxx}} \; mA$$

## 1.8 Corrección de la movilidad

Análogamente al caso del transistor NMOS, el modelo de primer orden es inexacto y conviene hacer alguna corrección para que los cálculos analíticos se aproximen a la simulación.

La corrección es, para los datos del modelo,

$$K'_{eff} = K' \left( \frac{UCRITx7.7x10^{-6}}{|V_{GS} - V_T|} \right)^{UEXP}$$

En el caso del ejercicio anterior, empleando los valores del modelo, resulta

$$K'_{eff} = \boxed{\phantom{xxxxx}} \; A/V^2$$

y esto se traslada al valor de la corriente corregido:

$$I_D = \boxed{\phantom{xxxxx}} \; mA$$

## 1.9 El inversor CMOS

El circuito más representativo de la tecnología CMOS es el inversor CMOS, representado en la figura:

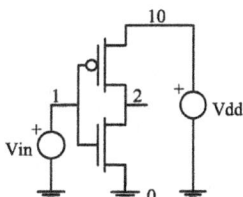

*Figura 1.9. Circuito de un inversor CMOS*

El fichero SPICE del circuito es

```
Inversor CMOS
* Modelos de los dispositivos
.model pfet pmos
+level =2. tox=2.5e-8 vto=-1.1
+ld=0.3u    nsub=5e+16 gamma=0.87
+uo=210     uexp=0.33 ucrit=51k
+vmax=47k  delta=0.40 rsh=75
+neff=0.88 lambda=0.0 nfs=0.0   nss=0.0   xj=0.5u
+cj=490u   mj=0.46     cjsw=590p mjsw=0.46 pb=0.78
+cgdo=320p cgso=320p  js=10u
.model nfet nmos
+ level=2.0            tox=2.50e-8          vto=0.70
+ ld=0.325u           nsub=2e+16           gamma=0.65
+ uo=510.  uexp=0.22  ucrit=24.3k
+ vmax=54k delta=0.40 rsh=55
+ neff=4.0 lambda=0.0 nfs=0.0    nss=0.0   xj=0.4u
+ cj=130u  mj=0.53     cjsw=620p mjsw=0.53 pb=0.68
+ cgdo=320p            cgso=320p js=2u
* Transistores del inversor
m1 2 1 0 0 nfet w=40u l=8u
m2 2 1 10 10 pfet w=40u l=8u
* Fuentes de polarizacion
vin 1 0 dc 0
vdd 10 0 dc 5
* Simulacion a realizar
.dc vin 0 5 0.05
* Lineas de control
.control
run
plot v(2)
.endc
.end
```

y la característica entrada–salida es

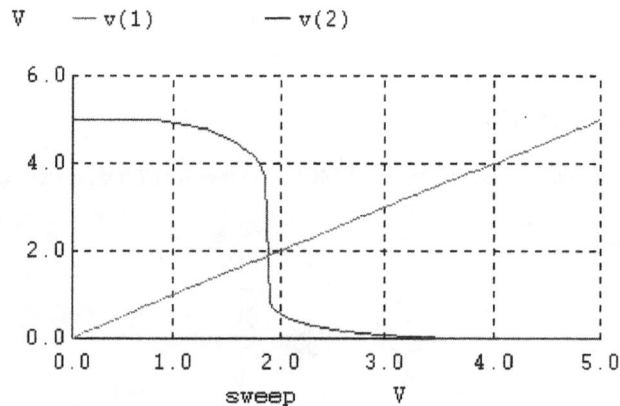

Pulsando sobre esta gráfica se accede al simulador.

*Figura 1.10. Curva característica entrada-salida de un inversor CMOS*

Se ve que hay una transición muy importante de tensión desde 5V a cero y que la mayor derivada se produce en $V_{in}$=1.87V aproximadamente. Esta tensión, la cual se define como aquella para la cual la entrada coincide con la salida (intersección de las líneas roja y azul), se conoce con el nombre de tensión de inversión.

Analíticamente se puede calcular igualando las corrientes de los dos transistores en saturación y resolviendo para la tensión que es la única incógnita. La ecuación resultante es

$$V_{INV} = \frac{V_{DD} - |V_{TP}| + V_{TN}\sqrt{K_N/K_P}}{1 + \sqrt{K_N/K_P}}$$

Se observa que una modificación de los tamaños relativos de los transistores permite situar la transición brusca de tensión a la salida en el valor deseado para la realización de un comparador. Desde luego para la realización de circuitos digitales interesa que la transición se produzca en el centro del rango dinámico, es decir, en 2.5 V si se usa una alimentación de 5V.

## Ejercicio 1.7

Calcular la relación entre los tamaños de los transistores de un inversor CMOS alimentado con 5V, para que $V_{INV}$ = 1.5 V. Calcular las dimensiones considerando L=10 µm, y para el transistor de anchura más pequeña W=10 µm. Simular en SPICE la característica entrada-salida del inversor.

## Solución

En primer lugar se deberá calcular la relación entre los tamaños de transistores. Para ello utilizaremos la ecuación de la tensión de inversión presentada anteriormente. Necesitaremos el valor de los parámetros $V_{TN}$ y $V_{TP}$ de los modelos de los transitores NMOS y PMOS.

$$\frac{K_N}{K_P} = \boxed{\phantom{xxxxxxxx}}$$

Los parámetros $K_N$ y $K_P$ dependen de la transconductancia ($K_N'$ o $K_P'$) del y de la relación de aspecto del transistor, tal como muestran las siguientes ecuaciones:

$$K_N = K_N' \cdot \left(\frac{W}{L}\right)_N = \mu_N \cdot C_{ox} \cdot \left(\frac{W}{L}\right)_N$$

$$K_P = K_P' \cdot \left(\frac{W}{L}\right)_P = \mu_P \cdot C_{ox} \cdot \left(\frac{W}{L}\right)_P$$

Teniendo en cuenta las ecuaciones anteriores, se puede obtener la relación que deben cumplir los tamaños de los dos transistores del inversor para conseguir la tensión de inversión deseada:

$$\frac{\left(\dfrac{W}{L}\right)_N}{\left(\dfrac{W}{L}\right)_P} = \boxed{\phantom{xxxxxx}}$$

Ahora debemos escoger las dimensiones de $W_N$, $L_N$, $W_P$ y $L_P$ para que se cumpla la relación anterior. Según el enunciado, debemos tomar L=10 μm y para el transistor de anchura más pequeña W=10 μm:

$$W_N = \boxed{\phantom{xxxxx}} \ \mu m \qquad L_N = \boxed{\phantom{xxxxx}} \ \mu m$$
$$W_P = \boxed{\phantom{xxxxx}} \ \mu m \qquad L_P = \boxed{\phantom{xxxxx}} \ \mu m$$

A continuación se muestra el resultado de la simulación SPICE del inversor diseñado:

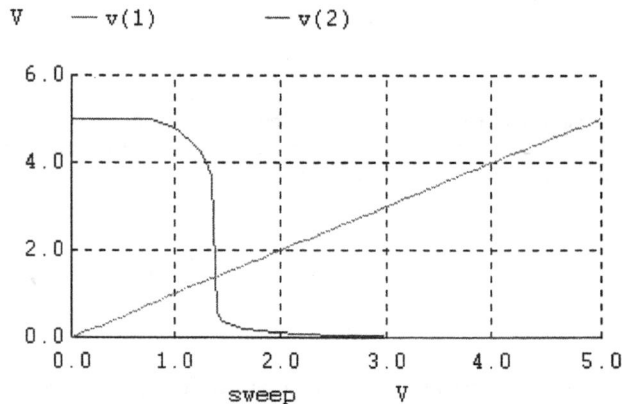

Pulsando sobre esta gráfica se accede al simulador.

*Figura 1.11. Curva característica entrada-salida del inversor CMOS con Vinv = 1.5V*

En la gráfica se observa que la transición de 5V a 0V sucede para $V_{in}$=1.4V aproximadamente.

Existe una pequeña diferencia entre el valor teórico Vinv = 1.5 V y el valor obtenido mediante la simulación Vinv = 1.4 V. Esto se debe a que el modelo que utiliza el simulador es mucho más complejo que el modelo teórico que utilizamos para hacer los cálculos de las dimensiones. Por este motivo, el resultado de la simulación se acerca más al comportamiento real del inversor.

## 1.10 Reglas generales para la implementación de una función lógica estática en tecnología CMOS

Las reglas generales de implementación de una función lógica CMOS estática son las siguientes:

1) Una función lógica se implementa en tecnología CMOS mediante dos redes de transistores interconectados: una red de transistores NMOS y una red de transistores PMOS. Ambas redes son duales si cuando una conduce la otra está en corte. Esto implica que una conexión serie en la red NMOS se traduce en una conexión paralelo en la red PMOS y viceversa.

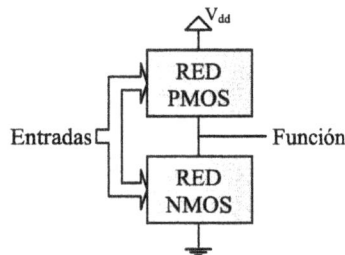

*Figura 1.12. Esquema general de una función lógica implementada con tecnología CMOS*

2) Si la función lógica tiene N entradas, éstas se conectan siempre a las entradas de dos transistores, uno de cada red.
3) La salida se toma de la salida de ambas redes conectadas.
4) La red PMOS proporciona los unos de la función F. Para aquellos valores de las entradas en los que la función F debe dar un uno lógico, la red PMOS conecta el nodo de alimentación con el nodo de salida.
5) La red NMOS realiza los ceros de la función F. Para aquellos valores de las entradas en los que la función F debe dar un cero lógico, la red NMOS conecta el nodo de salida a masa.

El procedimiento que se emplea para la implementación de las dos redes puede ser el siguiente:

IMPLEMENTACIÓN RED PMOS

Realiza los unos de la función F.
1) Escribir una expresión de F en función de las entradas negadas, ya que los transistores PMOS conducen cuando tienen un cero lógico en la puerta.
2) Implementar la operaciones AND con estructuras (transistores) PMOS en serie.
3) Implementar las operaciones OR con estructuras (transistores) PMOS en paralelo.

IMPLEMENTACIÓN RED NMOS

Realiza los ceros de la función F.
4) Escribir la función $\overline{F}$ en relación con las entradas sin negar ya que los transistores NMOS conducen cuando tienen un uno lógico en la puerta.
5) Implementar la operaciones AND con estructuras (transistores) NMOS en serie.
6) Implementar las operaciones OR con estructuras (transistores) NMOS en paralelo.

CONECTAR LAS DOS REDES

7) Cada entrada se conecta a la puerta de un transistor NMOS y a la puerta de un transistor PMOS.
8) La salida se toma del punto común que conecta las salidas de las dos redes.

## Ejercicio 1.8

Implementar el circuito que realiza la siguiente función :

$$F = \overline{(A+B+C)D}$$

## Solución

En primer lugar expresamos F en función de las entradas negadas:

$$F = \overline{(A+B+C)D} = \overline{(A+B+C)} + \overline{D} = \overline{A} \cdot \overline{B} \cdot \overline{C} + \overline{D}$$

La red PMOS implementada se muestra en la siguiente figura:

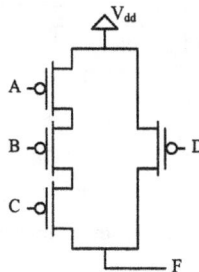

*Figura 1.13. Circuito correspondiente a la red PMOS de la función F*

Ahora expresamos $\overline{F}$ en función de las entradas sin negar:

$$\overline{F} = \overline{\overline{(A+B+C)D}} = (A+B+C)D$$

La red NMOS implementada se muestra en la siguiente figura:

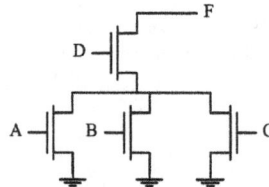

*Figura 1.14. Circuito correspondiente a la red NMOS de la función F*

Finalmente, el circuito completo queda así:

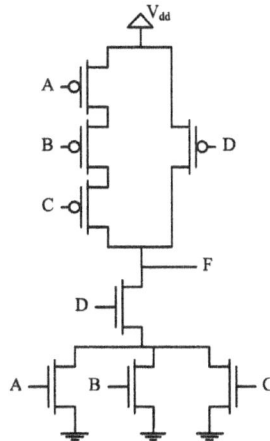

*Figura 1.15. Circuito completo que implementa la función F en tecnología CMOS*

En la figura 1.15 se puede observar la dualidad serie-paralelo existente entre la red PMOS y la red NMOS. En la red PMOS los transistores de las entradas A, B y C están en serie, y en conjunto están en paralelo con el transistor de la entrada D. En cambio, en la red NMOS los transistores de las entradas A, B y C están en paralelo y, en conjunto, están en serie con el transitor de la entrada D.

## 1.11 Fuente de corriente

Una fuente de corriente es un circuito analógico capaz de suministrar una corriente continua que es independiente de la tensión aplicada al nodo donde se inyecta. Estos circuitos se basan en espejos de corriente. Un ejemplo de fuente de corriente sencilla que proporciona dos salidas de signos contrarios en función de una entrada Vin de control es el de la figura 1.16, donde deseamos que todos los transistores estén polarizados en la zona de saturación:

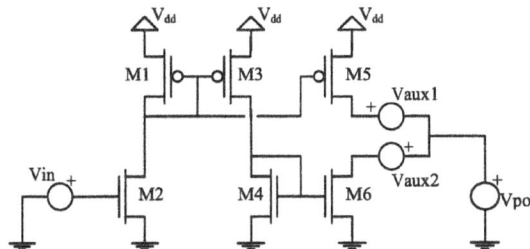

*Figura 1.16. Circuito de fuente de corriente*

El circuito de la figura es el que se debe diseñar en una de las prácticas de laboratorio.

## Ejercicio 1.9

En una fuente como la anterior usamos transistores de los siguientes tamaños:

$$\left(\frac{W}{L}\right)_1 = \left(\frac{W}{L}\right)_3 = \left(\frac{W}{L}\right)_5 = \frac{30}{2}$$

$$\left(\frac{W}{L}\right)_2 = \frac{2}{6}$$

$$\left(\frac{W}{L}\right)_4 = \left(\frac{W}{L}\right)_6 = \frac{4}{2}$$

1) Calcular, sin considerar las correcciones de movilidad, el valor de las corriente Iout1 y Iout2, que atraviesan las fuentes auxiliares Vaux1 y Vaux2 (tomar Vaux1=Vaux2=0V), para los siguientes casos:

    a)   Vin=2.5V y Vpol=5V
    b)   Vin=2.5V y Vpol=2V

2) Simular el circuito de la figura 1.16 cuando Vin=2.5V, Vaux1 = 0V, Vaux2 = 0V y Vpol es variable de 0 a 5V. Representar gráficamente Iout1 y Iout2 en función de Vpol.

## Solución

1) En primer lugar, calcularemos la corriente de drenador del transistor M2 suponiendo que se encuentra en saturación. Posteriormente comprobaremos la zona de trabajo del transistor.

Para calcular esta corriente, necesitaremos el valor de la transconductancia del transistor NMOS (Kn') que calculamos en el ejercicio 1.1 de esta lección. Utilizando la expresión de la corriente $I_D$ de un NMOS en saturación obtenemos:

$$I_{D2} = \boxed{\phantom{xxxxxx}} \ \mu A$$

Ahora comprobaremos que M2 se encuentra en saturación. Para ello debemos calcular la tensión $V_{DS2}$, que se puede obtener como la diferencia entre la tensión de alimentación y la tensión $V_{SG1}$ del transistor M1.

El transistor M1 se encuentra en saturación porque $V_{SD1}=V_{SG1}$ y, por tanto, $V_{SD1}>V_{SG1}-|V_{TP}|$. Como $I_{D1}=I_{D2}$, podemos utilizar la expresión de $I_D$ en saturación de un PMOS para obtener la tensión $V_{SG1}$, utilizando el valor $K_P'$ calculado en el ejercicio 1.7 de esta lección:

$$V_{SG1} = \boxed{\phantom{xxxxxx}} \ V$$

Ahora calculamos $V_{DS2}$:

$$V_{DS2} = \boxed{\phantom{xxxxxx}} \ V$$

Los transistores M1 y M3 forman un espejo de corriente. Las tensiones $V_{SG1}$ y $V_{SG3}$ son iguales, así como las relaciones de aspecto de ambos transistores; por tanto, si M3 está saturado se cumplirá $I_{D1}=I_{D3}$.

Igual que antes, para comprobar que M3 está en saturación calcularemos la tensión $V_{SD3}$, que se puede obtener como la diferencia entre la tensión de alimentación y la tensión $V_{GS4}$ del transistor M4. Como M4 está en saturación, utilizaremos la expresión de $I_D$ en saturación del NMOS para calcular $V_{GS4}$, suponiendo $I_{D1}=I_{D4}$:

$$V_{GS4} = \boxed{\phantom{XXXXXX}} \text{ V}$$

Ahora calculamos $V_{SD3}$:

$$V_{SD3} = \boxed{\phantom{XXXXXX}} \text{ V}$$

Los transistores PMOS M1 y M5, y los transistores NMOS M4 y M6, forman 2 espejos de corriente también. Si los transistores M5 y M6 estuvieran saturados, la corriente que circularía por Vaux1 y Vaux2 sería la misma e igual a $I_D$.

La tensión de la fuente Vpol permite cambiar la tensión $V_{SD5}$ y $V_{DS6}$ de los transistores M5 y M6. Esto determinará la zona de trabajo de estos transistores y el valor de las corrientes Iout1 y Iout2.

a) En este caso Vpol=5 V. Para el transistor M5, la tensión $V_{SD5}$ será

$$V_{SD5} = \boxed{\phantom{XXXXXX}} \text{ V}$$

Como conocemos $V_{SG1}$ y $V_{SG1}=V_{SG5}$, podemos determinar la zona de trabajo del transistor M5 y calcular Iout1:

$$Iout1 = \boxed{\phantom{XXXXXX}} \text{ μA}$$

Para el transistor M6, la tensión $V_{DS6}$ será

$$V_{DS6} = \boxed{\phantom{XXXXXX}} \text{ V}$$

Como conocemos $V_{GS4}$ y $V_{GS4}=V_{GS6}$, podemos determinar la zona de trabajo del transistor M6 y calcular Iout2:

$$Iout2 = \boxed{\phantom{XXXXXX}} \text{ μA}$$

b) En este caso Vpol=2 V. Para el transistor M5, la tensión $V_{SD5}$ será

$$V_{SD5} = \boxed{\phantom{XXXXXX}} \text{ V}$$

Como conocemos $V_{SG1}$ y $V_{SG1}=V_{SG5}$, podemos determinar la zona de trabajo del transistor M5 y calcular Iout1:

$$Iout1 = \boxed{\phantom{XXXXXX}} \text{ μA}$$

Para el transistor M6, la tensión $V_{DS6}$ será

$$V_{DS6} = \boxed{\phantom{XXXXXX}} \text{ V}$$

Como conocemos $V_{GS4}$ y $V_{GS4}=V_{GS6}$, podemos determinar la zona de trabajo del transistor M6 y calcular Iout2:

$$\text{Iout2} = \boxed{\phantom{XXXXX}} \ \mu A$$

2) Las figuras 17 y 18 muestran el resultado de la simulación SPICE del circuito de la fuente de corriente, fijando Vin = 2.5 V y realizando un barrido en continua de la tensión Vpol, desde 0 a 5 V, con un paso de 0.05V. Las fuentes Vaux1 y Vaux2 se utilizan para poder medir la corriente de drenador de los transistores M5 y M6.

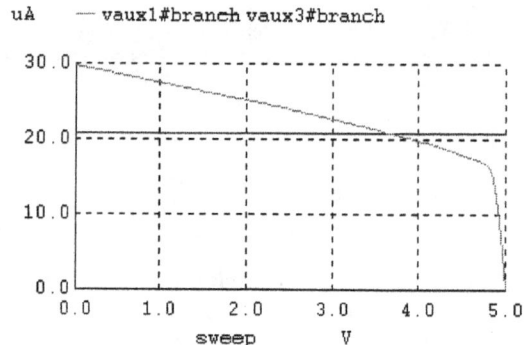

Pulsando sobre esta gráfica se accede al simulador.

*Figura 1.17. Corriente Iout1: corriente que circula por la fuente de prueba Vaux1*

La corriente Iout1 es la corriente de drenador del transistor PMOS M5. Para tensiones Vpol bajas, el transistor está en zona de saturación, pero a medida que la tensión Vpol aumenta, la tensión Vsd = Vdd-Vpol disminuye y el transistor pasa a la zona óhmica.

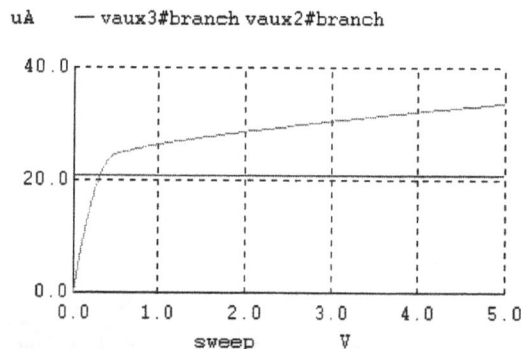

Pulsando sobre esta gráfica se accede al simulador.

*Figura 1.18. Corriente Iout2: corriente que circula por la fuente de prueba Vaux2*

En este caso, la corriente Iout2 es la corriente de drenador del transistor NMOS M6. Para tensiones Vpol bajas, el transistor está en la zona óhmica, pero a medida que la tensión Vpol aumenta, la tensión Vds = Vpol aumenta y el transistor pasa a la zona de saturación.

## 1.11 Problemas

En este apartado se proponen problemas para trabajar los contenidos expuestos en la lección. La solución es interactiva. Rellenando las casillas es posible corregir los resultados obtenidos. Al introducir los valores es fundamental emplear las unidades correctas para poder validar el resultado.

### Problema 1.1

Calcular la relación entre los tamaños de los transistores de un inversor CMOS alimentado con 5V, para que $V_{INV} = 3.5$ V. Calcular las dimensiones considerando L=5 μm, y W=5 μm, para el TRT de anchura más pequeña. Simular en SPICE la característica entrada-salida del inversor.

### Solución

La relación entre los parámetros $K_N$ y $K_P$ es:

$$\frac{K_N}{K_P} = \boxed{\phantom{XXXXX}}$$

La relación que deben cumplir los tamaños de los dos transistores del inversor es:

$$\frac{\left(\dfrac{W}{L}\right)_N}{\left(\dfrac{W}{L}\right)_P} = \boxed{\phantom{XXXXX}}$$

Las dimensiones de $W_N$, $L_N$, $W_P$ y $L_P$ son:

$W_N = \boxed{\phantom{XXXX}}$ μm          $L_N = \boxed{\phantom{XXXX}}$ μm

$W_P = \boxed{\phantom{XXXX}}$ μm          $L_P = \boxed{\phantom{XXXX}}$ μm

En la figura 1.19 se muestra la característica entrada-salida que se debería obtener al realizar la simulación SPICE del inversor diseñado.

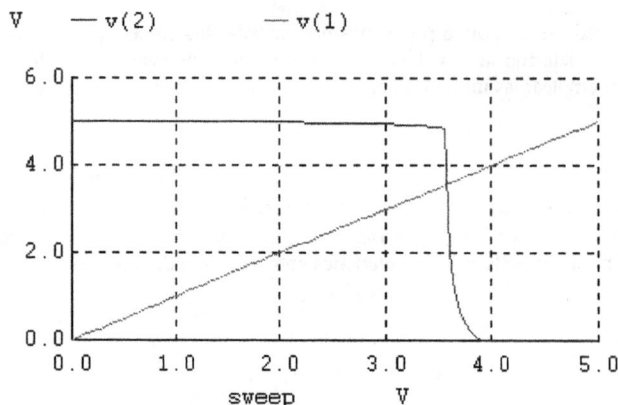

*Figura 1.19. Curva característica entrada-salida del inversor CMOS con Vinv = 3.5V*

Se observa cómo la transición de 5V a 0V sucede para Vin=3.5V aproximadamente.

## Problema 1.2

Implementar una puerta XOR de dos entradas A y B, y simularla en SPICE usando las siguientes relaciones de aspecto:

$$\left(\frac{W}{L}\right)_P = \frac{10}{2} \qquad \left(\frac{W}{L}\right)_N = \frac{4}{2}$$

## Solución

A continuación se muestra la gráfica de la tensión de salida de la puerta XOR, v(6), en función de las entradas, v(1) y v(2), que se debería obtener al realizar la simulación SPICE.

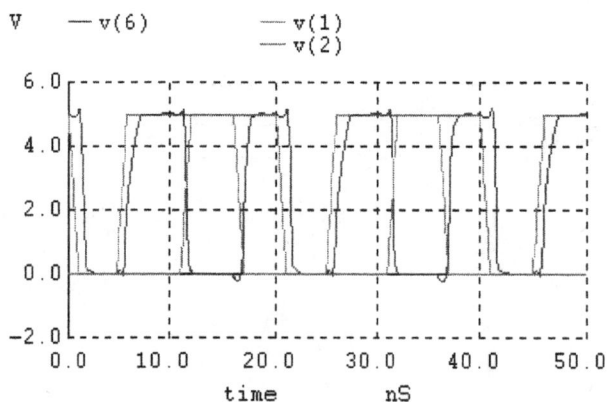

Pulsando sobre esta gráfica se accede al simulador. El comando EDIT permite ver el fichero SPICE que sólo contiene el modelo y la excitación de las fuentes va y vb.

*Figura 1.20. Tensión de salida de la puerta XOR en función de las entradas v(1) y v(2)*

## Problema 1.3

Implementar una puerta NOR y una puerta NAND de dos entradas A y B, usando las siguientes relaciones de aspecto:

$$\left(\frac{W}{L}\right)_P = \frac{10}{2} \qquad \left(\frac{W}{L}\right)_N = \frac{4}{2}$$

Simular en SPICE la tensión de salida de cada puerta en función de la tensión Vin para las siguientes situaciones:

     a)   Las entradas A y B son iguales y varían de 0 a 5V. (Vin=A=B)
     b)   La entrada A="0" y la entrada B varía de 0 a 5V. (Vin=B)
     c)   La entrada A="1" y la entrada B varía de 0 a 5V. (Vin=B)

## Solución

Puerta NOR

A continuación se muestran las gráficas de la tensión de salida de la puerta NOR que se deberían obtener para los casos a), b) y c) al realizar la simulación SPICE.

•   Caso a)

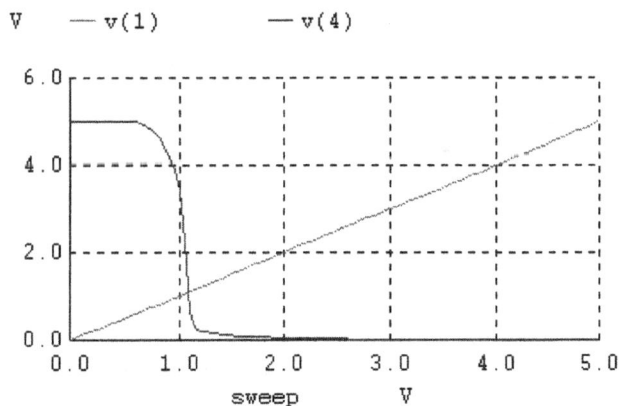

*Figura 1.21. Tensión de salida de la puerta NOR en función de Vin= v(1). (Caso a)*

En la gráfica se comprueba cómo al igualar las dos entradas A=B, la puerta NOR se comporta como un inversor CMOS.

• Caso b)

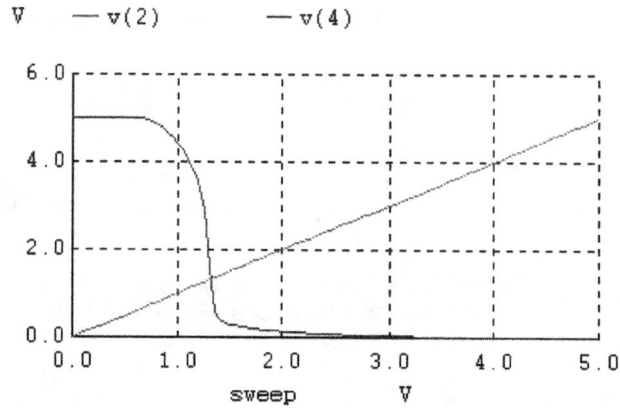

*Figura 1.22. Tensión de salida de la puerta NOR en función de Vin= v(2). (Caso b)*

En este caso, al fijar la entrada A a 0, la puerta NOR se comporta como un inversor CMOS que tiene como entrada B.

• Caso c)

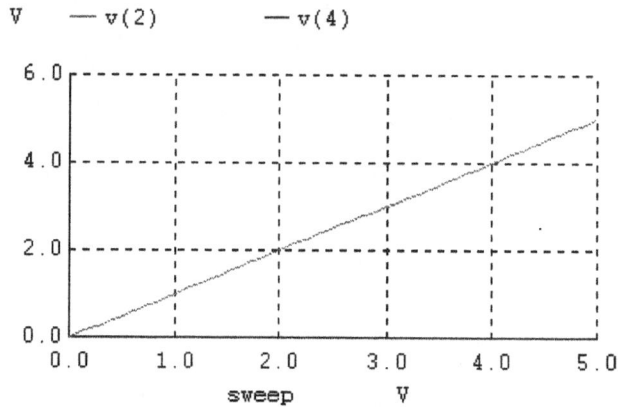

*Figura 1.23. Tensión de salida de la puerta NOR en función de Vin= v(2). (Caso c)*

En este caso, al fijar la entrada A a 1, la puerta NOR siempre da como salida el nivel lógico "0".

Puerta NAND

A continuación se muestran las gráficas de la tensión de salida de la puerta NAND que se deberían obtener para los casos a), b) y c) al realizar la simulación SPICE.

- Caso a)

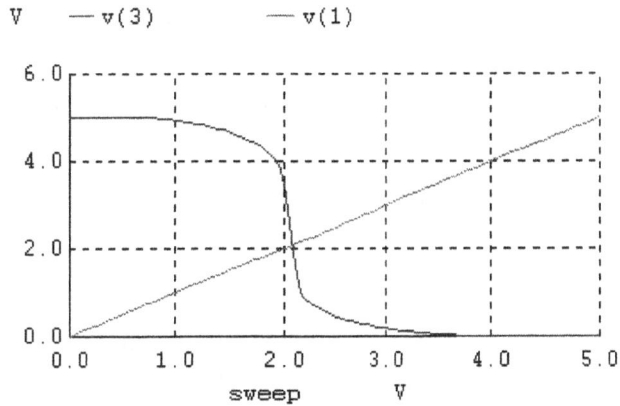

*Figura 1.24. Tensión de salida de la puerta NAND en función de Vin= v(1). (Caso a)*

En la gráfica se comprueba cómo al igualar las dos entradas A=B, la puerta NAND se comporta como un inversor CMOS.

- Caso b)

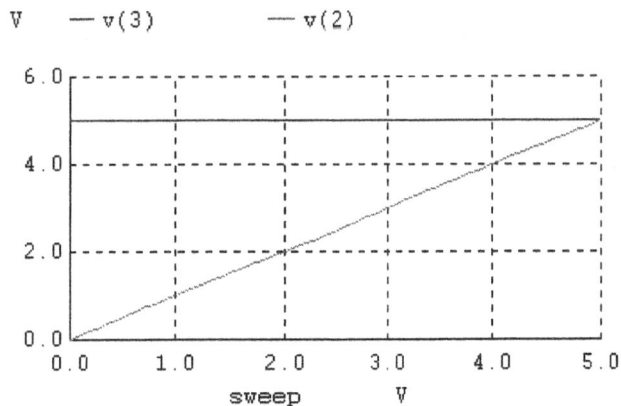

*Figura 1.25. Tensión de salida de la puerta NAND en función de Vin= v(2). (Caso b)*

En este caso, al fijar la entrada A a 0, la puerta NAND siempre da como salida el nivel lógico "1".

- Caso c)

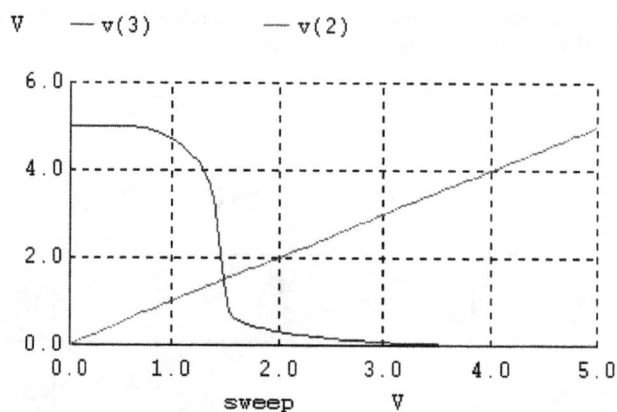

*Figura 1.26. Tensión de salida de la puerta NAND en función de Vin= v(2). (Caso c)*

En este caso, al fijar la entrada A a 1, la puerta NAND se comporta como un inversor CMOS que tiene como entrada B.

# Capítulo 2
# Característica estacionaria de los circuitos CMOS

# LECCIÓN 2

## Característica estacionaria de los circuitos CMOS

## Índice

NOTA: Este es un documento interactivo. Los diferentes elementos interactivos estarán marcados sobre el texto en color gris. Para un correcto funcionamiento de los vínculos presentes en el documento, es necesario que se haya seguido el procedimiento de instalación descrito en la guía de instalación de la asignatura.

## 2.1 Introducción

Esta lección describe las características estacionarias de un inversor CMOS. Este circuito puede considerarse como el origen de toda la tecnología CMOS y muchas de sus propiedades son asimismo propiedades generales de toda la circuitería CMOS, de ahí su importancia y su interés.

En esta lección se describen las características entrada-salida de un inversor CMOS que son la expresión de una tecnología digital robusta, en el sentido de que maneja con mucha fiabilidad la información digital que recibe (unos y ceros) de forma que no exista ambigüedad en la interpretación de un valor de tensión respecto a su valor lógico. Esta tecnología es robusta porque:

- El valor de la tensión de salida es siempre uno de los dos valores extremos del rango dinámico: $V_{DD}$ o 0 (se suele denominar a este comportamiento: *rail to rail logic*).

- La transición del nivel de salida alto al bajo (o viceversa) puede hacerse en un valor centrado en el medio del rango dinámico, es decir, equidistantemente de los valores correspondientes a los dos raíles de la alimentación.

- Los niveles se regeneran automáticamente en caso de deterioro, sin más que hacer pasar la señal por una cadena corta de inversores.

## 2.2 Característica estacionaria del inversor CMOS

El inversor CMOS se compone de dos transistores, uno NMOS y otro PMOS, conectados en serie entre la alimentación positiva y masa, como se ve en la figura 1.1.

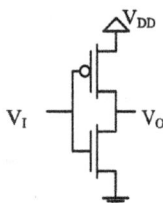

*Figura 2.1. Circuito de un inversor CMOS*

La respuesta estacionaria entrada-salida se puede obtener mediante simulación SPICE, haciendo un análisis de continua.

En el recuadro siguiente se muestra el *netlist* utilizado para realizar la simulación. En el análisis se hace un barrido de la tensión de entrada entre el nodo 1 y masa de una tensión entre 0 y 5 V.

```
Caracteristica DC

* Modelos de los transistores
.include model

* Descripcion del circuito

Mn  2 1 0 0 NFET W=40u L=8u
Mp  2 1 5 5 PFET W=40u L=8u

* Alimentacion y entrada

Vdd 5 0 5
Vin 1 0 DC 0

* Barrido DC
.dc Vin 0 5 0.01

* Lineas de control
.control
run
plot v(2) v(1)
.endc

.end
```

La característica entrada-salida del inversor CMOS tiene cinco regiones diferenciadas, según la zona de trabajo de cada uno de los transistores:

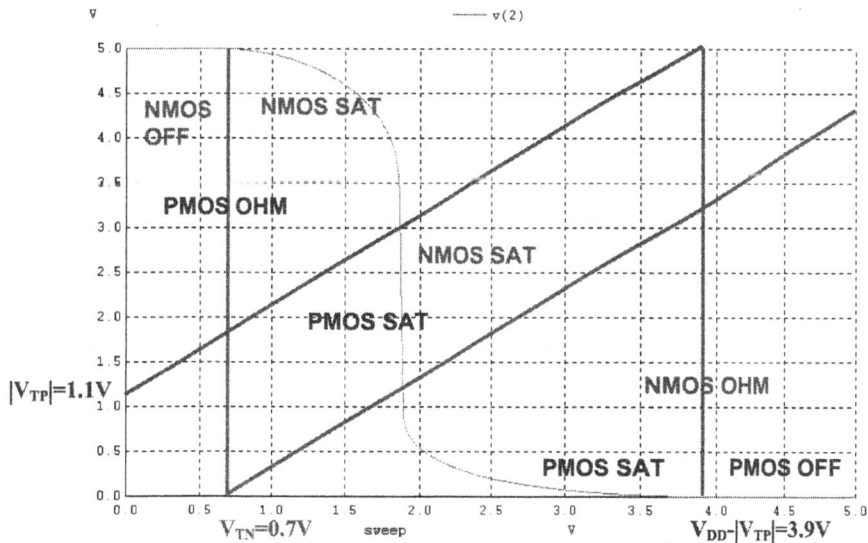

Pulsando sobre esta gráfica se accede al simulador. Desde el simulador, el comando EDIT permite modificar el fichero original.

*Figura 2.2. Característica entrada-salida de un inversor CMOS*

| Región de funcionamiento | NMOS | PMOS |
|---|---|---|
| I | OFF | OHM |
| II | SAT | OHM |
| III | SAT | SAT |
| IV | OHM | SAT |
| V | OHM | OFF |

*Cuadro 2.1. Regiones de funcionamiento de la característica de un inversor CMOS*

La relación entrada-salida de un inversor CMOS tiene diferentes expresiones dependiendo de la región de funcionamiento de sus transistores. Como se ve en la figura 2.2, correspondiente a una simulación SPICE, con los transistores del inversor del mismo tamaño (W/L)=40μm/8 μm, la transición de tensión más importante se produce en un punto intermedio de tensión de entrada, en este caso 1.87V, y se produce precisamente cuando ambos transistores están saturados (región III). Aparentemente esa transición se produce a un único valor de la tensión de entrada. Este hecho se demuestra fácilmente escribiendo que las corrientes de los dos transistores son iguales y que ambos están saturados. Así pues, tenemos

$$I_{SDP} = \frac{K_P}{2}(V_{SGP} - |V_{TP}|)^2 = I_{DSN} = \frac{K_N}{2}(V_{GSN} - V_{TN})^2$$

donde

$$V_{GSN} = V_I \quad V_{SGP} = V_{DD} - V_I$$

Despejando, resulta

$$V_{INV} = \frac{V_{DD} - |V_{TP}| + V_{TN}\sqrt{K_N/K_P}}{1 + \sqrt{K_N/K_P}}$$

Como se ve, el tamaño relativo de los dos transistores determina el valor de la tensión a la que se produce esa transición. La figura 3 muestra el resultado de realizar una simulación SPICE haciendo un barrido de $W_N$ entre 5 y 40 micras.

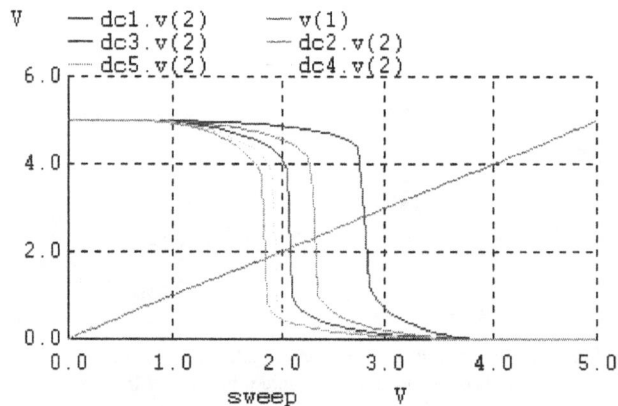

Pulsando sobre esta gráfica se accede al simulador.

*Figura 2.3. Característica entrada-salida de un inversor CMOS para diferentes $W_N$*

En la gráfica se puede observar que la característica de más a la izquierda se corresponde con la que se obtenía en la simulación anterior (figura 2.2). Como se ve, a medida que se reduce la anchura $W_N$ del transistor NMOS, la tensión de transición va aumentando.

Teniendo en cuenta que el rango dinámico de entrada en circuitería digital es de 0-5V, si se desea que la transición de tensión se produzca en el medio (2.5V), entonces el valor de $K_N/K_P$ necesario será

$$\frac{\left(\dfrac{W}{L}\right)_N}{\left(\dfrac{W}{L}\right)_P} = \frac{\mu_P}{\mu_N}\left(\frac{V_{DD}-2.5-|V_{TP}|}{2.5-V_{TN}}\right)^2 = \boxed{\phantom{xxxx}}$$

Si implementamos el inversor con este valor escogiendo (W/L)n=10 μm/8 μm y (W/L)p=40 μm/8 μm, la característica entrada-salida que se obtiene al simular se muestra en la figura 2.4:

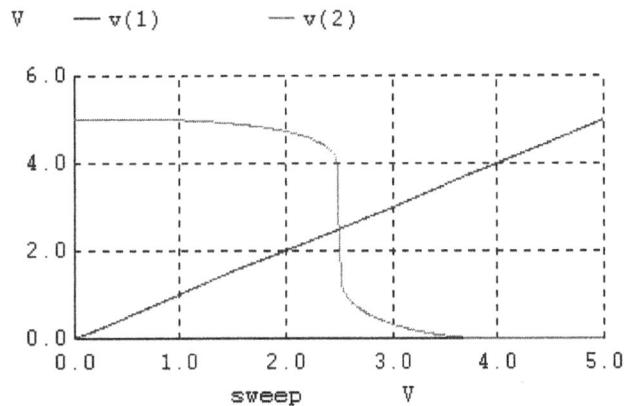

Pulsando sobre esta gráfica se accede al simulador.

*Figura 2.4. Característica entrada-salida de un inversor CMOS con $V_{INV}$=2.5V*

Observando la gráfica, se verifica que la transición sucede para 2.5V.

Las otras dos regiones en las cuales los dos transistores conducen (regiones II y IV), uno en óhmica y otro en saturación, tienen también una relación analítica entre la tensión de entrada y la de salida.

El procedimiento para obtener esta relación también consiste en igualar las dos expresiones de corriente de ambos transistores y despejar $V_O(V_I)$. De las dos ecuaciones siguientes, la primera ecuación corresponde a NMOS saturado y PMOS en zona óhmica (región II) y la segunda corresponde a NMOS en zona óhmica y el PMOS en saturación (región IV):

$$V_O = (V_I + |V_{TP}|) + \sqrt{(V_{DD} - V_I - |V_{TP}|)^2 - \frac{K_n}{K_p}(V_I - V_{TN})^2}$$

$$V_O = (V_I - V_{TN}) - \sqrt{(V_I - V_{TN})^2 - \frac{K_p}{K_n}(V_{DD} - V_I - |V_{TP}|)^2}$$

## Ejercicio 2.1

Calcular el valor de la tensión de entrada en el cual se produce la transición de la región I a la región II.
Datos: $V_{TN}= 0.7V$, $V_{TP}=-1.1V$, $V_{DD}=5V$.

## Solución

En la región I el transistor NMOS no conduce y el transistor PMOS conduce en zona óhmica:

$$NMOS: V_{GSN} < V_{TN}$$
$$PMOS: V_{SGP} \geq |V_{TP}| \qquad V_{SDP} \leq V_{SGP} - |V_{TP}|$$

En esta situación el valor de la tensión de salida del inversor es $V_O=5V$.

Al pasar a la región II, el transistor NMOS conducirá saturado y el PMOS seguirá en óhmica. Por tanto, se deberá cumplir que

$$NMOS: V_{GSN} \geq V_{TN} \Rightarrow V_I \geq V_{TN}$$
$$V_{DSN} \geq V_{GSN} - V_{TN}$$

Entonces, la tensión de entrada para pasar de la región I a la región I, será

$$V_I = \boxed{\phantom{XXXXX}} V$$

Cuando se cumple esta igualdad el transistor NMOS pasa a conducir saturado. Esto se puede comprobar teniendo en cuenta que la tensión de salida del inversor en la transición entre estas dos regiones será por continuidad $V_O =5V$:

$$NMOS: V_{DSN} \geq V_{GSN} - V_{TN} \Rightarrow V_O \geq V_I - V_{TN}$$
$$Si \quad V_I = V_{TN} \Rightarrow 5V > 0V \Rightarrow saturación$$

## Ejercicio 2.2

Determinar mediante simulación en SPICE el valor de la tensión de entrada en el cual se produce la transición entre la región II y la región III, así como el valor de la tensión de salida correspondiente.
Datos: $V_{TN}= 0.7V$, $V_{TP}=-1.1V$, $V_{DD}=5V$, $(W/L)_N=10\ \mu m/8\ \mu m$, $(W/L)_P=40\ \mu m/8\ \mu m$.

## Solución

En la región II el transistor NMOS conduce en saturación y el transistor PMOS conduce en óhmica:

$$NMOS: V_{GSN} \geq V_{TN} \qquad V_{DSN} \geq V_{GSN} - V_{TN}$$
$$PMOS: V_{SGP} \geq |V_{TP}| \qquad V_{SDP} \leq V_{SGP} - |V_{TP}|$$

Al cambiar a la región III, el transistor PMOS pasará a conducir saturado y el NMOS seguirá saturado. Por tanto, se deberá cumplir que

$$PMOS: V_{SGP} \geq |V_{TP}| \Rightarrow V_{DD} - V_I \geq |V_{TP}| \Rightarrow V_I \leq V_{DD} - |V_{TP}|$$
$$V_{SDP} \geq V_{SGP} - |V_{TP}| \Rightarrow V_{DD} - V_O \geq V_{DD} - V_I - |V_{TP}| \Rightarrow V_I \geq V_O - |V_{TP}|$$

Entonces, en la transición entre la región II y la región III la tensión de entrada y la tensión de salida cumplirán la igualdad

$$V_O - V_I = \boxed{\phantom{xxxx}} V$$

Esta igualdad permite definir la recta de transición $V_O(V_I)$ entre las regiones II y III. El punto de cruce entre esta recta y la característica entrada-salida del inversor permite hallar la $V_I$ para la cual se produce la transición entre las dos regiones.

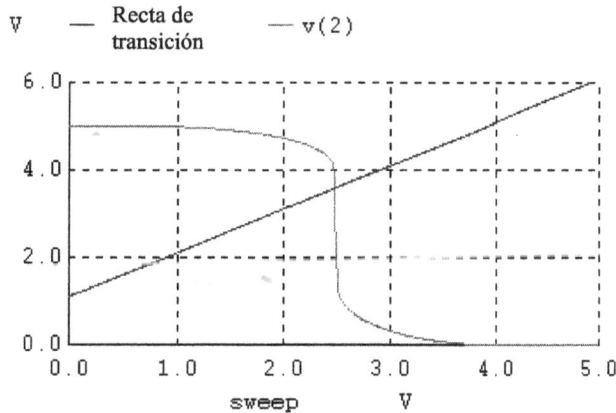

Pulsando sobre esta gráfica se accede al simulador.

*Figura 2.5. Transición entre las regiones II y III de la característica entrada-salida del inversor CMOS*

La figura 2.5 muestra el resultado de la simulación en SPICE. Realizando un zoom de la gráfica en la zona del punto de cruce se obtiene el valor de $V_I$ y $V_O$ en la transición:

$$V_I = \boxed{\phantom{xxxx}} V$$

$$V_O = \boxed{\phantom{xxxx}} V$$

## Ejercicio 2.3

Determinar mediante simulación en SPICE el valor de la tensión de entrada en el cual se produce la transición entre la región III y la región IV, así como el valor de la tensión de salida correspondiente.
Datos: $V_{TN}$= 0.7V, $V_{TP}$=-1.1V, $V_{DD}$=5V, $(W/L)_N$=10 μm/8 μm, $(W/L)_P$=40 μm/8 μm.

## Solución

En la región III los transistores NMOS y PMOS conducen en saturación:

$$NMOS: V_{GSN} \geq V_{TN} \qquad V_{DSN} \geq V_{GSN} - V_{TN}$$
$$PMOS: V_{SGP} \geq |V_{TP}| \qquad V_{SDP} \geq V_{SGP} - |V_{TP}|$$

Al cambiar a la región IV, el transistor NMOS pasará a conducir en óhmica y el PMOS seguirá saturado. Por tanto, se deberá cumplir que

$$NMOS: V_{GSN} \geq V_{TN} \Rightarrow V_I \geq V_{TN}$$
$$V_{DSN} \leq V_{GSN} - V_{TN} \Rightarrow V_O \leq V_I - V_{TN}$$

En este caso, en la transición entre la región III y la región IV la tensión de entrada y la tensión de salida cumplirán la igualdad

$$V_I - V_O = \boxed{\phantom{XXXX}} \; V$$

Análogamente al ejercicio 2.2, esta igualdad permite obtener la recta de transición $V_O(V_I)$ entre las regiones III y IV. La figura 2.6 muestra el resultado de la simulación en SPICE.

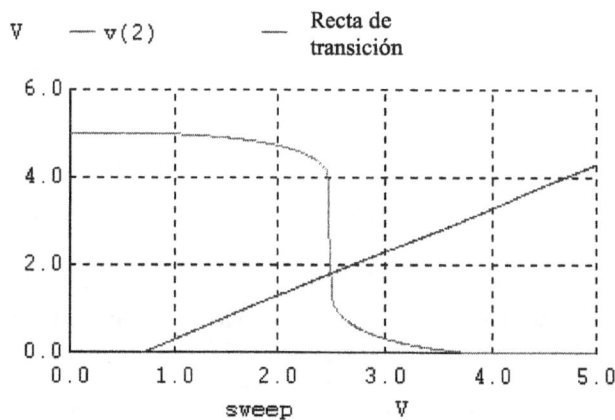

Pulsando sobre esta gráfica se accede al simulador.

*Figura 2.6. Transición entre las regiones III y IV de la característica entrada-salida del inversor CMOS*

El valor de $V_I$ y $V_O$ en la transición es:

$$V_I = \boxed{\phantom{xxxxxxxx}} \text{V}$$

$$V_O = \boxed{\phantom{xxxxxxxx}} \text{V}$$

## Ejercicio 2.4

Calcular el valor de la tensión de entrada en el cual se produce la transición entre la región IV y la V. Datos: $V_{TN}= 0.7V$, $V_{TP}=-1.1V$, $V_{DD}=5V$.

## Solución

En la región IV el transistor NMOS conduce en óhmica y el transistor PMOS conduce en saturación:

$$\text{NMOS}: V_{GSN} \geq V_{TN} \qquad V_{DSN} \leq V_{GSN} - V_{TN}$$
$$\text{PMOS}: V_{SGP} \geq |V_{TP}| \qquad V_{SDP} \geq V_{SGP} - |V_{TP}|$$

Al pasar a la región IV, el transistor PMOS dejará de conducir y el transistor NMOS seguirá en óhmica. Por tanto, se deberá cumplir que

$$\text{PMOS}: V_{SGP} < |V_{TP}| \Rightarrow V_{DD} - V_I < |V_{TP}| \Rightarrow V_I > V_{DD} - |V_{TP}|$$

Entonces, la tensión de entrada para pasar de la región IV a la región V será:

$$V_I = \boxed{\phantom{xxxxxx}} \text{V}$$

## 2.3 Márgenes de ruido en una tecnología CMOS

Los márgenes de ruido en una tecnología CMOS se definen como el margen de variación que puede tener la tensión de salida de un circuito CMOS para que un circuito posterior interprete correctamente en su entrada los niveles lógicos 0 y 1.

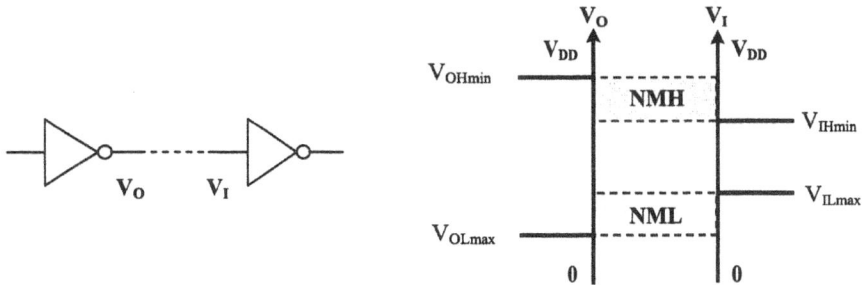

*Figura 2.7. Cadena de inversores y márgenes de ruido*

Supongamos que tenemos una cadena de dos inversores como la que se muestra en la figura 2.7. En la entrada de un inversor, el nivel de tensión máximo para detectar un nivel bajo se llama $V_{ILmax}$, y el nivel mínimo para detectar un nivel alto, $V_{IHmin}$. En la salida del inversor, el nivel de tensión máximo para proporcionar un nivel bajo es $V_{OLmax}$ y el nivel de tensión mínimo para proporcionar un nivel alto es $V_{OHmin}$.

Como indica la figura, el margen NML es el nivel de ruido que puede tener la señal para que cuando el primer inversor proporcione un nivel bajo, el segundo inversor lo interprete como tal. Análogamente, el margen NMH indica el nivel de ruido que puede tener la señal para que cuando el primer inversor proporcione un nivel alto, el segundo lo interprete correctamente.

En un inversor CMOS, estos márgenes de ruido se hallan con ayuda de las características estacionarias. Para ello se deben buscar los puntos de la característica que tienen pendiente $-1$. Estos puntos son los que indican cuándo la tensión de salida deja de ser considerada nivel 0 o nivel 1.

La figura 2.8 muestra la característica entrada-salida del inversor CMOS y su derivada. Los puntos de cruce de la derivada con la recta -1 permiten obtener los puntos de pendiente -1.

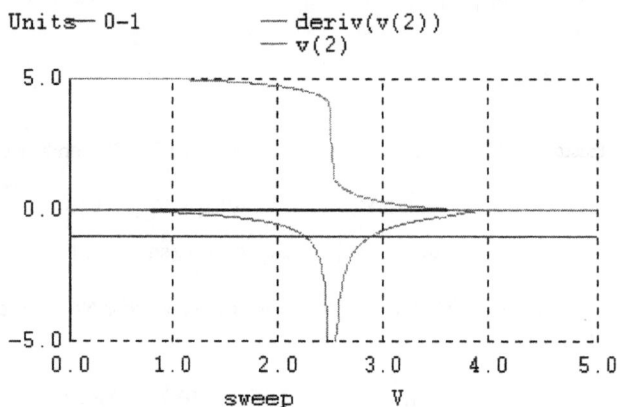

Pulsando sobre esta gráfica se accede al simulador.

*Figura 2.8. Característica entrada-salida del inversor y derivada de la característica*

Las coordenadas de los puntos de la característica con pendiente -1 son

$$V_{Ilmax} = 2.25V, \ V_{OHmin} = 4.54V \ y \ V_{IHmin} = 2.88V, \ V_{OLmax} = 0.42V$$

Se definen los márgenes de ruido como

- Margen de ruido de nivel bajo:          NML$= V_{ILmax} - V_{OLmax} = 1.83V$

- Margen de ruido de nivel alto:          NMH$= V_{OHmin} - V_{IHmin} = 1.66V$


Generalmente se desea que estos dos márgenes de ruido sean de igual valor.

## Ejercicio 2.5

Calcular los márgenes de ruido de un inversor CMOS con $(W/L)_N = (W/L)_P = 10/2$.
Datos: $V_{TN} = 0.7V$, $V_{TP} = -1.1V$, $V_{DD} = 5V$, $K_N' = 70.28 \times 10^{-6}\ A/V^2$, $K_P' = 28.94 \times 10^{-6}\ A/V^2$.

## Solución

En primer lugar debemos calcular los puntos de pendiente -1 de la curva característica del inversor. Estos puntos se encuentran en las regiones de funcionamiento II y IV. Para ello utilizaremos las ecuaciones $V_O(V_I)$ de las regiones II y IV que habíamos visto al final del apartado 2.2.

Para la región II obtendremos el punto de pendiente -1 que tiene como coordenadas $(V_{ILmax}, V_{OHmin})$. Derivando la expresión de $V_O(V_I)$ en esta región tenemos

$$\frac{dV_O}{dV_I} = 1 - \frac{(V_{DD} - V_I - |V_{TP}|) + \frac{K_N}{K_P}(V_I - V_{TN})}{\sqrt{(V_{DD} - V_I - |V_{TP}|)^2 - \frac{K_N}{K_P}(V_I - V_{TN})^2}} =$$

De donde, igualando la derivada a −1, podemos despejar $V_I$:

$$V_{ILmax} = \boxed{\phantom{XXXX}}\ V$$

Sustituyendo este valor en la expresión $V_O(V_I)$, tenemos

$$V_{OHmin} = \boxed{\phantom{XXXX}}\ V$$

En el caso de la región IV obtendremos el punto de pendiente -1 que tiene como coordenadas $(V_{IHmin}, V_{OLmax})$. Igual que en el caso anterior, derivando la expresión de $V_O(V_I)$ en esta región e igualándola a -1 tenemos

$$V_{IHmin} = \boxed{\phantom{XXXX}}\ V$$

Sustituyendo este valor en la expresión $V_O(V_I)$, tenemos

$$V_{OLmax} = \boxed{\phantom{XXXX}}\ V$$

## 2.4 Regeneración de los niveles lógicos

Los valores eléctricos de los niveles lógicos 0 y 1 pueden deteriorarse en la transmisión de señales. Al recibir una señal deteriorada, es conveniente regenerarla para que las operaciones y funciones lógicas que se realicen sean correctas. Para ilustrar este efecto se puede simular en SPICE una cadena de tres inversores y aplicar a su entrada pulsos de diferente amplitud:

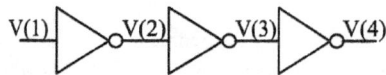

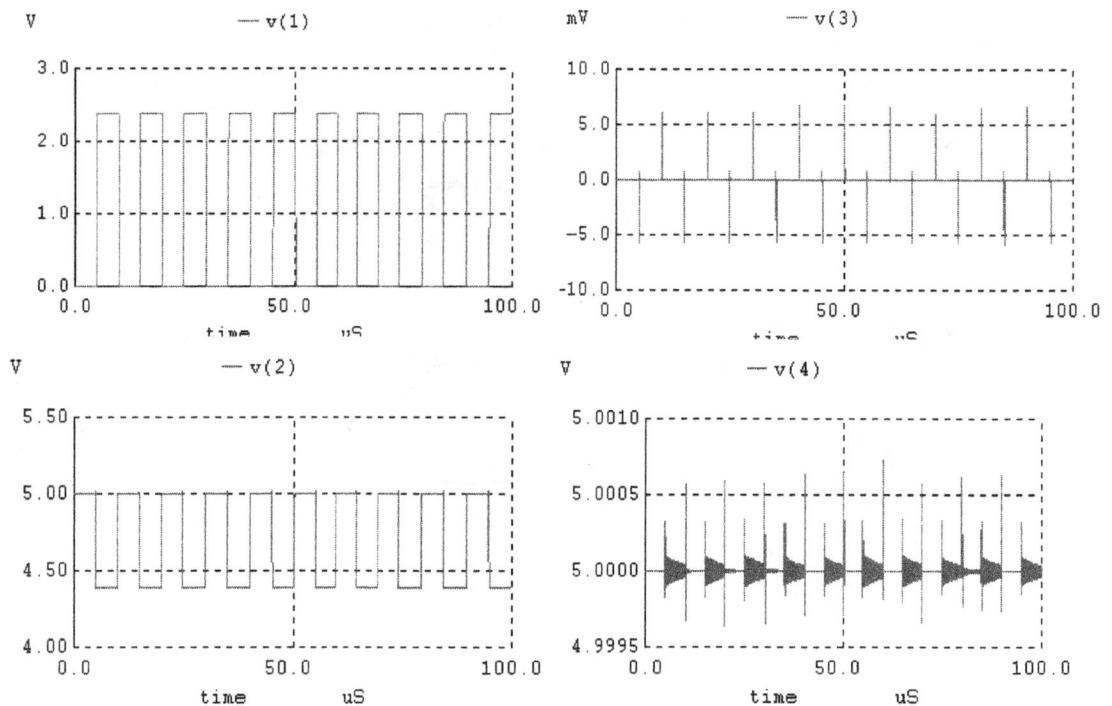

Pulsando sobre estas gráficas se accede al simulador.

*Figura 2.9. Simulación de una cadena de tres inversores con pulsos de entrada de amplitud 2'37V*

Como se ve en la figura 2.9, para amplitud de entrada de 2.37V a la salida del segundo inversor v(3) sólo aparecen unos cortos impulsos, y la señal no es identificada correctamente por el tercer inversor.

Sin embargo, tal como se ve en la figura 2.10, al poner a la entrada una señal de amplitud un poco mayor que 2.5V, el tercer inversor ya produce una señal raíl-raíl v(4).

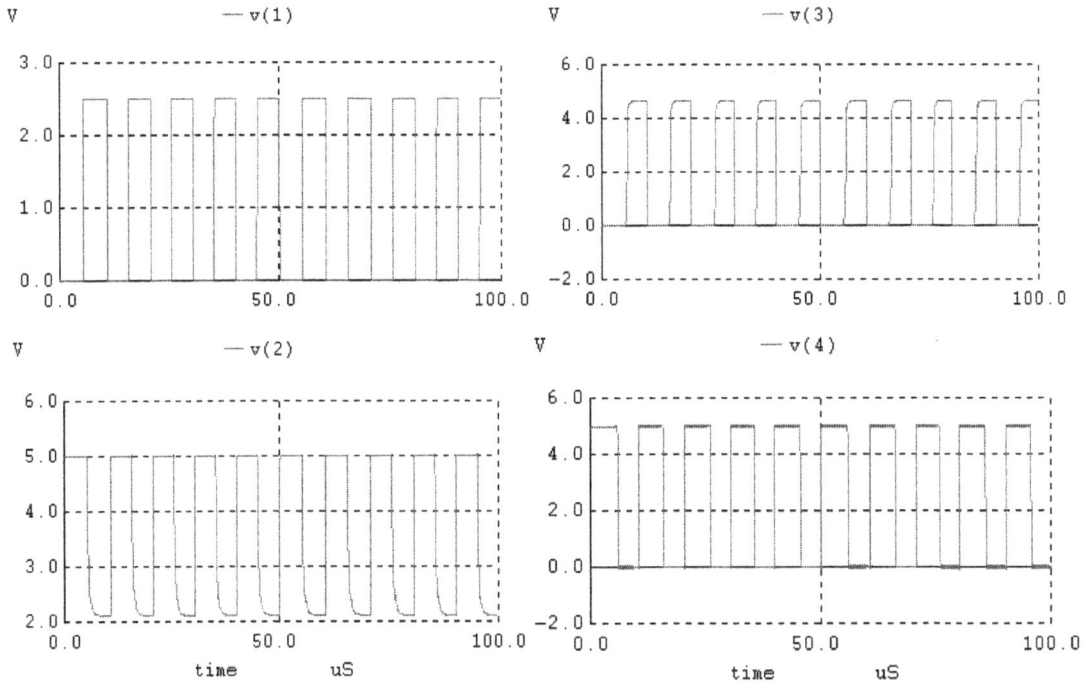

Pulsando sobre estas gráficas se accede al simulador.

*Figura 2.10. Simulación de una cadena de tres inversores con pulsos de entrada de amplitud 2'5V*

## Ejercicio 2.6

Simular una cadena de 4 inversores de iguales dimensiones con una señal de entrada digital de niveles 1.1V/2.8V y representar gráficamente las tensiones de salida en los cuatro inversores. ¿En qué salida se producen los niveles 0-5V dentro de un 1% de error?
Datos: $(W/L)_N=10/2$, $(W/L)_P=40/8$.

## Solución

La figura 2.11 muestra las gráficas obtenidas al simular con SPICE la cadena de 4 inversores. Se ha realizado una simulación con una señal de entrada que varía entre los niveles 1.1V y 2.8V.

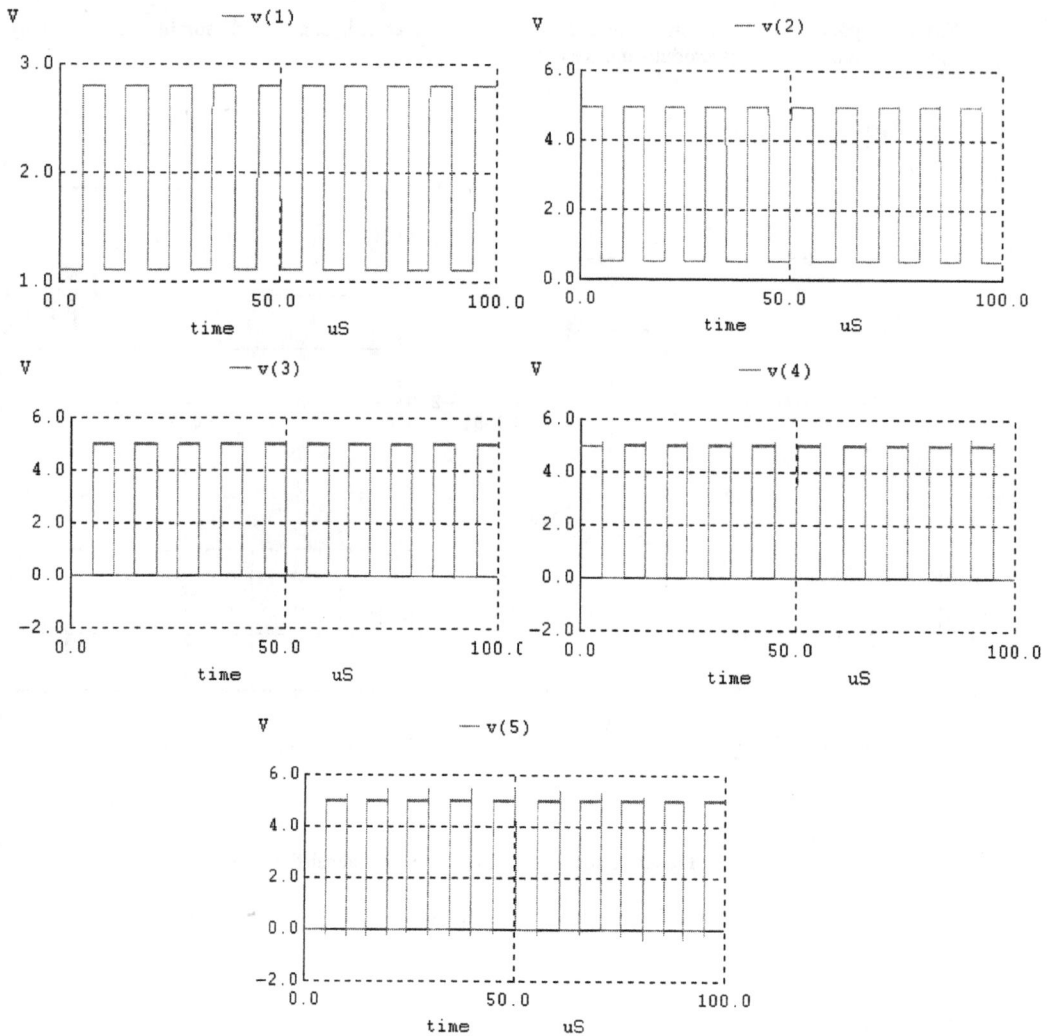

Pulsando sobre estas gráficas se accede al simulador.

*Figura 2.11. Simulación de una cadena de cuatro inversores con pulsos de entrada 1.1V/2.8V*

Como se puede ver, a partir de la salida del segundo inversor se han regenerado los niveles lógicos y la señal varía entre 0 y 5 V.

## 2.5 Problemas

### Problema 2.1

Simular la relación entrada- salida y la respuesta dinámica a una señal cuadrada de dos inversores CMOS, el primero de ellos de tamaños $(W/L)_N$=4/2 y $(W/L)_P$=10/2, y el segundo $(W/L)_N$=8/2 y $(W/L)_P$=20/2. Observar si hay diferencias en la tensión de inversión y entre los niveles de salida, en uno y otro caso.

### Solución

Las figuras 2.12 y 2.13 muestran las gráficas que se deberían obtener de la relación entrada-salida de los dos inversores:

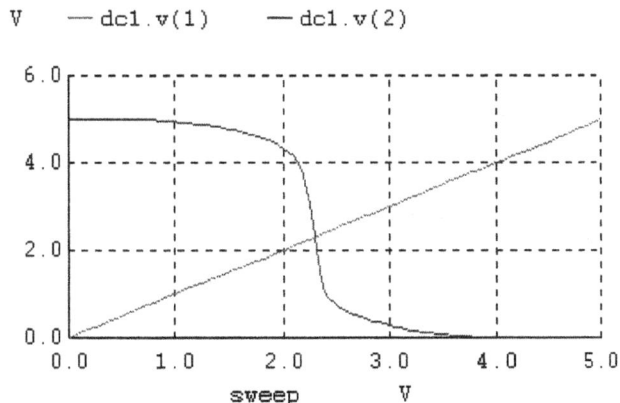

V      — dc1.v(1)        — dc1.v(2)

*Figura 2.12. Característica entrada-salida del inversor $(W/L)_N$=4/2 y $(W/L)_P$=10/2*

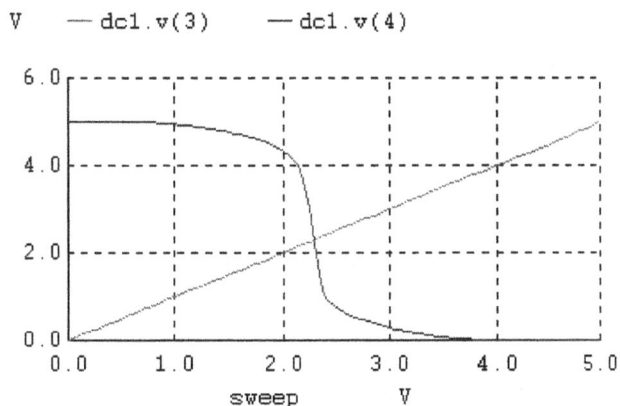

V      — dc1.v(3)        — dc1.v(4)

*Figura 2.13. Característica entrada-salida del inversor $(W/L)_N$=8/2 y $(W/L)_P$=20/2*

Como se puede observar, la tensión de inversión es la misma en ambos casos.

Esto es porque la tensión de inversión depende de la relación de tamaño de los dos transistores del inversor. En ambos casos esta relación es

$$\frac{K_N}{K_P} = \frac{K_N'\left(\frac{W}{L}\right)_N}{K_P'\left(\frac{W}{L}\right)_P} = \frac{K_N'}{K_P'} \cdot \frac{2}{5}$$

Las figuras 2.14 y 2.15 muestran las gráficas que se deberían obtener al simular la respuesta dinámica de los inversores aplicando una señal de entrada cuadrada:

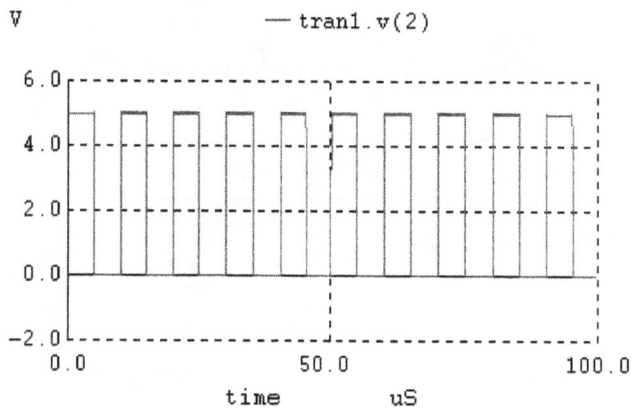

*Figura 2.14. Respuesta dinámica del inversor $(W/L)_N=4/2$ y $(W/L)_P=10/2$*

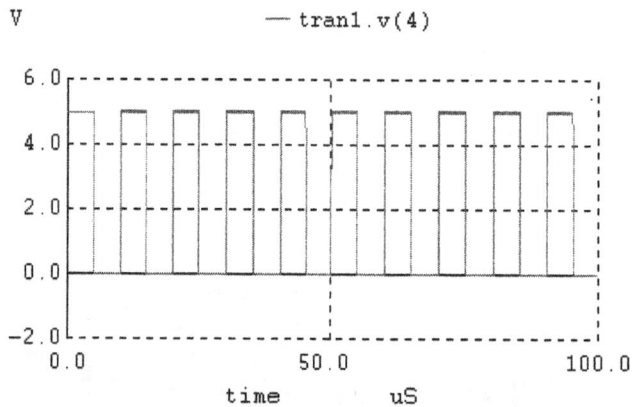

*Figura 2.15. Respuesta dinámica del inversor $(W/L)_N=8/2$ y $(W/L)_P=20/2$*

Los dos inversores producen una señal raíl-raíl entre 0 y 5V.

## Problema 2.2

Simular la característica entrada –salida y la respuesta dinámica a una señal cuadrada de una puerta NOR de dos entradas, y de una puerta NAND de dos entradas, usando los transistores $(W/L)_P=10/2$ y $(W/L)_N=4/2$ en todos los casos. Para la característica estacionaria suponga que las dos entradas están conectadas a la misma señal y para la respuesta dinámica que una de las entradas es de frecuencia doble que la otra. Calcular el valor de la tensión de inversión en la respuesta estacionaria y compararla con la de un inversor. Verificar la funcionalidad de las dos puertas. Duplique el valor W en todos los transistores y repita el ejercicio.

## Solución

A continuación se muestra la característica entrada-salida de la puerta NOR y la puerta NAND que se debería obtener al realizar la simulación suponiendo que las dos entradas de las puertas estén conectadas a la misma señal:

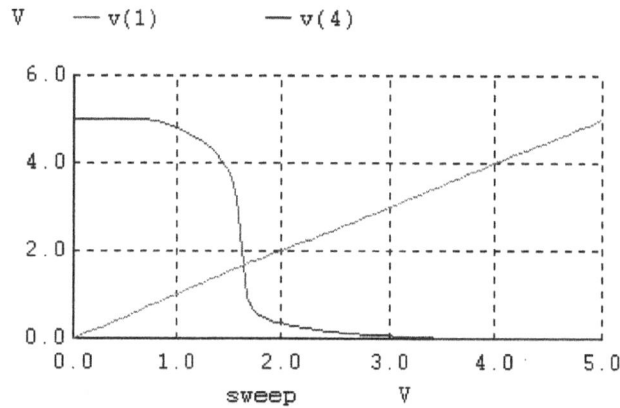

*Figura 2.16. Característica entrada-salida de la puerta NOR*

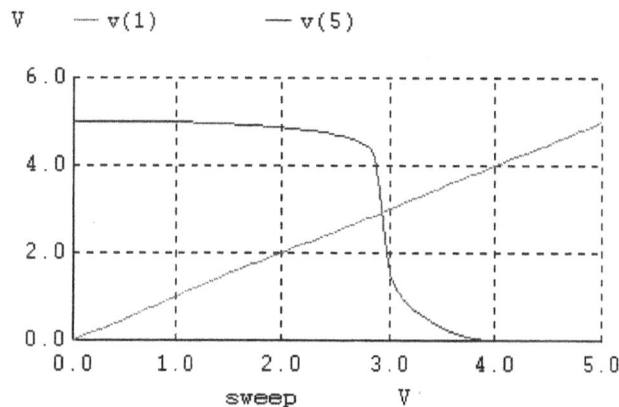

*Figura 2.17. Característica entrada-salida de la puerta NAND*

Como se puede ver, las puertas con las dos entradas conectadas a la misma señal se comportan como un inversor. La tensión de inversión de la puerta NOR es menor que la de la puerta NAND.

Las figuras 2.18 y 2.19 muestran la respuesta dinámica de las dos puertas que se debería obtener al realizar la simulación:

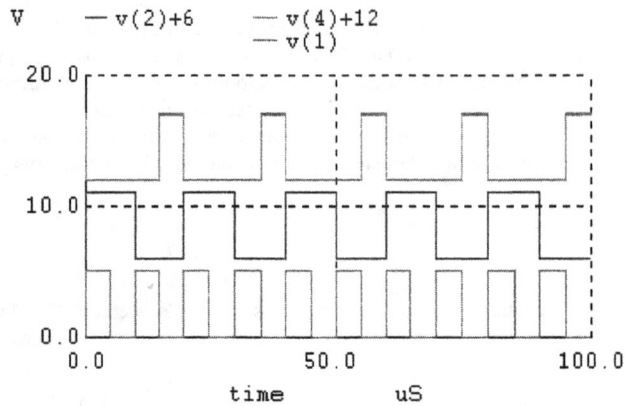

*Figura 2.18. Respuesta dinámica de la puerta NOR*

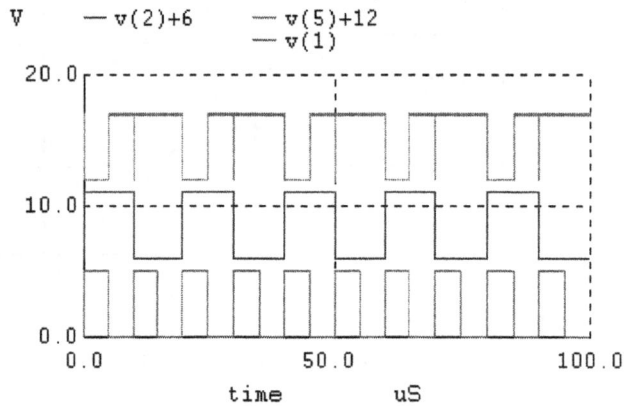

*Figura 2.19. Respuesta dinámica de la puerta NAND*

Las entradas de las puertas son $v(1)$ y $v(2)$. La salida de la puerta NOR es $v(4)$ y la salida de la NAND es $v(5)$.

Para calcular la tensión de inversión de las puertas, debemos encontrar la relación de aspecto de un transistor P equivalente que englobe todos los transistores P de la puerta y un transistor N equivalente.

En el caso de la puerta NOR en la zona P tenemos dos transistores en serie y en la zona N dos transistores en paralelo. Sabemos que la corriente que circula por ambos PMOS es la misma. Podemos comprobar que el PMOS conectado a alimentación está en zona óhmica y el otro en saturacion, y la corriente que circula por ellos es equivalente a la de un transistor del doble de longitud sumando ambas corrientes y cancelando los términos:

$$I_1 = \frac{K_P}{2}\left(V_X - V_{INV} - |V_{TP}|\right)^2 \quad I_2 = K_P\left[\left(V_X - V_{INV} - |V_{TP}|\right)\left(V_{DD} - V_X\right) - \frac{\left(V_{DD} - V_X\right)^2}{2}\right]$$

Por otro lado, los dos NMOS en paralelo están polarizados con las mismas tensiones y la corriente que circula por ellos es equivalente a la de un solo transistor con una anchura del doble que la de cada uno de los originales. Entonces, la tensión de inversión de la puerta NOR será

$$V_{INV\_NOR} = \boxed{\phantom{xxxxxx}} V$$

En el caso de la puerta NAND, el procedimiento es el mismo. En la zona P tenemos dos transistores en paralelo y en la zona N dos transistores en serie.

La tensión de inversión de la puerta NAND será

$$V_{INV\_NAND} = \boxed{\phantom{xxxxxx}} V$$

La tensión de inversión de un inversor con (W/L)p=10/2 y (W/L)n=4/2 sería

$$V_{INV\_inversor} = \boxed{\phantom{xxxxxx}} V$$

Si duplicamos el valor de W en todos los transistores, tendremos

$$V_{INV\_NOR} = \boxed{\phantom{xxxx}} V \qquad V_{INV\_NAND} = \boxed{\phantom{xxxx}} V \qquad V_{INV\_inversor} = \boxed{\phantom{xxxx}} V$$

## Problema 2.3

Simular una puerta de transmisión formada por un transistor NMOS y otro PMOS conectados en paralelo. La entrada se aplica a las dos fuentes y la salida se toma de los dos drenadores. Dibuje la corriente que circula en funcion de la tensión cuando las puertas se conectan a 5V la del NMOS y a 0V la del PMOS. Repetir lo mismo pero invirtiendo las dos tensiones de puerta.

## Solución

A continuación se muestra la gráfica de la corriente de salida en función de la tensión de entrada que se debería obtener al realizar la simulación SPICE para el caso de $V_{GN}$=5V y $V_{GP}$=0V:

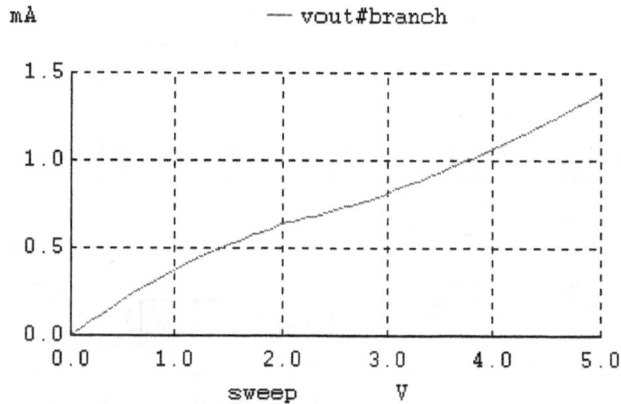

*Figura 2.20. Corriente de la puerta de transmisión en función de $V_{IN}$ para $V_{GN}$=5V y $V_{GP}$=0V*

Para el caso $V_{GN}$=0V y $V_{GP}$=5V, la gráfica de la corriente de salida en función de la tensión de entrada que se debería obtener se muestra en la figura 2.21:

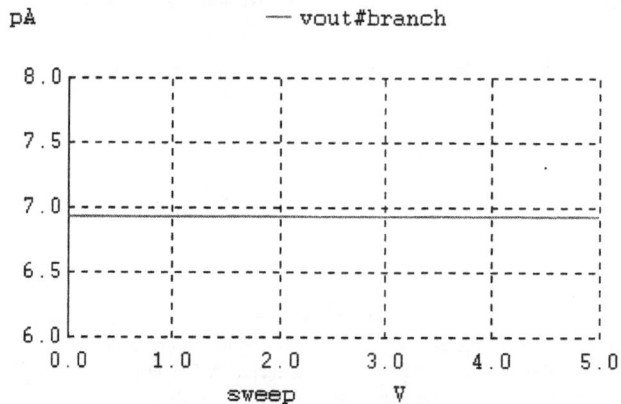

*Figura 2.21. Corriente de la puerta de transmisión en función de Vin para Vgn=0V y Vgp=5V*

En este caso ninguno de los dos transistores conduce. Existe una pequeña corriente residual debido a la corriente inversa de saturación de las uniones P-N.

## Problema 2.4

El circuito de la figura es una puerta NAND CMOS de dos entradas, en la que se desea encontrar el punto de su característica entrada-salida $V_O = V_I$ cuando se produce una conmutación simultanea en ambas entradas. Esta situación está representada en la figura por la conexión al mismo potencial, $V_I$, de las cuatro puertas de los transistores.

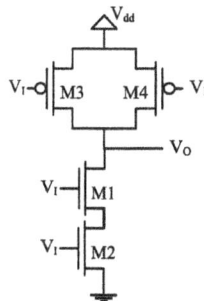

*Figura 2.22. Circuito de la puerta NAND CMOS*

a) Escribir las ecuaciones que dan las tensiones $V_{GS1}$ y $V_{GS2}$ en función de $V_I$ y de $V_{DS2}$, y la ecuación que relaciona la tensión de salida $V_O = V_I$ con las tensiones $V_{DS1}$ y $V_{DS2}$. A la vista de las ecuaciones anteriores, deducir si el transistor M1 se encuentra en saturación o en zona óhmica.

b) Partiendo de la hipótesis de que el transistor M2 está en la región óhmica y considerando que los transistores M1 y M2 son iguales, escribir la ecuación de las corrientes $I_{DS1}$ e $I_{DS2}$ en función de $V_I$ y de $V_{DS2}$. De ellas eliminar la tensión $V_{DS2}$ y deduci una relación entre $I_{DS1}$ y $V_I$.

c) Considerar ahora los dos transistores PMOS, M3 y M4. Relacionar las tensiones $V_{SG3}$, $V_{SG4}$, $V_{SD3}$ y $V_{SD4}$, con las del circuito, $V_I = V_O$ y $V_{DD}$ y deducir si los transistores están saturados o en zona óhmica. Escribir las ecuaciones de las corrientes $I_{DS3}$ e $I_{DS4}$. Considerar que ambos transistores son iguales. Calcular la expresión de la corriente total de los dos transistores.

d) Calcular la expresión que resulta para $V_I$ en función de $V_{TN}$, $V_{TP}$, $K_N$, $K_P$ y $V_{DD}$. Evaluar el resultado para los valores de $K_N$ y de $K_P$ correspondientes a $(W/L)_N = (W/L)_P$, usando los datos del modelo SPICE de los transistores, y calcular el valor de $V_I$ para $V_{DD} = 5V$.

e) Si se realizan los mismos cálculos anteriores en una puerta NOR, el resultado que se obtiene es

$$V_I = \frac{V_{DD} - |V_{TP}| + 2\sqrt{\dfrac{K_N}{K_P}}\, V_{TN}}{1 + 2\sqrt{\dfrac{K_N}{K_P}}}$$

Calcular en ese caso el valor del cociente $(W/L)_P / (W/L)_N$ si también se desea que $V_I$ sea la misma. Considerando las dimensiones $L = 1\ \mu m$, y para el TRT de anchura más pequeña $W = 1\ \mu m$, ¿cuál de las dos puertas ocupará más área?

## Solución

a) Las ecuaciones que expresan las tensiones $V_{GS1}$ y $V_{GS2}$ en función de $V_I$ y $V_{DS2}$ son

$$V_{GS2} = V_I$$
$$V_{GS1} = V_I - V_{DS2}$$

La ecuación que relaciona la tensión de salida $V_O = V_I$ con las tensiones $V_{DS1}$ y $V_{DS2}$ es

$$V_O = V_I = V_{DS1} + V_{DS2}$$

A partir de las ecuaciones anteriores se puede deducir si el transistor M1 está en saturación o en zona óhmica:

$$\boxed{\text{Elige una opción}}$$

b) La ecuación de la corriente $I_{DS1}$ en función de $V_I$ y de $V_{DS2}$ es

$$I_{DS1} = \frac{K_N}{2}\left(V_I - V_{DS2} - V_{TN}\right)^2$$

La ecuación de la corriente $I_{DS2}$ en función de $V_{DS2}$ y de $V_I$ es

$$I_{DS2} = K_N\left((V_I - V_{TN})\cdot V_{DS2} - \frac{V_{DS2}^2}{2}\right)$$

Sumando ambas y sabiendo que deben ser iguales, los términos con $V_{DS2}$ desaparecen. La ecuación de $I_{DS1}$ en función de $V_I$ queda

$$I_{DS1} = \frac{K_N}{4}\left(V_I - V_{TN}\right)^2$$

c) Las expresiones de las tensiones $V_{SG3}$, $V_{SG4}$, $V_{SD3}$ y $V_{SD4}$ son

$$V_{SG3} = V_{DD} - V_I \qquad\qquad V_{SD3} = V_{DD} - V_I$$
$$V_{SG4} = V_{DD} - V_I \qquad\qquad V_{SD4} = V_{DD} - V_I$$

A partir de estas ecuaciones se puede deducir si los transistores M3 y M4 están en saturación o en óhmica:

**Transistor M3:** $\boxed{\text{Elige una opción}}$

**Transistor M4:** $\boxed{\text{Elige una opción}}$

La expresión de las corrientes $I_{SD3}$ y $I_{SD4}$ es

$$I_{SD3} = I_{SD4} = \frac{K_P}{2}\left(V_{DD} - V_I - |V_{TP}|\right)^2$$

La corriente total que proporcionan los dos transistores es la suma de ambas:

$$I = K_P\left(V_{DD} - V_I - |V_{TP}|\right)^2$$

d) La expresión de $V_I$ que resulta en función de $V_{TN}$, $V_{TP}$, $K_N$, $K_P$ y $V_{DD}$ es

$$V_I = \frac{V_{DD} - |V_{TP}| + \frac{1}{2}\sqrt{\frac{K_N}{K_P}}\,V_{TN}}{1 + \frac{1}{2}\sqrt{\frac{K_N}{K_P}}}$$

El valor de $V_I$ considerando los valores de $K_N$ y de $K_P$ correspondientes a $(W/L)_N=(W/L)_P$ con los datos del modelo SPICE de los transistores y $V_{DD}=5V$ es

$$V_I = \boxed{\phantom{xxxxxx}}\ V$$

e) El valor del cociente $(W/L)_P/(W/L)_N$ para la puerta NOR con $V_I = V_{DD}$ es

$$\frac{\left(\dfrac{W}{L}\right)_P}{\left(\dfrac{W}{L}\right)_N} = \boxed{\phantom{xxxxxx}}\ V$$

Considerando el área de un transistor como el producto $W \cdot L$, la puerta que ocupará más área es

$$\boxed{\text{Elige una}\phantom{xxxxxxx}}$$

*Simulación en SPICE de las puertas NAND y NOR*

A continuación, la figura 2.23, muestra el resultado que se debería obtener al simular la puerta NAND con $(W/L)_N=(W/L)_P=4/2$. Aplicando las entradas A=B vemos que la transición se da para 2.5V. Esto coincide con el valor calculado teóricamente. La figura 2.24 muestra el circuito de la puerta NOR que debemos simular. Para simular la puerta NOR, debemos diseñarla de forma que se cumpla la relación $(W/L)_P/(W/L)_N$ obtenida en el apartado e) para que la conmutación se realice en $V_i=2.5V$. Tomaremos $L=2\mu m$, y para el transistor de anchura más pequeña tomaremos $W=4\mu m$. El resultado de dicha simulación se encuentra en la figura 2.25.

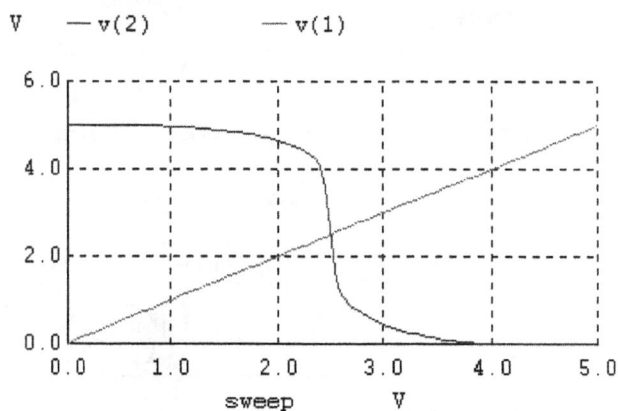

*Figura 2.23. Característica entrada-salida de la puerta NAND*

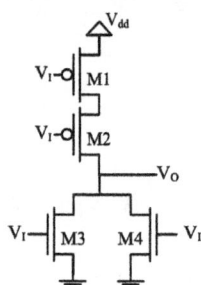

*Figura 2.24. Circuito de la puerta NOR CMOS*

A continuación se muestra el resultado que se debería obtener al simular la puerta NOR:

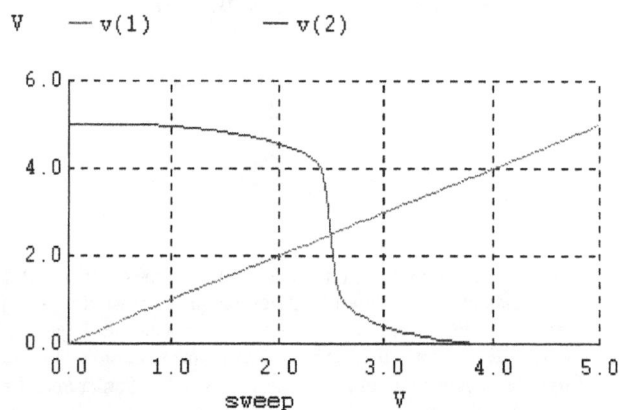

*Figura 2.25. Característica entrada-salida de la puerta NOR*

En términos de área consumida es preferible una puerta NAND que una NOR.

# Capítulo 3
## Respuesta dinámica de la tecnología CMOS

# LECCIÓN 3

## Respuesta dinámica de la tecnología CMOS

## Índice

NOTA: Este es un documento interactivo. Los diferentes elementos interactivos estarán marcados sobre el texto en color gris. Para un correcto funcionamiento de los vínculos presentes en el documento, es necesario que se haya seguido el procedimiento de instalación descrito en la guía de instalación de la asignatura.

## 3.1 Introducción

Los circuitos CMOS tienen una respuesta determinada por la velocidad a la cual los cambios de la tensión de entrada pueden pueden traducirse en cambios a la salida. En la práctica, la capacidad de dar corriente de los transistores así como los valores de las capacidades presentes en el circuito son determinantes para su rapidez. Ambas propiedades, corriente que puede circular y capacidad, son dependientes del tamaño de los transistores. En esta lección se describe el funcionamiento dinámico de un inversor CMOS cargado con una determinada capacidad.

## 3.2 Definiciones

Para estudiar la respuesta dinámica del inversor CMOS vamos a realizar una simulación SPICE del inversor conectado a una capacidad de salida $C_L$. El circuito se muestra en la figura 3.1.

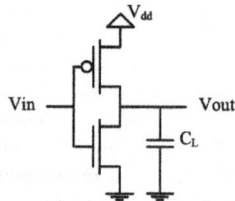

*Figura 3.1. Inversor CMOS con capacidad de salida $C_L$*

A continuación se muestra el *netlist* de la simulación:

```
Inversor CMOS con capacidad de salida CL

* Modelos de los dispositivos
.include model

* Transistores del inversor y capacidad
m1 2 1 0 0 nfet w=40u l=8u
m2 2 1 10 10 pfet w=40u l=8u
cl 2 0 1p

* Fuentes de polarizacion
vin 1 0 0 pulse(0 5 10n 0 0 100n 200n)
vdd 10 0 dc 5

* Simulacion a realizar
.tran 0.1n 200n

* Lineas de control
* El offset (+6) separa las señales en un unico plot
.control
run
plot v(1) v(2)+6
.endc

.end
```

La figura 3.2 muestra el resultado de la simulación, donde se observa la señal de entrada v(1) y la señal de salida v(2), que es la tensión en bornes de la capacidad $C_L$.

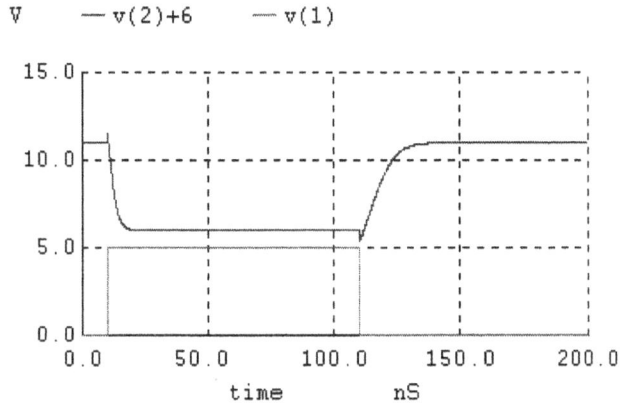

Pulsando sobre esta gráfica se accede al simulador. Desde el simulador, el comando EDIT permite modificar el fichero original.

*Figura 3.2. Simulación del inversor CMOS con capacidad de salida $C_L$*

En la figura 3.2 se puede ver que aunque la señal de entrada tiene unos tiempos de subida y bajada nulos, el circuito responde con unos tiempos de subida y bajada distintos de cero y asimétricos.

Se definen los tiempos de subida y bajada tal como se muestra en la figura 3.3.

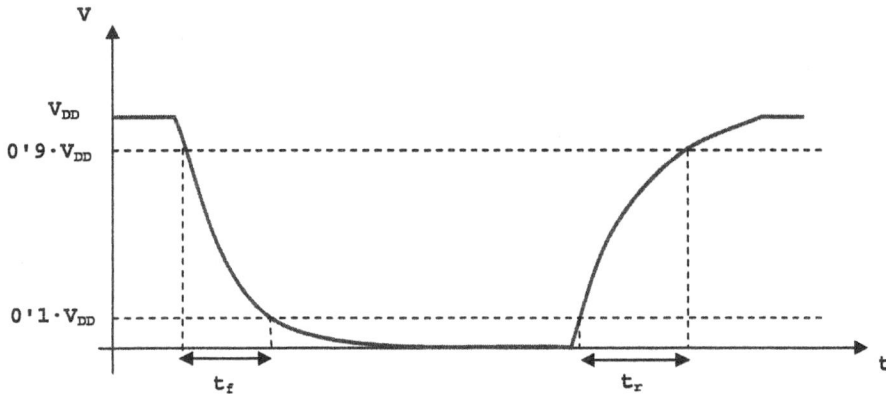

*Figura 3.3. Tiempo de subida ($t_r$) y tiempo de bajada ($t_f$)*

Como se ve, el tiempo de bajada es al tiempo que tarda la señal de salida en pasar del 90% al 10% del valor de la amplitud del pulso. Análogamente, el tiempo de subida es el que tarda en pasar del 10% al 90%.

Los resultados de la medida de la respuesta dinámica en la simulación de la figura 3.2 son

Tiempo de bajada = $t_f$ = 5.6 ns
Tiempo de subida = $t_r$ = 13.9 ns

## 3.3 Tiempo de bajada

La situación en que se produce el flanco de bajada se inicia en t<0 con el transistor NMOS en OFF y el transistor PMOS conduciendo. En esa situación tenemos $V_O = V_{DD}$ V y $I_{DSN} = 0$ A.

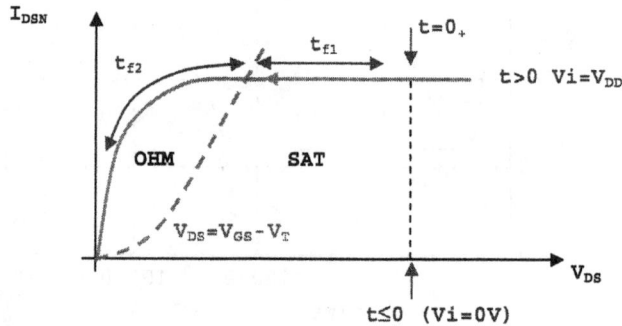

*Figura 3.4. Tiempo de bajada*

Para t≥0 la tensión de entrada pasa a ser $V_I = V_{DD}$ V. El transistor PMOS pasa a OFF y el transistor NMOS empieza a conducir en saturación. Como se puede ver en la figura 4, el tiempo de bajada está compuesto por dos tiempos: $t_{f1}$ para la zona en que el transistor NMOS conduce en saturación y $t_{f2}$ para la zona en que lo hace en óhmica.

Para calcular el tiempo de bajada total deberemos calcular estos dos tiempos, $t_{f1}$ y $t_{f2}$, y sumarlos.

*Cálculo de $t_{f1}$:*

En este caso el transistor NMOS conduce saturado y el PMOS está en OFF.

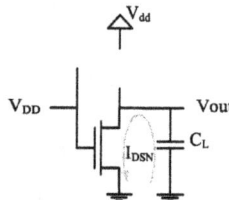

*Figura 3.5. Inversor CMOS en el caso de descarga (tiempo de bajada)*

Planteando la ecuación de descarga del condensador tenemos

$$I_{DS}(t) = -C_L \frac{dV_O}{dt} \quad \text{con} \quad I_{DS} = \frac{K_N}{2}(V_{GS} - V_{TN})^2$$

De donde obtenemos

$$C_L \frac{dV_O}{dt} + \frac{K_N}{2}(V_{DD} - V_{TN})^2 = 0$$

Despejando la derivada de $V_O$ de la ecuación anterior e integrando podemos calcular $t_{f1}$. Definíamos $t_{f1}$ como el tiempo que tardaba la tensión de salida en cambiar de 0'9 $V_{DD}$ hasta el límite entre las regiones de óhmica y saturación. Por comodidad, movemos el origen de tiempos al instante en que empieza $t_{f1}$:

$$\frac{dV_O}{dt} = -\frac{K_N}{2C_L}(V_{DD} - V_{TN})^2$$

$$\int_{0.9V_{DD}}^{V_{DD}-V_{TN}} dVo = -\frac{K_N}{2C_L}(V_{DD} - V_{TN})^2 \int_0^{t_{f1}} dt$$

$$V_{DD} - V_{TN} - 0'9V_{DD} = -\frac{K_N}{2C_L}(V_{DD} - V_{TN})^2 t_{f1}$$

$$t_{f1} = \frac{2C_L(V_{TN} - 0'1V_{DD})}{K_N(V_{DD} - V_{TN})^2}$$

*Cálculo de $t_{f2}$:*

En este caso el transistor NMOS conduce óhmica y el PMOS sigue en OFF.

El procedimiento es análogo al cálculo de $t_{f1}$. En este caso tenemos

$$I_{DS} = -C_L\frac{dV_O}{dt} \quad \text{con} \quad I_{DS} = K_N\left((V_{GS} - V_{TN})\cdot V_{DS} - \frac{V_{DS}^2}{2}\right)$$

$$C_L\frac{dV_O}{dt} + K_N\left((V_{DD} - V_{TN})\cdot V_O - \frac{V_O^2}{2}\right) = 0$$

Despejando la derivada de $V_O$ de la ecuación anterior obtenemos

$$\frac{dV_O}{(V_{DD} - V_{TN})\cdot V_O - \dfrac{V_O^2}{2}} = -\frac{K_N}{C_L}dt$$

Multiplicando ambos lados por $-(1/2)$ e integrando podemos calcular $t_{f2}$:

$$\int_{V_{DD}-V_{TN}}^{0.1V_{DD}} \frac{dV_O}{V_O^2 - 2(V_{DD} - V_{TN})\cdot V_O} = \frac{K_N}{2C_L}\int_{t_{f1}}^{t_{f1}+t_{f2}} dt = \frac{K_N}{2C_L}t_{f2}$$

Para resolver la intergral de la izquierda, podemos desarrollar el cociente en fracciones simples:

$$\frac{1}{V_O^2 - 2(V_{DD} - V_{TN})V_O} = \frac{1}{V_O[V_O - 2(V_{DD} - V_{TN})]} = \frac{X}{V_O} + \frac{Y}{V_O - 2(V_{DD} - V_{TN})}$$

Si calculamos X e Y, tenemos

$$X\left[V_O - 2(V_{DD} - V_{TN})\right] + YV_O = 1$$

$$X = \frac{-1}{2(V_{DD} - V_{TN})} \qquad Y = \frac{1}{2(V_{DD} - V_{TN})}$$

Por tanto, la integral resulta

$$\frac{K_N}{2C_L}t_{f2} = \frac{1}{2(V_{DD} - V_{TN})}\int_{V_{DD}-V_{TN}}^{0.1V_{DD}}\left[\frac{-1}{V_O} + \frac{1}{V_O - 2(V_{DD} - V_{TN})}\right]dV_O$$

$$t_{f2} = \frac{C_L}{K_N(V_{DD} - V_{TN})}\ln\left(\frac{V_O - 2(V_{DD} - V_{TN})}{V_O}\right)\Bigg|_{V_{DD}-V_{TN}}^{0.1V_{DD}}$$

Finalmente, resulta

$$t_{f2} = \frac{C_L}{K_N(V_{DD} - V_{TN})}\ln\left(\frac{0.1V_{DD} - 2(V_{DD} - V_{TN})}{0.1V_{DD}}\frac{V_{DD} - V_{TN}}{(V_{DD} - V_{TN}) - 2(V_{DD} - V_{TN})}\right)$$

$$t_{f2} = \frac{C_L}{K_N(V_{DD} - V_{TN})}\ln\left(19 - \frac{20V_{TN}}{V_{DD}}\right)$$

El tiempo total de bajada, $t_f$, queda

$$t_f = \frac{C_L}{K_N(V_{DD} - V_{TN})}\cdot\left[\frac{2(V_{TN} - 0'1V_{DD})}{V_{DD} - V_{TN}} + \ln\left(19 - \frac{20\cdot V_{TN}}{V_{DD}}\right)\right]$$

## 3.4 Tiempo de subida

En este caso el análisis es análogo al realizado para obtener el tiempo de bajada. El resultado es

$$t_r = \frac{C_L}{K_P\left(V_{DD} - |V_{TP}|\right)}\cdot\left[\frac{2\left(|V_{TP}| - 0'1V_{DD}\right)}{V_{DD} - |V_{TP}|} + \ln\left(19 - \frac{20\cdot |V_{TP}|}{V_{DD}}\right)\right]$$

## Ejercicio 3.1

Usando los datos de los transistores de la simulación del apartado anterior calcular los valores de los tiempos de subida y bajada. Recuérdese que el fichero *model* contiene los parámetros del modelo usado.

## Solución

Para calcular los tiempos de subida y bajada utilizaremos las ecuaciones presentadas en los apartados 3.3 y 3.4 de esta lección. El tiempo de bajada es

$$t_f = \boxed{\phantom{xxxxx}} \text{ ns}$$

El tiempo de subida es

$$t_r = \boxed{\phantom{xxxxx}} \text{ ns}$$

## Ejercicio 3.2

Simular la respuesta dinámica de un inversor CMOS y obtener sus tiempos de subida y bajada con las siguientes relaciones de aspecto:

a) $\dfrac{\left(W/L\right)_N}{\left(W/L\right)_P} = 2$ 
b) $\dfrac{\left(W/L\right)_N}{\left(W/L\right)_P} = \dfrac{1}{2}$ 
c) $\dfrac{\left(W/L\right)_N}{\left(W/L\right)_P} = \dfrac{1}{4}$ 
d) $\dfrac{\left(W/L\right)_N}{\left(W/L\right)_P} = 4$

## Solución

A continuación se muestran las gráficas de la respuesta dinámica de cada inversor:

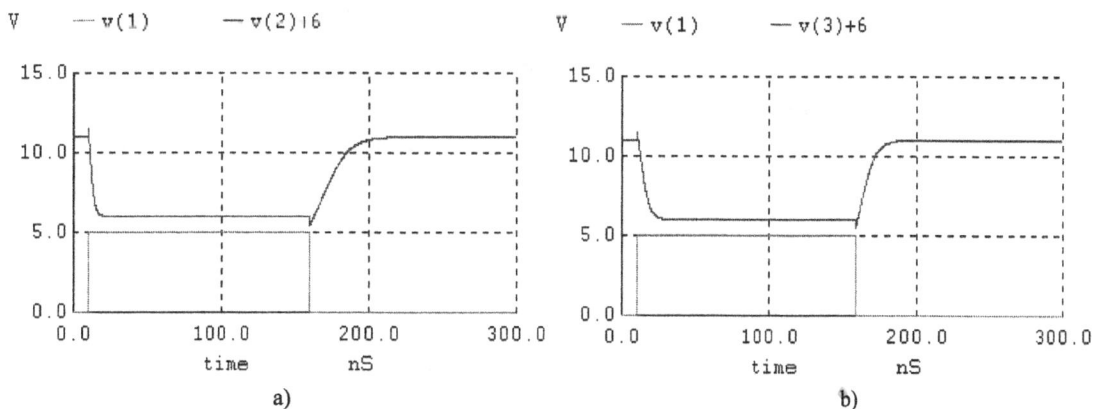

Pulsando sobre estas gráficas se accede al simulador.

*Figura 3.6. Respuesta dinámica de cuatro inversores CMOS. Casos a) y b)*

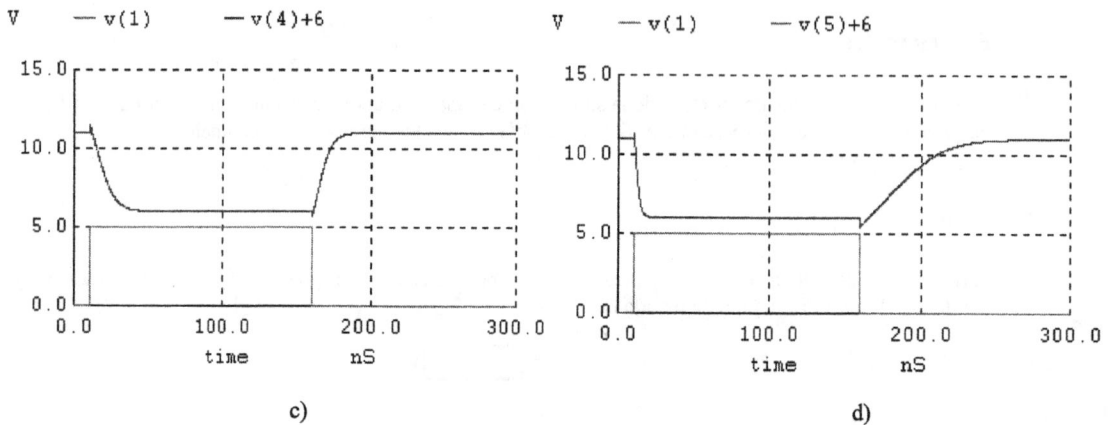

c)                                                                                      d)

Pulsando sobre esta gráfica se accede al simulador.

*Figura 3.7. Respuesta dinámica de cuatro inversores CMOS. Casos c) y d)*

Como se puede observar en las figuras 3.6 y 3.7, los tiempos de subida y bajada de los inversores varían según el tamaño de los transistores NMOS y PMOS. El tiempo de bajada es inversamente proporcional a la relación de aspecto del transistor NMOS, y el de subida es inversamente proporcional a la relación de aspecto del transistor PMOS.

Para calcular los tiempos de subida y bajada se han utilizado las dimensiones de los transistores que aparecen en el fichero de la simulación. Los valores de tf y tr para cada caso son

| Caso | $\left(\dfrac{W}{L}\right)_N$ | $\left(\dfrac{W}{L}\right)_P$ | $t_f$ (ns) | $t_r$ (ns) |
|------|-------------------------------|-------------------------------|------------|------------|
| a)   | 40/8 | 20/8 |  |  |
| b)   | 20/8 | 40/8 |  |  |
| c)   | 10/8 | 40/8 |  |  |
| d)   | 40/8 | 10/8 |  |  |

## 3.5 Tiempo de retardo

En un circuito se define el tiempo de retardo comparando las formas de onda de las señales de entrada y salida.

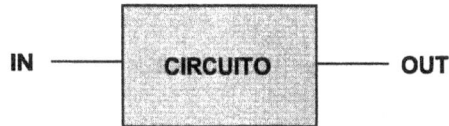

*Figura 3.8. Señales entre las que se define el tiempo de retardo*

Tal como se muestra en la figura 3.2, existe un tiempo de retardo de subida y un tiempo de retardo de bajada entre la señal de entrada y la señal de salida.

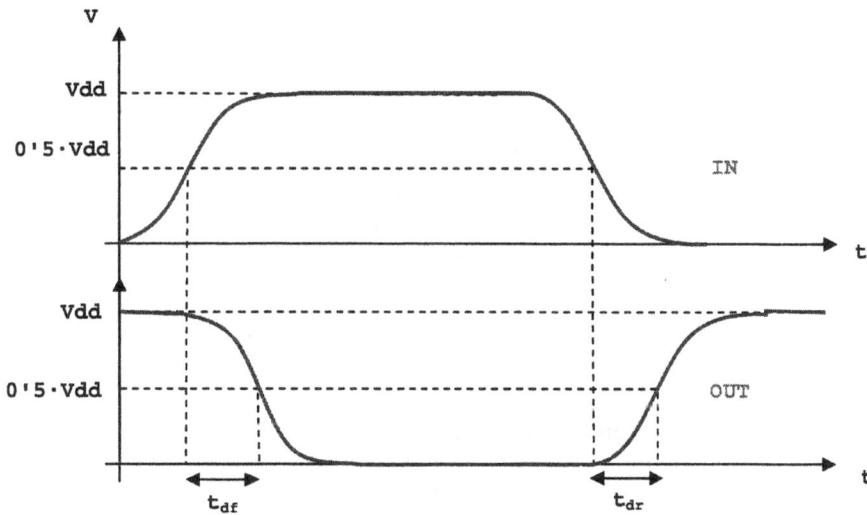

*Figura 3.9. Tiempo de retardo de subida ($t_{dr}$) y tiempo de retardo de bajada ($t_{df}$)*

El tiempo de retardo de bajada ($t_{df}$) se define como el tiempo que transcurre desde que la señal de entrada alcanza el 50% del valor de la amplitud hasta que la señal de salida decae al 50% de la amplitud. Igualmente, el tiempo de retardo de subida ($t_{dr}$) se define como el tiempo que transcurre desde que la señal de entrada decae al 50% de la amplitud hasta que la señal de salida alcanza el 50% de la amplitud.

El tiempo de retardo total de un circuito se calcula como el valor medio del tiempo de retardo de subida y el tiempo de retardo de bajada:

$$t_d = \frac{1}{2}\left(t_{df} + t_{dr}\right)$$

Es importante destacar que la definición de tiempos de retardo involucra a dos señales: la señal de entrada y la señal de salida. En cambio, la definición de los tiempos de subida y bajada sólo involucra a la señal de salida. Estos conceptos son, por tanto, diferentes, si bien ambos expresan la velocidad de respuesta de un circuito.

## Ejercicio 3.3

Simular un inversor CMOS cargado con una capacidad de 1pF y obtener los tiempos de retardo de subida y bajada.

Datos: $(W/L)_N=(W/L)_P=10\mu m/2\mu m$.

## Solución

La figura 3.10 muestra la respuesta dinámica del inversor obtenida al simular en SPICE. La señal de entrada es $v(1)$ y la señal de salida es $v(2)$.

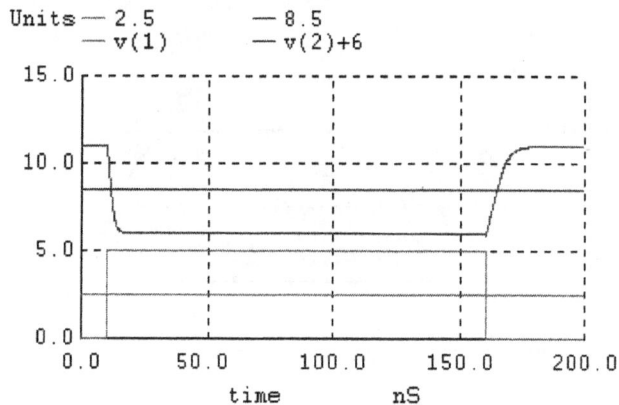

Pulsando sobre esta gráfica se accede al simulador.

*Figura 3.10. Respuesta dinámica del inversor CMOS*

Haciendo un zoom de la gráfica en las dos transiciones, podemos medir el tiempo de retardo de subida y el tiempo de retardo de bajada. El tiempo de retardo de bajada es

$$t_{df} = \boxed{\phantom{xxxx}} \text{ ns}$$

El tiempo de retardo de subida es

$$t_{dr} = \boxed{\phantom{xxxx}} \text{ ns}$$

## Ejercicio 3.4

Obtener mediante simulación el tiempo de retardo de subida y el tiempo de retardo de bajada de un inversor con las siguientes relaciones de aspecto:

a) $\dfrac{\left(W/L\right)_N}{\left(W/L\right)_P} = 2$
   b) $\dfrac{\left(W/L\right)_N}{\left(W/L\right)_P} = \dfrac{1}{2}$
   c) $\dfrac{\left(W/L\right)_N}{\left(W/L\right)_P} = \dfrac{1}{4}$
   d) $\dfrac{\left(W/L\right)_N}{\left(W/L\right)_P} = 4$

## Solución

A continuación se muestran las gráficas de la respuesta dinámica de cada inversor:

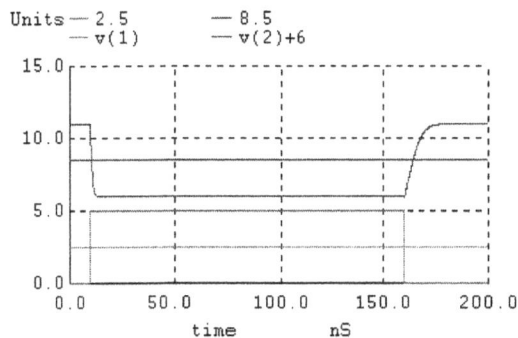

a)

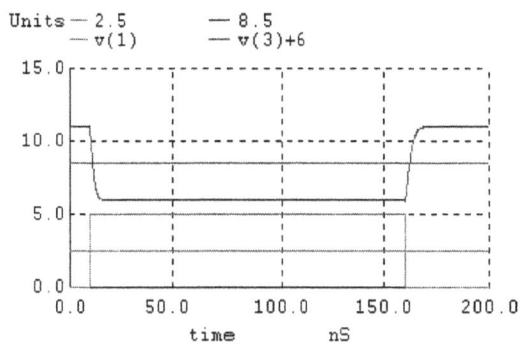

b)

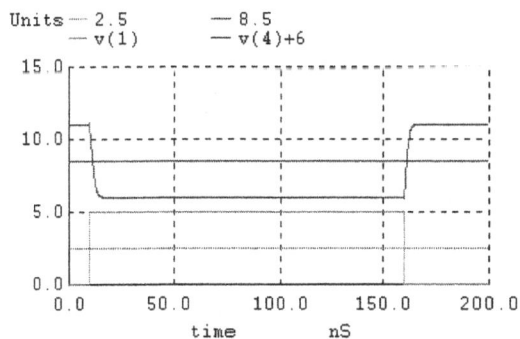

c)

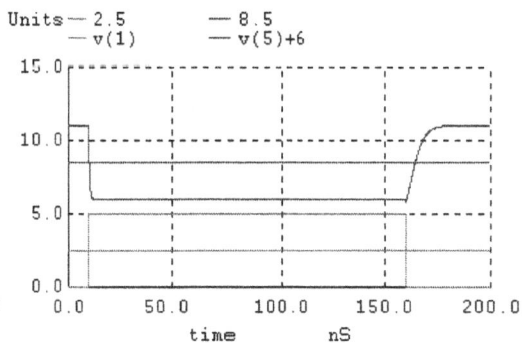

d)

Pulsando sobre estas gráficas se accede al simulador.

*Figura 3.11. Respuesta dinámica de cuatro inversores CMOS*

Para obtener las gráficas anteriores se han utilizado las dimensiones de los transistores que aparecen en el fichero de la simulación. Haciendo un zoom de las gráficas en las transiciones, se obtienen los valores de $t_{df}$ y $t_{dr}$ para cada caso.

| Caso | $\left(\dfrac{W}{L}\right)_N$ | $\left(\dfrac{W}{L}\right)_P$ | tdf (ns) | tdr (ns) |
|:---:|:---:|:---:|:---:|:---:|
| a) | 20/2 | 10/2 | | |
| b) | 10/2 | 20/2 | | |
| c) | 10/2 | 40/2 | | |
| d) | 40/2 | 10/2 | | |

## 3.6 Concepto de retardo simétrico

En los circuitos digitales, el funcionamiento se ve limitado por el flanco más lento, por eso cuando se realiza un diseño se debe procurar que los retardos de subida y de bajada sean sensiblemente iguales. Para observar las diferencias que puede haber entre los retardos de subida y de bajada de un circuito digital consideraremos por ejemplo el circuito de la figura 3.12.

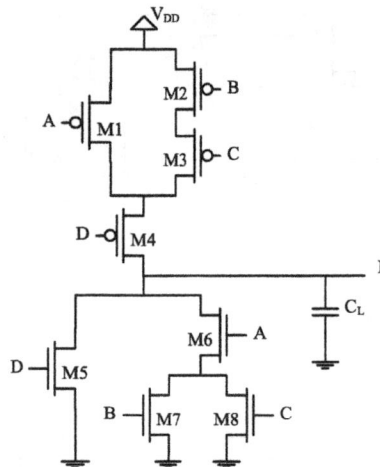

*Figura 3.12. Circuito digital CMOS*

## Ejercicio 3.5

Simular el circuito de la figura 3.12 con la combinación de los valores de las señales de entrada que constituyen el peor caso para la velocidad de respuesta del circuito. Obtener los tiempos de retardo de subida y de bajada.

Datos:
$(W/L)_{M1}$=9/2,     $(W/L)_{M2}$=18/2,    $(W/L)_{M3}$=18/2,    $(W/L)_{M4}$=18/2,
$(W/L)_{M5}$=2/2,     $(W/L)_{M6}$=4/2,      $(W/L)_{M7}$=4/2,      $(W/L)_{M8}$=4/2.

## Solución

El peor caso para la velocidad de respuesta dinámica del circuito se produce cuando la carga o descarga de la capacidad $C_L$ es más lenta. Esto sucede cuando la corriente de carga o descarga de la capacidad circula por el mayor número posible de transistores en serie. Por tanto, el peor caso para el tiempo de retardo de subida se produce con las siguientes entradas:

$$B = C = D = 0 \qquad A = 1$$

En este caso los transistores PMOS M2, M3 y M4 conducen en serie para cargar la capacidad. Análogamente, el peor caso para el tiempo de retardo de bajada se produce con las siguientes entradas:

$$A = B = 1 \; y \; C = D = 0 \qquad o \; también \qquad A = C = 1 \; y \; B = D = 0$$

En este caso, los transistores NMOS M6 y M7 o los transistores M6 y M8 conducen en serie para descargar la capacidad.

Para simular estos dos casos, se ha fijado la entrada A=1, las entradas C=D=0 y la entrada B es la que conmuta entre 0V y 5V (peor caso para el tiempo de retardo de bajada) y entre 5V y 0V (peor caso tiempo de retardo de subida).

La siguiente gráfica muestra la respuesta dinámica del circuito con estas entradas:

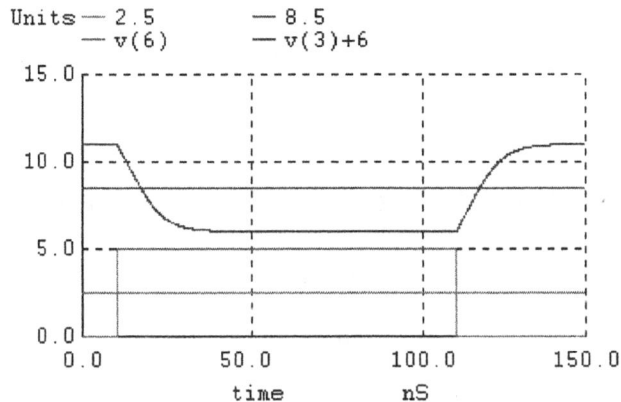

Pulsando sobre esta gráfica se accede al simulador.

*Figura 3.13. Respuesta dinámica del circuito para el peor caso de tiempo de retardo de bajada y subida*

Haciendo zoom en la gráfica podemos obtener el tiempo de retardo de subida y de bajada del circuito:

$$t_{dr} = \boxed{\phantom{xxxxxx}} \; ns$$

$$t_{df} = \boxed{\phantom{xxxxxx}} \; ns$$

En este caso se observa cómo los tiempos de retardo de subida y bajada son bastante parecidos.

## Ejercicio 3.6

Considerar ahora, para el mismo circuito de la figura 3.12, que todos los transistores PMOS son iguales y con relación de aspecto $(W/L)_P=9/2$, y que todos los transistores NMOS son iguales y con relación de aspecto $(W/L)_N=3/2$. Igual que en el ejercicio 3.5, obtener los tiempos de retardo de subida y de bajada para el peor caso.

## Solución

En este caso la respuesta dinámica del circuito se muestra en la figura 3.14:

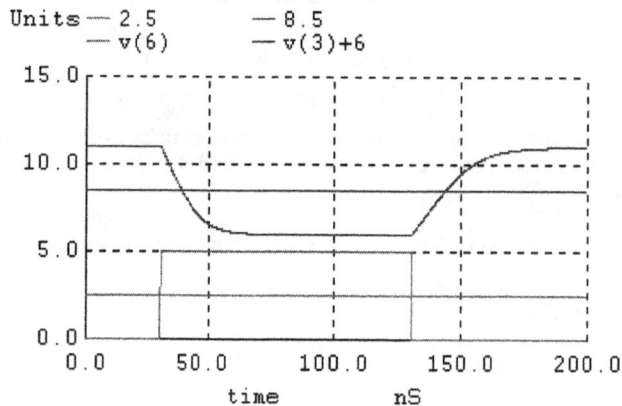

Pulsando sobre esta gráfica se accede al simulador.

*Figura 3.14. Respuesta dinámica del circuito para el peor caso de tiempo de retardo de bajada y subida*

Haciendo zoom en la gráfica podemos obtener el tiempo de retardo de subida y de bajada del circuito:

$$t_{dr} = \boxed{\phantom{xxxxxx}} \text{ ns}$$

$$t_{df} = \boxed{\phantom{xxxxxx}} \text{ ns}$$

En este caso los tiempos de retardo son mayores que los obtenidos en el ejercicio 3.5. También se observa que los tiempos de retardo de subida y bajada son bastante diferentes.

## 3.7 Influencia del *fan-in* y el *fan-out* en la velocidad de los circuitos combinacionales

El número de entradas de un circuito combinacional (*fan-in*) y el número de conexiones a la salida (*fan-out*) determinan el retardo del circuito y, por tanto, su velocidad.

Para observar el efecto del *fan-in* y del *fan-out* en el retardo se propone el siguiente ejercicio:

### Ejercicio 3.7

Suponer una puerta NAND de m entradas cuya salida se conecta a un conjunto de n entradas de una lógica igual, tal como muestra la figura 3.15:

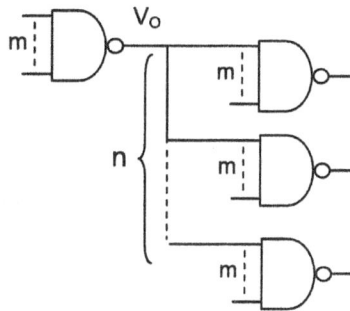

*Figura 3.15. Puerta NAND de m entradas conectada a n entradas de la misma lógica*

Si m=6 y n=3, calcular el retardo en el caso peor y compararlo con el resultado para m=3 y n=6.
Datos: $(W/L)_P=10/2$, $(W/L)_N=4/2$.

### Solución

La puerta NAND está formada por m transistores PMOS en paralelo (zona P) y m transistores NMOS en serie (zona N). El peor caso para el tiempo de retardo de subida sucederá cuando sólo conduzca uno de los transistores PMOS de la zona P. Para observar el tiempo de retardo de bajada deberán conducir todos los transistores de la zona N.

Por tanto, para obtener el tiempo de retardo de subida y de bajada en el peor caso, basta con simular las puertas NAND con un solo transistor PMOS y los m transistores NMOS en serie.

*Caso m=6 y n=3:*

La respuesta dinámica del circuito se muestra en la figura 3.16. Haciendo zoom en la gráfica podemos obtener el tiempo de retardo de subida y de bajada del circuito:

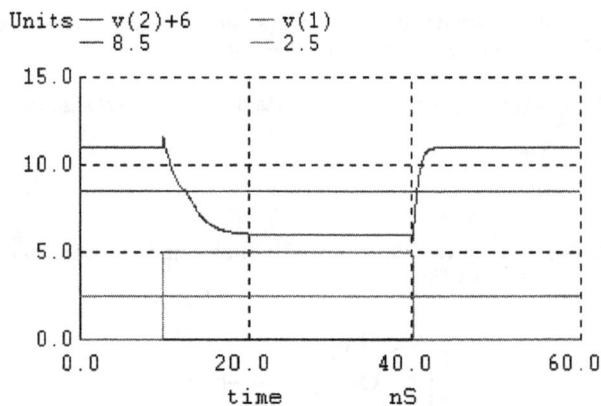

Pulsando sobre esta gráfica se accede al simulador.

*Figura 3.16. Respuesta dinámica del circuito para el peor caso de tiempo de retardo de bajada y subida*

$$t_{dr} = \boxed{\phantom{xxxxx}} \; ns \qquad\qquad t_{df} = \boxed{\phantom{xxxxx}} \; ns$$

*Caso m=3 y n=6:*

La respuesta dinámica del circuito se muestra en la figura 3.17. Haciendo zoom en la gráfica podemos obtener el tiempo de retardo de subida y de bajada del circuito:

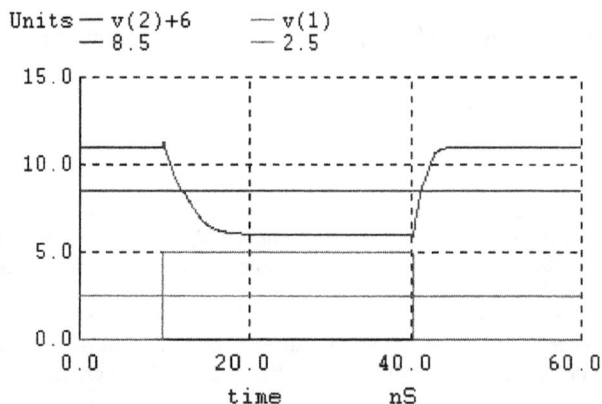

Pulsando sobre esta gráfica se accede al simulador.

*Figura 3.17. Respuesta dinámica del circuito para el peor caso de tiempo de retardo de bajada y subida*

$$t_{dr} = \boxed{\phantom{xxxxx}} \; ns \qquad\qquad t_{df} = \boxed{\phantom{xxxxx}} \; ns$$

# Capítulo 4
## Modelo de retardo en circuitos digitales

# LECCIÓN 4

## Modelo de retardo en circuitos digitales

# Índice

NOTA: Este es un documento interactivo. Los diferentes elementos interactivos estarán marcados sobre el texto en color gris. Para un correcto funcionamiento de los vínculos presentes en el documento, es necesario que se haya seguido el procedimiento de instalación descrito en la guía de instalación de la asignatura.

## 4.1 Modelo de retardo basado en las constantes de tiempo

Los circuitos digitales introducen en general retardos en la propagación de señales desde la entrada a la salida. Esos retardos se pueden caracterizar usando herramientas de simulación que producen resultados tanto más fiables cuanto más fiables son los modelos de los elementos y componentes que forman el circuito. Una estimación útil del fenómeno del retardo viene de asociarlo a que la respuesta dinámica de los circuitos corresponde a la de un sistema lineal de orden n en el que intervienen las constantes de tiempo del circuito. Si la respuesta está dominada por una sola constante de tiempo, el modelo se simplifica al de un sistema de primer orden. La constante de tiempo dominante se compone del producto de una resistencia por una capacidad. Teniendo en cuenta la complejidad de los circuitos, en la realidad esos elementos no son constantes en todo el rango dinámico.

El modelo de retardo basado en las constantes de tiempo asocia la respuesta de un circuito complejo a la de un sistema de primer orden donde la constante tiempo es una constante. A pesar de que esta simplificación es muy burda, el modelo permite deducir reglas generales sobre las mejores topologías para reducir los retardos de propagación en los circuitos y en particular cuando se trata de manejar cargas capacitivas de valor elevado.

Imagínese un circuito RC simple como el de la figura 4.1. La respuesta de este circuito a una señal escalón de tensión es una señal exponencial creciente con el tiempo, con constante de tiempo RC.

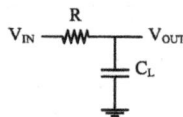

*Figura 4.1. Circuito RC de primer orden*

La expresión de la tensión de salida cuando la entrada pasa en t=0 de 0 a A voltios es

$$V_{OUT} = A\left(1 - e^{-t/RC}\right)$$

Si en esta respuesta se calcula el valor de la tensión de salida cuando el tiempo es igual al producto RC, se obtiene

$$V_{OUT} = A\left(1 - e^{-RC/RC}\right) = A\left(1 - \frac{1}{e}\right) = 0.632 \cdot A$$

Teniendo en cuenta que el retardo de una señal se define al 50% del valor máximo de la señal (lección 3), se hace ahora la aproximación fundamental de este método consistente en:

*Asimilar el retardo del circuito a la constante de tiempo del mismo. En el caso en que las constantes de tiempo de subida y de bajada sean diferentes se tomará como retardo total el valor medio de ambas.*

Para aplicar este método al caso de los circuitos digitales CMOS es preciso adoptar un criterio para la definición del componente resistivo de la constante de tiempo, así como del término capacitivo.

## 4.2 Término resistivo

En los circuitos CMOS, los elementos que canalizan las corrientes de carga o descarga de los elementos capacitivos son los transistores MOS. Un transistor MOS puede considerarse como una resistencia cuyo valor depende de la tensión drenador-fuente. En efecto:

$$R_{eq} = \frac{V_{DS}}{I_D}$$

Teniendo en cuenta que el transistor durante su conmutación dentro del rango dinámico atraviesa la zona de saturación y la zona óhmica, el valor de la resistencia equivalente será dependiente del punto de trabajo. Para este modelo simplificado de retardo que estamos elaborando, se adopta el siguiente criterio:

*Sustituir un transistor MOS en conducción por una resistencia de valor igual al cociente $V_{DS}/I_D$ en el punto de trabajo correspondiente a la frontera entre zona óhmica y zona de saturación:*

Según este criterio tenemos

$$R_{eq} = \frac{V_{GS} - V_T}{\frac{K}{2}(V_{GS} - V_T)^2}$$

donde simplificando y particularizando en el caso de conducción en que $V_{GS} = \pm V_{DD}$, (+ o − según sea un NMOS o un PMOS en conducción) resulta

$$R_{eq} = \frac{2}{K(V_{DD} - |V_T|)} = \frac{2(L/W)}{K'(V_{DD} - |V_T|)}$$

Se puede observar que esta resistencia equivalente es

- inversamente proporcional a la movilidad
- inversamente proporcional a la relación de aspecto (W/L)

Esto significa que los transistores NMOS son menos resistivos que los PMOS, y que los transistores de relación de aspecto mayor son menos resistivos que los de relación de aspecto menor.


## Ejercicio 4.1

A partir del modelo de los transistores NMOS y PMOS de la lección 1, calcular el valor de la resistencia equivalente de un NMOS y de un PMOS, ambos de tamaño (W/L)=4/2.


## Solución

Aplicando la ecuación de $R_{eq}$ particularizada para $V_{GS} = \pm V_{DD}$, tenemos:

$$R_{eq(NMOS)} = \boxed{\phantom{XXXX}}\ K\Omega \qquad\qquad R_{eq(PMOS)} = \boxed{\phantom{XXXX}}\ K\Omega$$

## Ejercicio 4.2

¿Qué tamaño deberá tener un transistor PMOS para que tenga la misma resistencia equivalente que un transistor NMOS de (W/L)=4/2?

## Solución

La relación entre los tamaños del transistor PMOS y el NMOS es

$$\frac{\left(\dfrac{W}{L}\right)_P}{\left(\dfrac{W}{L}\right)_N} = \boxed{\phantom{xxxxxx}}$$

# 4.3 Regla de escala de la resistencia de un transistor MOS

La regla de escala de un parámetro de un transistor MOS es la ley que sigue dicho parámetro cuando se modifican las dimensiones (W/L) del transistor. Habitualmente se designa con $R_{max}$ el valor de la resistencia de un transistor MOS de un inversor diseñado con el tamaño mínimo posible en la tecnología elegida, de forma que las resistencias de los dos transistores que lo forman son iguales.

Recordando el resultado del problema 4.2, se observa que un inversor mínimo que cumpla esta condición de resistencias iguales puede ser un inversor que tenga $(W/L)_N$=4/2 y $(W/L)_P$=10/2, aproximadamente y por remitirnos a múltiplos enteros de dos.

Como consecuencia de imponer que las dos resistencias sean iguales, el valor de la misma es independiente de en qué transistor se calcule. Por lo tanto, y suponiendo que todos los transistores van a hacerse con el mismo valor de L, la resistencia $R_{max}$ viene dada por

$$R_{max} = \frac{2}{K\left(V_{DD} - |V_T|\right)} = \frac{2 \cdot (L / W_{min})}{K'_N (V_{DD} - V_{TN})}$$

Si ahora se diseña otro transistor de tamaño m veces mayor, es decir $W = m \cdot W_{min}$, de la ecuación anterior tenemos que:

$$R = \frac{R_{max}}{m}$$

Este resultado constituye la regla de escala de la resistencia de un transistor MOS.

## 4.4 Término capacitivo

Los efectos capacitivos en un transistor MOS forman parte de la naturaleza intrínseca de su funcionamiento, puesto que se basan en estructuras metal-óxido-semiconductor de propiedades capacitivas.

Además de las capacidades intrínsecas, un transistor MOS de circuito integrado tiene otras componentes capacitivas:

- capacidades de la estructura metal-oxido-semiconductor
- capacidades de solapamiento
- capacidades de uniones P-N en inversa

Las capacidades de solapamiento proceden del solapamiento efectivo existente entre el polisilicio de puerta y las regiones de drenador y de fuente debido a la difusión lateral inevitable en el proceso de fabricación. Las capacidades de las uniones P-N polarizadas en inversa proceden de las uniones de aislamiento que separan el drenador y la fuente del sustrato. En general se puede concebir una representación simbólica como la de la figura 2 para reunir todos los efectos capacitivos de un transistor MOS de circuito integrado.

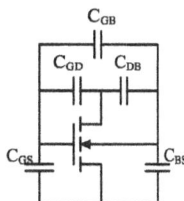

*Figura 4.2. Capacidades de un transistor MOS*

Las capacidades de la figura 4.2 vienen dadas por las siguientes expresiones:

$$C_{GS} = C_{gs} + C_{gsO} = C_{ox}WL$$
$$C_{GD} = C_{gdO}W$$
$$C_{DB} = FV(A_D C_j + P_D C_{jsw})$$
$$C_{SB} = FV(A_S C_j + P_S C_{jsw})$$
$$C_{GB} = 0$$

Las definiciones de los distintos parámetros que aparecen en las ecuaciones anteriores se encuentran en la siguiente tabla:

| Parámetro | Definición | Unidades | Valor en los transistores de las prácticas |
|---|---|---|---|
| $C_{ox}$ | Capacidad de puerta por unidad de área | $F/m^2$ | $1.4 \times 10^{-3}$ |
| $G_{gdO}$ | Capacidad de solapamiento por unidad de longitud | $F/m$ | $320 \times 10^{-12}$ |
| $C_J$ | Capacidad de unión del fondo por unidad de área | $F/m^2$ | $130 \times 10^{-6}$ |
| $C_{jsw}$ | Capacidad de unión lateral por unidad de longitud | $F/m$ | $620 \times 10^{-12}$ |
| $A_D, A_S$ | Área drenador, área de Fuente | $m^2$ | No aplica |
| $P_D, P_S$ | Perímetro de drenador, perímetro de fuente | $m$ | No aplica |
| FV | Factor de voltaje | Sin unidades | 1 |

## Ejercicio 4.3

Sean un transistor NMOS y un transistor PMOS cuyos datos geométricos del *layout* son los que se muestran en la siguiente tabla:

| TRANSISTOR | W/L | $A_D, A_S$ | $P_D, P_S$ |
|---|---|---|---|
| NMOS | 4µm/2µm | 16µm$^2$ | 16µm |
| PMOS | 10µm/2µm | 40µm$^2$ | 18µm |

Calcular los valores de las capacidades de ambos transistores considerando que las fuentes están cortocircuitadas a los sustratos respectivos.

## Solución

El valor de las capacidades para el transistor NMOS es

$C_{GS} = $ [____] fF          $C_{GD} = $ [____] fF          $C_{DB} = $ [____] fF

$C_{SB} = $ [____] fF          $C_{GB} = $ [____] fF

Para el transistor PMOS tenemos

$C_{GS} = $ [____] fF          $C_{GD} = $ [____] fF          $C_{DB} = $ [____] fF

$C_{SB} = $ [____] fF          $C_{GB} = $ [____] fF


# 4.5 Efecto Miller

En el circuito de la figura 4.2 se observa una de las capacidades conectada entre los nodos de entrada y de salida de un dispositivo (en este caso, por ejemplo, entre puerta y drenador). Esta conexión constituye una realimentación capacitiva que no es tan sencilla de tratar analíticamente como lo sería si la capacidad estuviera conecta entre un terminal y masa.

El efecto Miller es el efecto que produce esta capacidad sobre la respuesta dinámica del circuito. El teorema de Miller permite transformar el circuito con realimentación capacitiva en otro circuito con las capacidades conectadas entre nodos activos y masa.

Supóngase que un amplificador genérico A está realimentado con una impedancia Z, como en la figura 4.3.

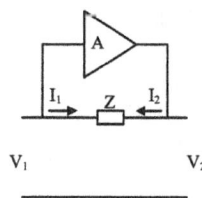

*Figura 4.3. Teorema de Miller*

Observando el puerto de entrada, se puede escribir que

$$I_1 = \frac{V_1 - V_2}{Z} = \frac{V_1}{Z/(1-A)} = \frac{V_1}{Z'}$$

Análogamente, haciendo lo mismo en el puerto de salida, tenemos

$$I_2 = \frac{V_2 - V_1}{Z} = \frac{V_2}{Z/(1-\frac{1}{A})} = \frac{V_2}{Z''}$$

A partir de estas ecuaciones, podemos ver que la impedancia Z que está realimentando el circuito puede sustituirse por dos impedancias $Z'$ y $Z''$ a la entrada y a la salida del circuito respectivamente, manteniendo las ecuaciones del circuito.

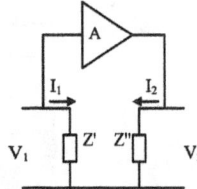

*Figura 4.4. Desdoblamiento de la impedancia de realimentación*

Los valores de las impedancias pueden aproximarse para el caso que estamos estudiando. El amplificador de ganancia A se puede considerar como el inversor CMOS, cuya ganancia entrada-salida en digital se puede considerar A=-1.

Con ese resultado las impedancias $Z'$ y $Z''$ serían

$$Z' = Z'' = Z/2$$

Si la realimentación es puramente capacitiva tenemos que

$$Z = 1/sC$$

Por tanto,

$$Z' = Z'' = 1/2sC$$

Este resultado permite concluir que un condensador realimentando entre la entrada y la salida de un circuito digital puede sustituirse por dos condensadores de valor doble situados uno a la entrada y otro a la salida del circuito.

## 4.6 Modelo de retardo del inversor CMOS

Para el inversor CMOS se deben tener en cuenta las capacidades de los transistores NMOS y PMOS. La figura 4.5 muestra el inversor CMOS con estas capacidades.

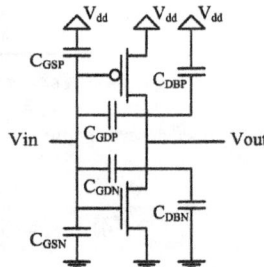

*Figura 4.5. Inversor CMOS con las capacidades no nulas*

Posteriormente, se aplica el teorema de Miller a las capacidades $C_{GDP}$ y $C_{GDN}$. El circuito resultante se muestra en la figura 4.6:

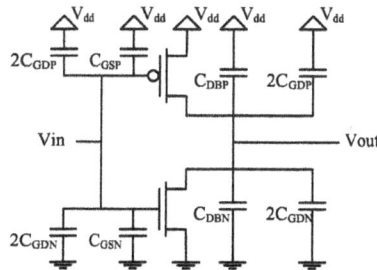

*Figura 4.6. Circuito después de aplicar el teorema de Miller*

En el circuito que tratamos, el cambio en la tensión de los condensadores modifica las tensiones de entrada y salida. La variación de la tensión de un condensador se produce por el incremento o decremento de la carga en el mismo.

La carga es aportada al circuito por las corrientes de entrada o salida. Si observamos el nodo de entrada, la corriente que entra en é viene dada por la expresión

$$(2C_{GDN} + C_{GSN})\frac{dV_{in}}{dt} + (2C_{GDP} + C_{GSP})\frac{d(V_{in} - V_{DD})}{dt} = [2(C_{GDN} + C_{GDP}) + C_{GSN} + C_{GSP})]\frac{dV_{in}}{dt}$$

Se puede observar que, a todos los efectos que nos interesan, las cuatro capacidades que están conectadas al nodo de entrada se suman en una sola capacidad, que denominaremos

$$C_{in} = 2(C_{GDN} + C_{GDP}) + C_{GSN} + C_{GSP}$$

Procediendo de la misma forma con el nodo de salida del inversor, todas las capacidades a la salida se pueden englobar en una única capacidad:

$$C_{out} = 2(C_{GDN} + C_{GDP}) + C_{DBN} + C_{DBP}$$

La figura 4.7 muestra el circuito resultante con las capacidades $C_{in}$ y $C_{out}$:

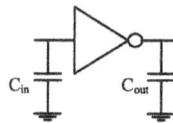

*Figura 4.7. Modelo capacitivo del inversor CMOS*

## Ejercicio 4.4

Calcular el valor de las capacidades Cin y Cout usando los datos de la tabla del problema 4.3.

## Solución

El valor de las capacidades es

$$C_{in} = \boxed{\phantom{xxxxx}} \ fF \qquad\qquad C_{out} = \boxed{\phantom{xxxxx}} \ fF$$

*Criterio general sobre el modelo capacitivo para el retardo*

A la vista del resultado obtenido en el problema 4.4, se comprueba que los valores de las capacidades de entrada y salida del inversor son del mismo orden de magnitud. Este resultado es parecido al que se obtiene usando parámetros de otras tecnologías. El criterio general que vamos a usar para el modelo capacitivo es que:

- Las capacidades de entrada y de salida son del mismo valor: $C_{in}=C_{out}$.

No es el único criterio posible; pueden encontrarse otros en los libros de texto, pero considerar la igualdad simplifica mucho los cálculos posteriores.

## 4.7 Regla de escala para las capacidades

Se puede plantear, análogamente al caso de las resistencias, el problema del escalado de los valores de las capacidades de entrada del inversor CMOS cuando las dimensiones de los transistores cambian según un determindado factor.

Si se observan las expresiones de las capacidades, se llega fácilmente a la conclusión de que todas las componentes de las capacidades son aproximadamente proporcionales a W. En efecto,

$$C_{in} = 2C_{GDO}(W_N + W_P) + C_{ox}(W_N L_N + W_P L_P)$$

En la mayoría de los diseños se procura mantener la longitud del canal constante. Por tanto, si tenemos $L_N=L_P=L$, resulta

$$C_{in} = (2C_{GDO} + C_{ox}L) \cdot (W_N + W_P)$$

Si se particulariza para un inversor de tamaño mínimo en el que las anchuras de canal están ajustadas para que las resistencias de los dos transistores sean iguales:

$$\frac{W_P}{W_N} = \frac{\mu_N}{\mu_P}$$

Dado que la movilidad de los electrones es mayor que la de los huecos, el transistor NMOS tendrá la anchura mínima posible, ajustando la del PMOS. Entonces, la capacidad de entrada para el inversor de tamaño mínimo es

$$C_{min} = \left(2C_{GDO} + C_{ox}L\right)\cdot\left(1+\frac{\mu_N}{\mu_P}\right)\cdot W_{min}$$

Escalando ahora el inversor de forma que se conserve la relación $W_P/W_N$ y considerando $W_N=mW_{min}$, resulta

$$\frac{C_{in}}{C_{min}} = m$$

Esta expresión es la regla de escala para las capacidades.

Al aplicar esta regla de escala deben tenerse en cuenta las aproximaciones y particularizaciones que se han realizado:

- Inversor con transistores NMOS y PMOS de resitencias iguales.
- Todos los transistores tienen el mismo valor de L.

# 4.8 Problemas

## Problema 4.1

Una práctica habitual para diseñar circuitos capaces de manejar cargas capacitivas de valor elevado a la salida, consiste en incluir, antes del terminal de salida, un *buffer* formado por un conjunto de inversores en cadena de tamaños progresivamente crecientes, tal como se muestra en la figura 4.8:

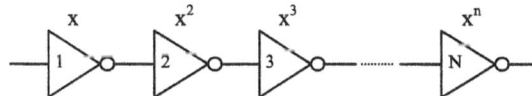

*Figura 4.8. Cadena de inversores*

El factor de escala x es el que multiplica la anchura del canal en ambos transistores de cada inversor. Este problema permite comprobar la eficacia de esta estrategia. Supongamos un modelo capacitivo de retardo para cada inversor como el de la figura 4.9:

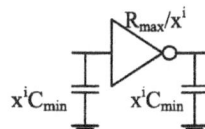

*Figura 4.9. Modelo capacitivo del inversor CMOS*

donde $C_{min}$ es la capacidad correspondiente al inversor de tamaño mínimo y $R_{max}$ la resistencia del inversor de tamaño mínimo. Se supone que los inversores están diseñados de forma que el retardo sea simétrico.

a) Escribir la expresión del retardo de una cadena de n inversores donde el último está cargado con una capacidad $C_L$ además de la propia de salida.

b) Escribir la expresión del retardo total cuando el factor de escala x cumple:

$$x = \left(\frac{C_L}{C_{min}}\right)^{\frac{1}{n+1}}$$

c) Calcular el valor de n para que el retardo sea mínimo, suponiendo que x>>1 y que n>>1.

Recordar que $\dfrac{da^{1/x}}{dx} = -a^{1/x}\,\dfrac{\ln a}{x^2}$ .

## Solución

a)   La expresión del retardo de la cadena de n inversores es

$$t_d = (n-1)\cdot R_{max}\cdot C_{min}\cdot(1+x) + R_{max}\cdot\left(C_{min} + \frac{C_L}{x^n}\right)$$

b)   En este caso, la expresión del retardo total es

$$t_d = n\cdot R_{max}\cdot C_{min}\cdot(1+x)$$

c)   El valor de n para que el retardo sea mínimo es

$$n \approx \ln\left(\frac{C_L}{C_{min}}\right)$$

## Problema 4.2

Siguiendo con la estructura del problema anterior, se intercalan una serie de inversores escalados entre una salida digital y una carga capacitiva elevada para reducir el retardo.

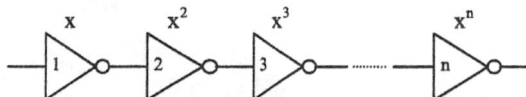

Figura 4.10. Cadena de inversores

Se puede calcular que el valor del retardo mínimo se obtiene cuando se diseña la cadena de forma que los valores de n y de x cumplan:

$$\frac{(n+1)^2}{n} = \ln\left(\frac{C_L}{C_{min}}\right) \qquad\qquad x = \left(\frac{C_L}{C_{min}}\right)^{\frac{1}{n+1}}$$

Donde $C_{min}$ es la capacidad de un inversor de tamaño mínimo.

Datos tecnológicos: $V_T = 1V$, $L_{min} = 1\mu m$, $W_{min} = 1\mu m$, $C_{ox} = 1,75 fF/\mu m^2$, $K' = 50 \times 10^{-6}$ $A/V^2$.

a) Calcular el valor de $C_{min}$, supuesta igual a la capacidad de puerta del transistor NMOS, y de $R_{max}$ (resistencia del NMOS de tamaño mínimo).

b) Sabiendo que el último inversor se conecta a una capacidad de valor $C_L = 100pF$, calcular los valores de n y x que hacen el retardo mínimo.

c) Calcular el valor del retardo si la serie de inversores anterior se diseña con x=3 y n=8. Utilizar como modelo para cada inversor el de la figura 4.11:

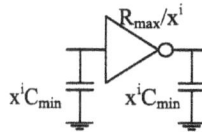

*Figura 4.11. Modelo capacitivo del inversor CMOS*

d) Calcular el retardo que se obtendría si se conectara la salida de un inversor de tamaño mínimo directamente a la capacidad $C_L$.

## Solución

a) Los valores de $C_{min}$ y $R_{max}$ son

$$C_{min} = \boxed{\phantom{xxxx}} \; fF \qquad\qquad R_{max} = \boxed{\phantom{xxxx}} \; K\Omega$$

b) Los valores de n y x que hacen el retardo mínimo son

$$n = \boxed{\phantom{xxxx}} \qquad\qquad x = \boxed{\phantom{xxxx}}$$

c) El retardo de la cadena de inversores es

$$t_d = \boxed{\phantom{xxxx}} \; ns$$

d) En este caso, el retardo que se obtendría es

$$t_d = \boxed{\phantom{xxxx}} \; \mu s$$

## Problema 4.3

Suponer que se define el retardo de un inversor por el valor de la constante de tiempo de subida o de bajada (circuito de respuesta simétrica).

a) Como propone el <u>apartado 4.2</u>, los transistores son sustituidos por resistencias cuyo valor es el cociente entre la tensión drenador-surtidor y la corriente de drenador en el punto que corresponde a la transición entre la zona óhmica y la zona de saturación. Escribir la expresión de la resistencia para un NMOS. Calcular el valor máximo de esa resistencia en los modelos de transistores de las prácticas, lo que ocurrirá si suponemos dimensiones mínimas. Encontrar la resistencia asociada a transistores con anchuras mayores que la mínima, $W=m \cdot W_{min}$ y con el mismo valor de L. Escribir el valor de la resistencia en función de Rmax y de m. ¿Cuánto vale la resistencia si m=4?

b) Suponer que un inversor tiene una capacidad de entrada $C=3.5 \cdot C_{ox} \cdot W_N \cdot L$. Calcular la expresión de la capacidad mínima $C_{min}$ para L, $W_{min}$. Si se diseña un transistor con L, $W=n \cdot W_{min}$, calcular el valor de la capacidad de entrada en función de n y de $C_{min}$. ¿Cuánto vale la capacidad si n=4?

c) Un modelo ampliamente usado para caracterizar el retardo de una cadena de inversores MOS consiste en suponer que todo inversor CMOS puede representarse, además de por su resistencia, por un condensador a la entrada y otro a la salida del mismo valor. Sea el circuito de la figura:

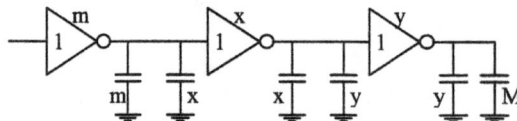

*Figura 4.12. Cadena de inversores*

donde:

$m \Rightarrow$ factor $W/W_{min}$ para el primer inversor.
$x \Rightarrow$ factor $W/W_{min}$ para el segundo inversor.
$y \Rightarrow$ factor $W/W_{min}$ para el tercer inversor.
$M \Rightarrow$ factor $W/W_{min}$ equivalente para la capacidad de carga.

y donde todos los inversores tienen sus transistores con el mismo valor de L y el retardo se supone simétrico. Calcular la expresión del retardo relativo, definido como el retardo total dividido por el retardo que tendría el mismo circuito si todos los transistores tuvieran dimensiones mínimas (m=x=y=M=1). Calcular las condiciones que deben cumplir x e y para que ese retardo relativo sea mínimo (suponer m y M constantes). Escribir la expresión del retardo relativo que resulta cuando se satisfacen las condiciones del punto anterior. ¿Qué valor de retardo relativo resulta para M=16 y m=2? Calcular este retardo para inversores hechos con los transistores de las prácticas.

## Solución

a) La expresión de la resistencia para un transistor NMOS es

$$R = \frac{2 \cdot \left( L/W \right)}{K' \cdot \left( V_{GS} - V_T \right)}$$

El valor máximo de la resistencia es

$$R_{MAX} = \boxed{\phantom{XXXX}} \ K\Omega$$

El valor de la resistencia para m=4 es

$$R = \boxed{\phantom{XXXX}} \ K\Omega$$

b) El valor de la capacidad para n=4 es

$$C = \boxed{\phantom{XXXX}} \ fF$$

c) La expresión del retardo relativo es

$$t_r = \frac{t_D}{t_{Dref}} = \frac{1}{2} + \frac{1}{6}\left(\frac{x}{m} + \frac{y}{x} + \frac{M}{y}\right)$$

Las condiciones que deben cumplir x e y para que el retardo relativo sea mínimo son

$$x = m\cdot\left(\frac{M}{m}\right)^{1/3} \qquad\qquad y = m\cdot\left(\frac{M}{m}\right)^{2/3}$$

El retardo relativo correspondiente, con M=16 y m =2, es

$$t_r = \boxed{\phantom{XXXX}}$$

Y con los inversores propuestos:

$$t_D = \boxed{\phantom{XXXX}} \ ns$$

## Problema 4.4

Simular un inversor CMOS en el que $(W/L)_P$=10/2 y $(W/L)_N$=4/2, y encontrar el retardo entre entrada y salida considerando una capacidad de carga de 1pF.

## Solución

La figura 4.13 muestra la respuesta transitoria del inversor CMOS simulada con SPICE. La tensión v(1) es la señal de entrada y la tensión v(2) es la señal de salida.

```
Units — v(2)+6      — v(1)
      — 8.5         — 2.5
```

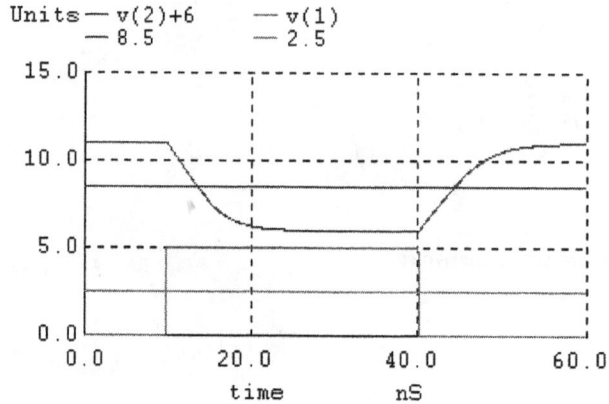

Pulsando sobre esta gráfica se accede al simulador. Desde el simulador, el comando EDIT permite modificar el fichero original.

*Figura 4.13. Respuesta transitoria del inversor CMOS*

Los tiempos de retardo de bajada y subida son

$$t_{DF} = \boxed{\phantom{xxxxx}} \text{ ns}$$
$$t_{DR} = \boxed{\phantom{xxxxx}} \text{ ns}$$

El valor medio de estos dos tiempos es

$$t_D = \boxed{\phantom{xxxxx}} \text{ ns}$$

## Problema 4.5

Se introduce una cadena de dos inversores entre el inversor y la capacidad del circuito del problema anterior, de dimensiones $(W/L)_{P1}=20/2$, $(W/L)_{N1}=8/2$ y de $(W/L)_{P2}=40/2$, $(W/L)_{N2}=16/2$. Simular el circuito resultante y calcular el retardo. Añadir dos inversores más a la cadena de tamaño $(W/L)_{P3}=80/2$, $(W/L)_{N3}=32/2$ y $(W/L)_{P4}=160/2$, $(W/L)_{N4}=64/2$, y calcular el retardo.

## Solución

La figura 4.14 muestra la gráfica que se debería obtener al realizar la simulación en SPICE:

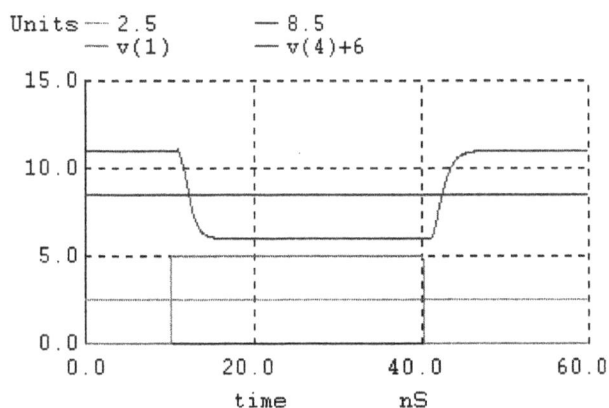

*Figura 4.14. Respuesta transitoria del circuito con la cadena de dos inversores*

Los tiempos de retardo de bajada y subida son

$$t_{DF} = \boxed{\phantom{xxxx}} \ \text{ns}$$
$$t_{DR} = \boxed{\phantom{xxxx}} \ \text{ns}$$

El valor medio de estos dos tiempos es

$$t_D = \boxed{\phantom{xxxx}} \ \text{ns}$$

Añadiendo dos inversores más, la gráfica que se debería obtener se muestra en la figura 4.15:

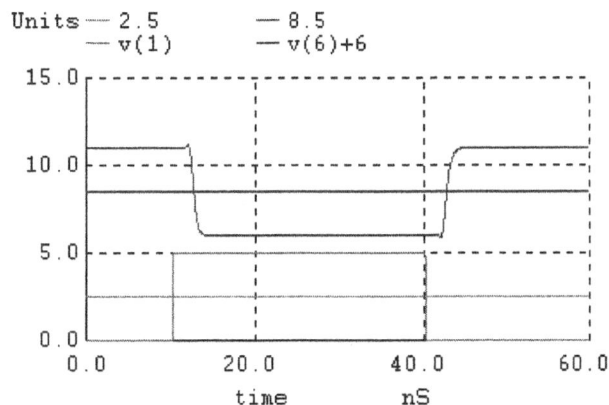

*Figura 4.15. Respuesta transitoria del circuito con la cadena con tres inversores*

En este caso tenemos que los tiempos de retardo de bajada y subida son

$$t_{DF} = \boxed{\phantom{xxxxx}} \ \text{ns}$$
$$t_{DR} = \boxed{\phantom{xxxxx}} \ \text{ns}$$

El valor medio de estos dos tiempos es

$$t_D = \boxed{\phantom{xxxxx}} \ \text{ns}$$

Como se puede ver, ya no mejora el tiempo de retardo sino que empeora.

## Problema 4.6

Para una carga de 12 pF, calcular el número de inversores de una cadena así como el valor del factor de escala x necesarios para que el retardo sea mínimo. El primer inversor de la cadena debe tener retardo simétrico y tamaño mínimo. Aproximar $C_{min} \approx 4C_{ox}W_{min}L_{min}$, con los tamaños mínimos de 3 μm y 2 μm respectivamente. Simularlo redondeando N y los tamaños de los transistores en micras al valor entero más cercano.

## Solución

El número de inversores de la cadena es          $N = \boxed{\phantom{xxxxx}}$

El factor de escala es                            $x = \boxed{\phantom{xxxxx}}$

A continuación se muestra la gráfica que se debería obtener al simular la cadena de inversores:

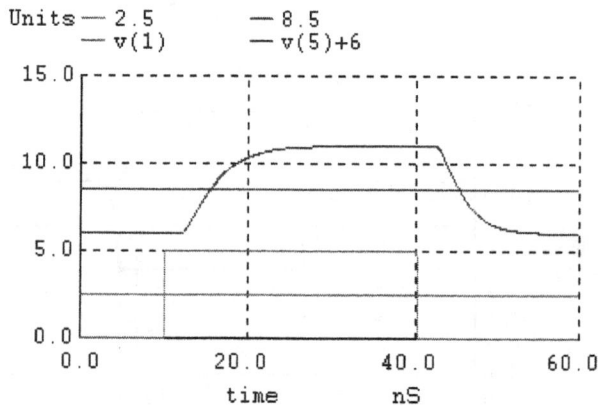

*Figura 4.16. Respuesta transitoria de la cadena de inversores diseñada*

Los tiempos de retardo de bajada y subida son

$$t_{df} = \boxed{\phantom{XXXXX}} \text{ ns}$$
$$t_{dr} = \boxed{\phantom{XXXXX}} \text{ ns}$$

El valor medio de estos dos tiempos es

$$t_{d} = \boxed{\phantom{XXXXX}} \text{ ns}$$

# Capítulo 5
## Consumo de potencia en circuitos CMOS y reglas de escala

# LECCIÓN 5

## Consumo de potencia en circuitos CMOS y reglas de escala

## Índice

NOTA: Este es un documento interactivo. Los diferentes elementos interactivos estarán marcados sobre el texto en color gris. Para un correcto funcionamiento de los vínculos presentes en el documento, es necesario que se haya seguido el procedimiento de instalación descrito en la guía de instalación de la asignatura.

## 5.1 Consumo de potencia en circuitos CMOS

El funcionamiento y la estructura de los circuitos CMOS hace que el consumo de potencia tenga dos orígenes principales: un origen estacionario y un origen dinámico.

El consumo estacionario viene inducido por las corrientes estacionarias que circulan en la estructura CMOS por las uniones P-N que están polarizadas en inversa. El consumo dinámico se produce cuando los transistores conmutan y drenan corriente de la fuente de alimentación.

El consumo dinámico es cuantitativamente más importante que el consumo estacionario, si bien éste último es utilizado como medio de detección del funcionamiento incorrecto de los circuitos, por ser indicativo de un consumo anómalo producido por el fallo de alguno de los transistores.

## 5.2 Consumo estacionario

En el corte transversal de un inversor CMOS se observan uniones P-N entre:

- drenador del transistor NMOS y el sustrato P
- fuente del transistor NMOS y el sustrato P
- drenador del transistor PMOS y sustrato N (pozo N)
- fuente del transistor PMOS y sustrato N (pozo N)
- pozo N y sustrato P

Estos cinco diodos estructurales están polarizados siempre en inversa, ya que el sustrato P de un transistor NMOS se conecta a masa, y el sustrato N de un transistor PMOS se conecta a la alimentación positiva. Es conocido que una unión P-N polarizada en inversa drena una corriente que es aproximadamente independiente de la polarización aplicada a la unión y su valor depende principalmente de los dopados de las regiones que forman la unión.

En las tecnologías del estado del arte, la densidad de corriente de saturación de las uniones en inversa es del orden de $10^{-12}$ A/cm². Esto significa que, por ejemplo, para una unión de pozo N a sustrato P de área $20\text{x}20\mu\text{m}^2$, la corriente de fugas de esa unión será de $4\text{x}10^{-18}$ A.

Esto da una idea del pequeño valor que en general tendrán estas corrientes. Precisamente por eso, si uno de los transistores del inversor tiene un cortocircuito entre la puerta y el sustrato, se producirá un consumo desmedido cuando la puerta esté polarizada a 5V. Por lo tanto, los cortocircuitos, incluso parciales, de los transistores pueden ser detectados por este procedimiento y así se han desarrollado los denominados sensores de $I_{DDQ}$ (*Quiescent current sensors*).

## 5.3 Consumo dinámico

### 5.3.1 Consumo dinámico en presencia de carga capacitiva

El consumo estacionario de un inversor CMOS es teóricamente cero, si se consideran las corrientes de fugas de las uniones en inversa despreciables.

Esto es debido a que los puntos de trabajo de los transistores están siempre en la intersección con el eje de tensiones y, por lo tanto, sus coordenadas tienen siempre la corriente igual a cero. Sin embargo, cuando se produce una conmutación como resultado de un cambio del valor de la tensión de entrada, se produce un cambio de tensión a la salida.

Este cambio tarda un cierto tiempo en producirse, durante lo cual se desarrolla una corriente que circula por los transistores y procede de la fuente de alimentación. Esto supone un consumo de potencia de la fuente. El objetivo de este apartado consiste en calcular la expresión de ese consumo de potencia, durante un periodo de la señal de entrada.

La figura 5.1 representa un inversor CMOS con $(W/L)_P=10/2$ y $(W/L)_N=4/2$ en cuya salida hay un condensador de carga $C_L=1pF$:

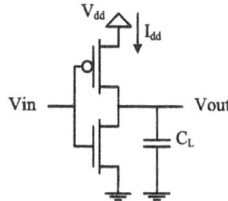

*Figura 5.1. Inversor CMOS conectado a una capacidad de carga $C_L$*

La respuesta transitoria de este circuito a una señal de entrada digital es la de la figura 5.2.

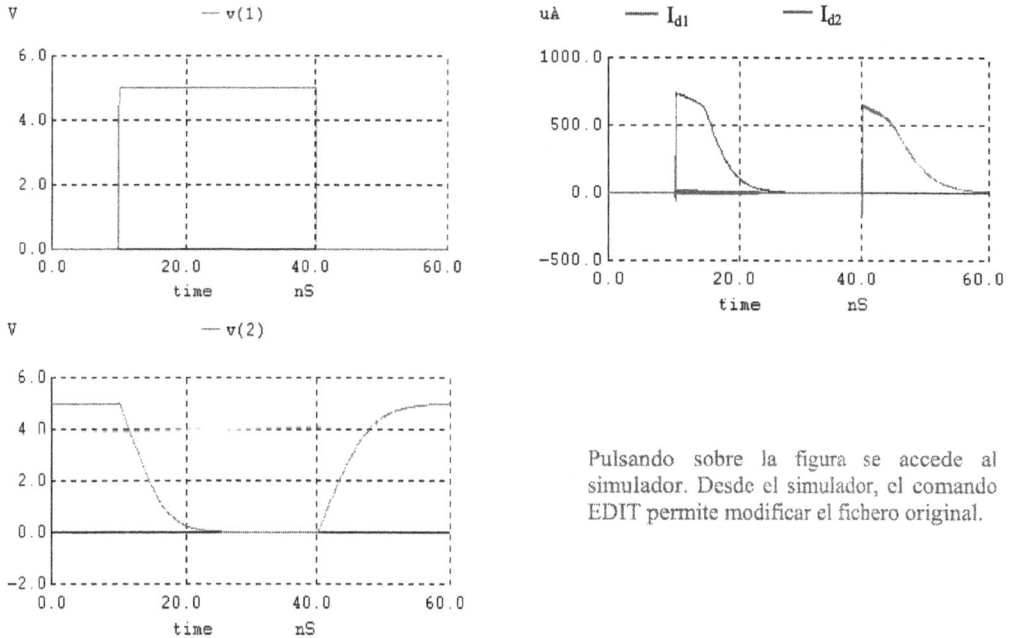

Pulsando sobre la figura se accede al simulador. Desde el simulador, el comando EDIT permite modificar el fichero original.

*Figura 5.2. Respuesta transitoria del inversor CMOS conectado a una capacidad de carga $C_L$*

En la gráfica se recogen las formas de onda de las corrientes de los drenadores de los dos transistores, donde se observa que por el transistor NMOS ($I_{d2}$) la corriente circula mientras dura el flanco de bajada de la señal de salida, lo que corresponde a la descarga del condensador $C_L$ a través del transistor NMOS, mientras que el transistor PMOS ($I_{d1}$) conduce corriente mientras dura el transitorio de subida de la señal de salida, lo que corresponde a la carga del condensador $C_L$.

Para representar gráficamente el movimiento del punto de trabajo de los transistores durante el transitorio podemos hacer un barrido en continua de la tensión de salida del inversor forzando a ambos transistores en conducción.

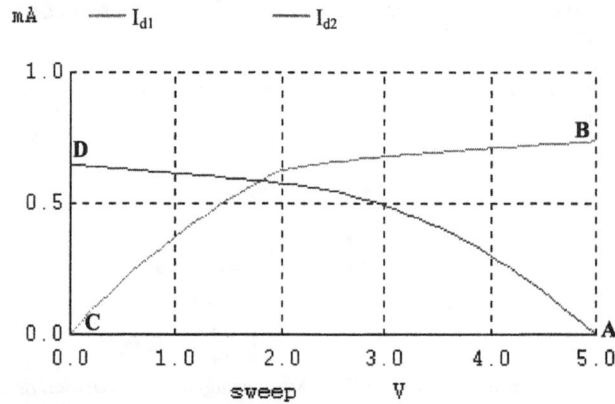

*Figura 5.3. Variación del punto de trabajo de los transistores NMOS ($I_{d1}$) y PMOS ($I_{d2}$)*

El recorrido que hace el punto de trabajo del NMOS es ABC durante el flanco de bajada, y CA por el eje durante el tiempo de subida, mientras que el PMOS recorre CDA durante el flanco de subida, y vuelve por AC en el de bajada.

El cálculo de la potencia consumida en un periodo de la señal se realiza calculando el valor medio de la potencia entregada por la batería en el periodo:

$$P = \frac{1}{T} \int_0^T V_{dd} i_{dd}(t)\, dt \qquad (1)$$

Teniendo en cuenta que la corriente $i_{dd}(t)$ coincide con la corriente que circula por el transistor PMOS, que sólo circula cuando la señal de salida se encuentra en el flanco de subida, el resultado es que

$$i_{dd}(t) = i_{pmos}(t)$$

Como que, además, resulta que en ese tiempo el transistor NMOS está cortado, toda la corriente que circula por el PMOS es la corriente que entra en el condensador $C_L$, por lo cual se puede escribir que

$$i_{dd}(t) = i_{pmos}(t) = C_L \frac{dV_o}{dt}$$

Sustituyendo en la ecuación (1), teniendo en cuenta que en la primera mitad del periodo el transistor PMOS no conduce, tenemos

$$P = \frac{1}{T} \int_0^T V_{dd} i_{dd}(t)\, dt = \frac{V_{dd}}{T} \int_{T/2}^T C_L \frac{dV_o}{dt}\, dt$$

Eliminando el diferencial de tiempo dentro de la integral, los límites se transforman en 0 y $V_{dd}$:

$$P = \frac{V_{dd}}{T} \int_0^{V_{dd}} C_L dV_o$$

Por lo tanto, resolviendo la integral, tenemos

$$P = \frac{V_{dd}^2 C_L}{T} = V_{dd}^2 C_L f$$

donde 1/T ha sido sustituido por la frecuencia.

Se deduce de este resultado que la potencia dinámica consumida en un ciclo de la señal es:

- proporcional a la tensión de alimentación al cuadrado
- proporcional a la carga capacitiva $C_L$
- proporcional a la frecuencia de la señal

Este resultado tiene una gran repercusión en el desarrollo que la tecnología CMOS ha experimentado en los últimos años:

- Existe un gran interés en reducir el valor de la tensión de alimentación porque su valor afecta al consumo de potencia de forma muy importante, puesto que aparece al cuadrado en la expresión.

  Así, se observa la introducción de circuitería trabajando a 3.3V o 1.5V con tendencia a la baja. Es obvio que esta disminución no sería posible si simultáneamente no se redujera el valor de la tensión umbral de los transistores MOS. Esto ha empujado la investigación y el desarrollo tecnológico para conseguir transistores que respondan a este requisito, bien reduciendo el espesor del óxido de puerta, bien usando otros dieléctricos, etc.

- El efecto de la carga capacitiva es difícil de contrarrestar puesto que la complejidad creciente de los circuitos digitales hace que el número de puertas que aparecen como carga efectiva de un circuito *driver* sea muy elevado. Con el objetivo de mejorar la velocidad se han desarrollado tecnologías mixtas bipolar-CMOS (BiCMOS) que, sin embargo, no reducen el consumo.

- El efecto de la frecuencia es inevitable, a la vista de la velocidad a la que crece la frecuencia de operación de los productos comerciales digitales (por ejemplo los PC), en los que la frecuencia objetivo de los fabricantes es de 1GHz. La conclusión es que la gestión de la energía en los procesadores comienza a tener tanta importancia como la gestión de los datos, de tal forma que los algoritmos de proceso empiezan a incluir operaciones de *sleep* en las partes del circuito no usadas y a utilizar el consumo de potencia como figura de mérito.

El desarrollo teórico anterior puede dar la impresión de que solamente el transistor PMOS disipa energía. La realidad es muy distinta. En efecto, la energía que ha salido de la batería para cargar al condensador C a la tensión $V_{dd}$ se divide en dos componentes: una componente es la energía que se almacena en el condensador por el hecho de estar cargado y la otra componente es la disipación de energía en el transistor PMOS por el hecho de que circula una corriente y simultáneamente soporta una tensión.

Haciendo el cálculo detallado, se demuestra que el valor de las dos componentes es el mismo. Eso significa que la energía que se almacena en el condensador, revierte al circuito en el semiperiodo de descarga, lo que se produce a través del transistor NMOS. Por lo tanto, la energía disipada en el transistor NMOS es del mismo valor que la disipada en el PMOS, con la única diferencia de que se producen ambas disipaciones en distintos semiperiodos.

### 5.3.2 Consumo dinámico directo (sin carga capacitiva)

En los circuitos CMOS hay disipación de potencia en los transitorios que puede caracterizarse considerando un inversor sin carga capacitiva. Esta disipación se produce durante los tiempos de subida y de bajada de la señal de entrada. En la figura 5.4 se representa una señal de entrada idealizada con tiempos de subida y bajada no nulos, así como la evolución temporal esquemática de la corriente I(t).

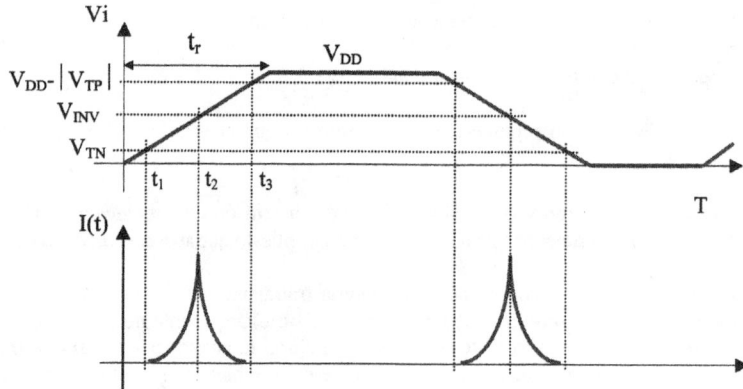

*Figura 5.4. Señal de entrada Vi y corriente I(t) que circula por el inversor CMOS*

Se trata de calcular la potencia que disipa un inversor CMOS en un periodo cuando no hay carga capacitiva.

## Ejercicio 5.1

Para el inversor de la figura 5.5, se pide:

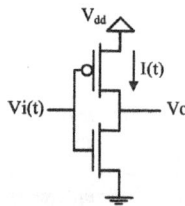

*Figura 5.5. Inversor CMOS*

a) Encontrar la expresión de la potencia media en un periodo, sabiendo que cuando I(t) no es cero se puede calcular a partir de la corriente del transistor que está en saturación. Suponer que la tensión de inversión del inversor es $V_{INV}=V_{dd}/2$ y que la forma de onda I(t) es simétrica entre $t_1$ y $t_3$.

b) Calcular el valor de la potencia.

Datos: $K_N=80 \cdot 10^{-6}$ A/V$^2$, T=100µs, tr=5µs, $V_{TN}=0.7$V y $V_{DD}=5$V.

## Solución

a) Para calcular la potencia media disipada en un periodo utilizaremos la ecuación (1):

$$P = \frac{1}{T} \int_0^T V_{DD} I(t)\, dt = V_{DD} \frac{1}{T} \int_0^T I(t)\, dt = V_{DD} \times \overline{I}$$

Entre 0 y $t_r/2$ la corriente no es cero, y corresponde a la corriente del transistor NMOS en saturación para $0 < V_i < V_{DD}/2$:

$$I(t) = \frac{K_N}{2} \left(V_i - V_{TN}\right)^2$$

Observando la figura 4, se puede expresar la evolución de la tensión de entrada $V_i$ entre 0 y $t_r$ mediante la ecuación de una recta:

$$V_i(t) = \frac{V_{DD}}{t_r} \cdot t \qquad 0 < t < t_r$$

Estudiando esta ecuación en $t=t_1$ y en $t=t_2$ obtenemos la relación entre $t_1$ y $t_2$ y $t_r$:

$$\text{Para} \quad t = t_1 \quad \text{tenemos} \quad V_i = V_{TN} \;\Rightarrow\; V_{TN} = \frac{V_{DD}}{t_r} \cdot t_1 \;\Rightarrow\; t_1 = \frac{V_{TN}}{V_{DD}} \cdot t_r$$

$$\text{Para} \quad t = t_2 \quad \text{tenemos} \quad V_i = \frac{V_{DD}}{2} \;\Rightarrow\; \frac{V_{DD}}{2} = \frac{V_{DD}}{t_r} \cdot t_2 \;\Rightarrow\; t_2 = \frac{t_r}{2}$$

Teniendo en cuenta la ecuación de $V_i(t)$, la corriente $I(t)$ se puede expresar como

$$I(t) = \frac{K_N}{2} \left( \frac{V_{DD}}{t_r} t - V_{TN} \right)^2$$

La forma de $I(t)$ es simétrica entre $t_1$ y $t_3$; por tanto, la potencia media disipada en un periodo se puede expresar como

$$P = \frac{1}{T} \int_0^T V_{DD} I(t)\, dt = \frac{4}{T} \int_{t_1}^{t_2} V_{DD} I(t)\, dt = \frac{4 V_{DD}}{T} \int_{t_1}^{t_2} \frac{K_N}{2} \left( \frac{V_{DD}}{t_r} t - V_{TN} \right)^2 dt$$

Para calcular la integral, hacemos el siguiente cambio de variable:

$$x = \frac{V_{DD}}{t_r} t - V_{TN} \quad dx = \frac{V_{DD}}{t_r} dt$$

Los nuevos límites de la integral, después de realizar el cambio de variable, son

$$t = t_1 \quad \Rightarrow \quad x_1 = \frac{V_{DD}}{t_r} t_1 - V_{TN} = \frac{V_{DD}}{t_r} \cdot \frac{V_{TN}}{V_{DD}} \cdot t_r - V_{TN} = 0$$

$$t = t_2 \quad \Rightarrow \quad x_2 = \frac{V_{DD}}{t_r} t_2 - V_{TN} = \frac{V_{DD}}{t_r} \cdot \frac{t_r}{2} - V_{TN} = \frac{V_{DD}}{2} - V_{TN}$$

Resolviendo la integral, tenemos

$$P = \frac{4V_{DD}}{T} \int_{x_1}^{x_2} \frac{K_N}{2} \cdot x^2 \cdot \frac{t_r}{V_{DD}} \cdot dx = \frac{2K_N \cdot t_r}{T} \int_0^{\frac{V_{DD}}{2}-V_{TN}} x^2 dx = \frac{2K_N \cdot t_r}{T} \left[ \frac{x^3}{3} \right]_0^{\frac{V_{DD}}{2}-V_{TN}} = \frac{2K_N \cdot t_r}{3T} \left( \frac{V_{DD}}{2} - V_{TN} \right)^3$$

Por tanto, la expresión de la potencia media disipada en un periodo es

$$P = \frac{K_N}{12} \frac{t_r}{T} \left( V_{DD} - 2V_{TN} \right)^3$$

Sustituyendo los datos del problema, tenemos

$$P = \boxed{\phantom{XXXXX}} \ \mu W$$

La potencia media disipada depende de $V_{DD}{}^3$. El factor $t_r/T$ es una cifra muy pequeña; por tanto, el resultado también es pequeño.

## 5.4 Lógica multiumbral para bajo consumo

El consumo de potencia dinámico en un circuito CMOS puede reducirse disminuyendo el valor de la tensión de alimentación para la misma frecuencia de trabajo y capacidad de carga, lo que lleva asociada una reducción de la tensión umbral.

El problema que aparece cuando se reduce la tensión umbral es que aumenta el consumo estático de potencia. Para poder disponer de las ventajas de bajo consumo dinámico se diseñan circuitos CMOS con transistores de dos tipos: unos tienen una tensión umbral alta y otros la tienen baja. Un ejemplo de estos circuitos (*multithreshold* CMOS o MTCMOS) es el inversor que se representa en la figura 5.6.

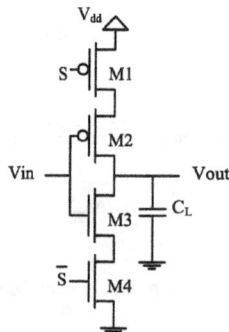

*Figura 5.6. Circuito multiumbral  CMOS*

## Ejercicio 5.2

En este ejercicio se compararan las características de la estructura *multithreshold* con la de los inversores CMOS normales.

a) Calcular el retardo (supuesto simétrico) y la potencia dinámica consumida de un inversor CMOS, para dos valores de la tensión de alimentación, 5V y 1.5V, suponiendo que todos los efectos capacitivos pueden representarse en una única capacidad de 1pF a la salida. La frecuencia de trabajo es de 1MHz y las características del transistor NMOS: $V_{TN}$ =0.7V, $W_N$=$L_N$, $K'_N$=70.26·$10^{-6}$ A/$V^2$. Calcular a continuación la potencia dinámica y el retardo del inversor CMOS para una tensión de alimentación de 1.5V si los transistores MOS tienen una tensión umbral de 0.3V.

Para el circuito de la figura 5.6, donde los transistores M1 y M4 tienen una tensión umbral de 0.6V y los transistores M2 y M3 de 0.3V, se pide:

b) Explicar el funcionamiento del circuito cuando S=0 y cuando S=1.

c) Calcular la potencia dinámica consumida y el retardo cuando S=0, la frecuencia es de 1MHz y la tensión de alimentación es de 1V.

## Solución

a) Para calcular el retardo del inversor (supuesto simétrico) sabemos que los efectos capacitivos se modelan con una capacidad $C_L$= 1pF y la resistencia equivalente de los transistores MOS es la que existe en el punto de transición entre óhmica y saturación. De esta forma, el retardo se puede expresar como

$$td \cong R_N \cdot C_L = \frac{2 \cdot L/_W \cdot C_L}{K'_N(V_{DD} - V_{TN})} = \frac{2 \cdot C_L}{K'_N(V_{DD} - V_{TN})}$$

En el apartado 5.3.1 vimos que la potencia dinámica del inversor en presencia de carga capacitiva viene dada por la expresión

$$P = C_L \cdot V_{DD}^2 \cdot f$$

Por tanto,

| $V_{DD}$ (V) | P ($\mu$W) | $t_d$ (ns) |
|---|---|---|
| 5 |  |  |
| 1.5 |  |  |

En el caso de $V_T$=0.3V, tenemos,

| $V_{DD}$ (V) | P ($\mu$W) | $t_d$ (ns) |
|---|---|---|
| 1.5 |  |  |

b) Cuando S=0, los transistores PMOS 1 y NMOS 4 conducen, de forma que el circuito es un inversor CMOS formado por los transistores 2 y 3. La tensión de salida Vout es la tensión Vin invertida. Cuando S=1, los transistores PMOS 1 y NMOS 4 no conducen, y se mantiene el valor de tensión en Vout gracias a la capacidad $C_L$.

c) Cuando S=0, el circuito es un inversor CMOS; por tanto, la potencia dinámica consumida por el circuito se calcula igual que en el apartado a). Así, a
a

$$P = \boxed{\phantom{xxxxxxx}}\ \mu W$$

Para calcular el retardo hay que tener en cuenta que ahora la corriente que carga o descarga la capacidad atraviesa dos transistores en serie, cada uno modelado por su resistencia.

$$t_d = \boxed{\phantom{xxxxxxx}}\ ns$$

## Ejercicio 5.3

Para el circuito inversor de la figura 5.1 se desea obtener el valor de la potencia consumida. Escribir el fichero SPICE que permite obtener el valor de la potencia consumida. Calcular la potencia consumida con capacidades de carga de 1pF, 0.5pF, 0.1pF y 0.05pF.

## Solución

A continuación se muestra el *netlist* utilizado para la simulación SPICE:

```
Calculo de la potencia media consumida en un periodo   .

* Modelos de los transistores
.include model

* Descripcion del circuito
m1 21 1 10 10 pfet w=10u l=2u
m2 2 1 0 0 nfet w=4u l=2u
cl1 2 0 1p
vid1 21 2 0

* Fuentes de polarizacion y fuente controlada
vin 1 0 0 pulse(0 5 0 0 0 30n 60n)
vdd 10 0 dc 5

* Simulacion a realizar
.tran 0.01n 60n

* Lineas de control
.control
run
plot mean(i(vid1))*v(10)
.endc

.end
```

Pulsando sobre el cuadro se accede al simulador.

Para calcular la potencia consumida, debemos conocer el valor de la corriente que circula por los transistores. Para ello se ha añadido una fuente de tensión auxiliar (Vid1) de valor cero en serie con el transistor PMOS. La corriente que atraviesa esta fuente se puede utilizar para controlar un generador de tensión dependiente, controlado por corriente de ganancia unidad (Hprob), que proporciona una tensión, v(3), del mismo valor que la corriente.

La función "mean(vector)" de SPICE permite calcular el valor medio de un vector al final de la simulación. Si calculamos el valor medio del vector de tensión v(3) y lo multiplicamos por la tensión de alimentación, v(10), obtenemos la potencia media consumida por el inversor.

Si la simulación SPICE se hace durante un periodo de la señal de entrada, el valor obtenido será la potencia media consumida en un periodo. Los resultados obtenidos mediante la simulación son

| C (pF) | P (μW) |
|--------|--------|
| 1      |        |
| 0.5    |        |
| 0.1    |        |
| 0.05   |        |

Como se ve, la proporcionalidad entre potencia consumida y capacidad de carga no se cumple estrictamente debido a que las propias capacidades de salida del inversor limitan el valor de la potencia consumida.

## 5.5 Escalado de dimensiones de la tecnología CMOS

El escalado de las dimensiones de una tecnología CMOS consiste en analizar la repercusión que tiene sobre los parámetros operativos de la tecnología, principalmente la velocidad y el consumo, la reducción de las dimensiones y/o de la fuente de alimentación.

El fenómeno del escalado surge porque, al desarrollar una tecnología, se establecen una serie de reglas de diseño que no pueden ser vulneradas y que fijan normalmente las dimensiones mínimas de las áreas, regiones, así como distancias que deben respetarse entre diferentes tipos de regiones o capas. Las reglas de diseño de una tecnología normalmente difieren de las de las demás, incluso para una misma dimensión mínima (conocida por λ) .

Una solución a este problema, y que ha tenido un cierto uso en las tecnologías del orden de la micra, consiste en las tecnologías escalables linealmente con λ. Eso significa que, establecido un nuevo valor para λ, todas las reglas de diseño quedan automáticamente fijadas.

Esta claro que cuando las dimensiones mínimas han pasado por debajo de una micra, el resultado del escalado ha dejado de funcionar por dos motivos fundamentales:

- Los fenómenos que ocurren en los transistores por debajo de una micra dejan de responder a reglas lineales.

- El establecimiento de reglas de diseño universalmente escalables aunque sea dentro de una tecnología concreta de una empresa, obliga a seleccionar siempre el peor caso, lo que conduce a una sobredimensión del *layout*. Teniendo en cuenta que en microelectrónica el tamaño es su razón de ser, está claro que el escalado lineal tiene poca utilidad en tecnologías avanzadas.

Sin embargo, desde el punto de vista conceptual y educativo, es un concepto muy intuitivo que permite desarrollar reglas generales que deben interpretarse más como tendencias que como resultados cuantitativamente válidos.

Para ilustrar estas reglas de escala se proponen los siguientes problemas.

## 5.6 Problemas

### Problema 5.1

Escalar una tecnología supone modificar las dimensiones para conseguir mayor densidad de integración, mayor velocidad o menor consumo. Imaginar un escenario de escalado en el cual no se cambia la tensión de alimentación pero las dimensiones se dividen por un factor S, concretamente:

$$t_{ox} \quad t_{ox}/S \quad L \quad L/S$$

Se mantiene igual todo lo demás, a excepción de W, que se escala como

$$W \quad W/FS$$

Se desea averiguar el valor de FS para que la potencia consumida sea la misma en un inversor, antes y después del escalado. Considerar que la frecuencia de trabajo es igual a la inversa del tiempo de retardo ($f=1/t_d$), que el inversor tiene retardo simétrico y que la capacidad de carga es la propia de salida del inversor.

### Solución

Para que la potencia consumida sea la misma en un inversor sin escalar que en un inversor escalado, FS debe ser

$$FS=S^2$$

### Problema 5.2

Considerar que se desean estudiar los efectos de reducir las dimensiones y la tensión de alimentación de una tecnología CMOS en la velocidad y el consumo de la misma. Para el análisis se elige un inversor determinado y se considera que el retardo puede ser estimado por el producto de la resistencia del transistor NMOS multiplicado por la capacidad de puerta del mismo transistor. A efectos de calcular la potencia consumida puede considerarse que la frecuencia de trabajo es igual a la inversa del tiempo de retardo.

a) Si se dividen todas las dimensiones del transistor ($W,L,t_{ox}$) por un factor x, calcular el factor de reducción del retardo respecto al inversor sin escalar. Calcular también cómo escala el consumo de potencia.

b) Si ahora se mantienen las dimensiones pero se reduce la tensión de alimentación en un factor x, ¿cómo escalan el retardo y la potencia?

c) Finalmente se reducen las dimensiones como en el apartado a) a la vez que se reduce la tensión de alimentación como en el apartado b). ¿Cómo escalan ahora el retardo y la potencia?

## Solución

a) Al reducir las dimensiones según x, el retardo respecto al inversor sin escalar disminuye en $x^2$. El consumo de potencia aumenta escalado por x.

b) Al disminuir la tensión de alimentación, el retardo aumenta según x y la potencia queda escalada por $x^{-3}$.

c) Disminuyendo dimensiones y tensión de alimentación un factor x, el retardo disminuye en la misma medida, y la potencia disminuye también con $x^2$.

## Problema 5.3

Considerar el mismo circuito inversor de la figura 5.1 y aplicar a la entrada una señal como la de la figura 5.4, en que $t_3 - t_1 = 4.5\mu s$, $t_r = t_f$, y de periodo $T = 50\mu s$. Escribir el fichero de SPICE correspondiente.

a) Representar la corriente que entrega la fuente de alimentación en función del tiempo.

b) Calcular la potencia entregada por la fuente en 1 periodo de la señal de entrada.

## Solución

Para poder simular en SPICE el inversor debemos aplicar la señal de entrada Vi que nos indica el enunciado. Conocemos el periodo, pero necesitamos saber los tiempos de subida y bajada de la señal. En el ejercicio 5.1 de esta lección vimos que la evolución de la tensión de entrada Vi de la figura 5.4, entre 0 y $t_r$, se podía expresar mediante la ecuación de una recta. Suponiendo que el flanco empieza en $t_0$, tenemos

$$Vi(t) = \frac{V_{DD}}{t_r} \cdot (t_0 + t) \qquad t_0 < t < t_0 + t_r$$

Evaluando esta ecuación en $t = t_1$ y $t = t_3$, tenemos

$$Vi = V_{TN} \quad \Rightarrow \quad V_{TN} = \frac{V_{DD}}{t_r} \cdot (t_0 + t_1)$$

$$Vi = V_{DD} - |V_{TP}| \quad \Rightarrow \quad V_{DD} - |V_{TP}| = \frac{V_{DD}}{t_r} \cdot (t_0 + t_3)$$

Restando las ecuaciones podemos deducir el valor del tiempo de subida (igual al de bajada):

$$t_r = t_f = \frac{V_{DD}}{V_{DD} - |V_{TP}| - V_{TN}} \cdot (t_3 - t_1)$$

Por tanto

$$t_r = t_f = \boxed{\phantom{xxxx}} \ \mu s$$

El fichero SPICE necesario para simular el inversor y obtener los resultados de los apartados siguientes será similar al del ejercicio 5.3, pero cambiando la señal de entrada Vi por una nueva señal, con los tiempos de subida y bajada calculados y con el periodo que indica el enunciado.

A continuación se muestra la gráfica que representa la señal de entrada Vi que se debe aplicar al inversor:

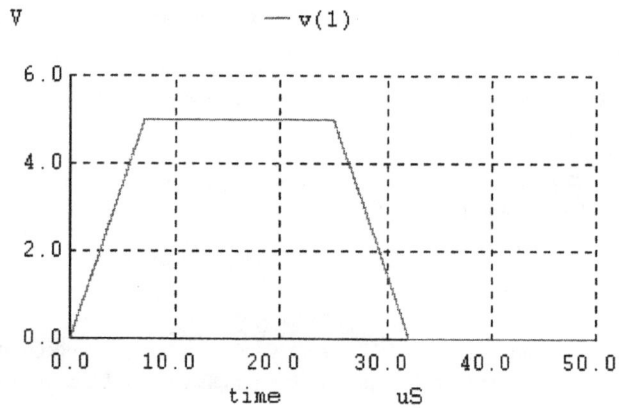

*Figura 5.7. Señal de entrada Vi con los $t_r$ y $t_f$ calculados y el periodo T=50µs*

a) La figura 5.8 muestra la gráfica que se debería obtener al representar la corriente que entrega la fuente de alimentación en función del tiempo:

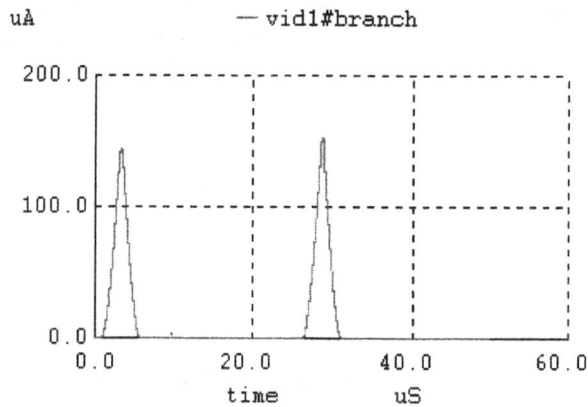

*Figura 5.8. Corriente entregada por la fuente de alimentación*

b) La potencia entregada por la fuente en un periodo de la señal de entrada, obtenida a partir de la simulación en SPICE, es

$$P = \boxed{\phantom{XXXXXX}} \ \mu W$$

# Capítulo 6
# Comparadores con histéresis y osciladores

# LECCIÓN 6

## Comparadores con histéresis y osciladores

## Índice

NOTA: Este es un documento interactivo. Los diferentes elementos interactivos estarán marcados sobre el texto en color gris. Para un correcto funcionamiento de los vínculos presentes en el documento, es necesario que se haya seguido el procedimiento de instalación descrito en la guía de instalación de la asignatura.

## 6.1 Introducción

Esta lección describe algunos circuitos CMOS destinados a comparar señales respecto a una referencia o a generar señales digitales. Estos son circuitos digitales complementarios a los descritos en las prácticas de laboratorio de esta asignatura, y comprenden puertas digitales, comparadores con un umbral, biestables y fuentes de corriente.

Los comparadores son unos circuitos muy utilizados en aplicaciones de generación de señal y restauración de niveles, así como piezas básicas para construir generadores de señal digitales. En numerosas ocasiones es imprescindible disponer de circuitos comparadores con dos umbrales, que son denominados comparadores con histéresis o *trigger* de Schmitt.

La primera parte de esta lección describe dos de estos comparadores. La segunda parte de la lección describe osciladores digitales, concretamente los osciladores acoplados por surtidor y los osciladores de anillo, que junto con el oscilador de las prácticas de laboratorio son una muestra relevante de las distintas maneras posibles de realizar un oscilador digital.

## 6.2 Comparadores con histéresis

Los circuitos comparadores con histéresis, también denominados *trigger* de Schmitt, presentan una característica entrada-salida que depende del sentido de variación de la señal de entrada. Su símbolo y la característica entrada-salida ideal de un comparador de este tipo son los siguientes:

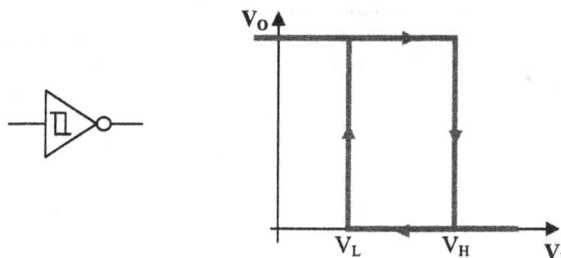

*Figura 6.1. Símbolo y característica entrada-salida de un comparador con histéresis*

Como se puede ver en la figura, si la tensión de entrada ($V_I$) empieza a crecer desde un valor igual a cero, la salida ($V_O$) se mantiene a un nivel alto hasta que la entrada alcanza un valor $V_H$. Si se recorre el camino en sentido contrario, es decir, desde un valor alto se va disminuyendo la tensión, la salida se mantiene a un nivel bajo mientras la entrada sea superior a $V_L$.

Esta diferencia entre los umbrales de comparación para los que se produce un cambio brusco de la señal de salida se llama histéresis.

Los circuitos comparadores con histéresis se pueden obtener de diversas formas. A modo de ejemplo y para ilustrar el comportamiento de este tipo de circuitos, se propone el circuito de la figura 6.2. El circuito está formado por un conjunto de cuatro transistores (dos transistores NMOS y dos transistores PMOS) conectados entre la alimentación y masa (M1, M2, M4 y M5) y con una realimentación doble de la salida mediante los transistores M3 y M6.

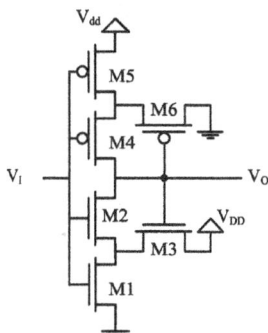

*Figura 6.2. Circuito CMOS comparador de histéresis*

La característica entrada-salida de este circuito es del mismo tipo que la mostrada en la figura 6.1 idealmente. Para comprobarlo, se proponen los siguientes ejercicios.

## Ejercicio 6.1

Escribir el archivo SPICE que represente el circuito de la figura 6.2 con transistores de tamaño $(W/L)_N$=10/2 y $(W/L)_P$=20/2. Incluir las instrucciones que permitan simular la respuesta del circuito correspondiente a una señal triangular de entrada de periodo 20μs. Simular el circuito y obtener la señal de salida.

## Solución

A continuación se muestra el *netlist* para simular el circuito de la figura 6.2:

```
Comparador con histéresis

* Modelos de los dispositivos
.include model

* Descripción del circuito
M1 3 1 0 0 nfet w=10u l=2u
M3 10 2 3 0 nfet w=10u l=2u
M2 2 1 3 0 nfet w=10u l=2u
M4 2 1 4 10 pfet w=20u l=2u
M5 4 1 10 10 pfet w=20u l=2u
M6 0 2 4 10 pfet w=20u l=2u

* Fuentes de polarización y Simulaciones a realizar
vin 1 0 0 pulse(0 5 0 10u 10u 0.001u 20u)
vdd 10 0 dc 5
.tran 0.1u 20u
.dc vin 0 5 0.01
.dc vin 5 0 -0.01

* Líneas de control para ejecución automática
.control
run
plot tran1.v(1) tran1.v(2)
plot dc1.v(2) dc2.v(2)
.endc
.end
```

La figura 6.3 muestra la señal de entrada v(1) y la señal de salida v(2) que se obtienen al realizar la simulación del transitorio en SPICE:

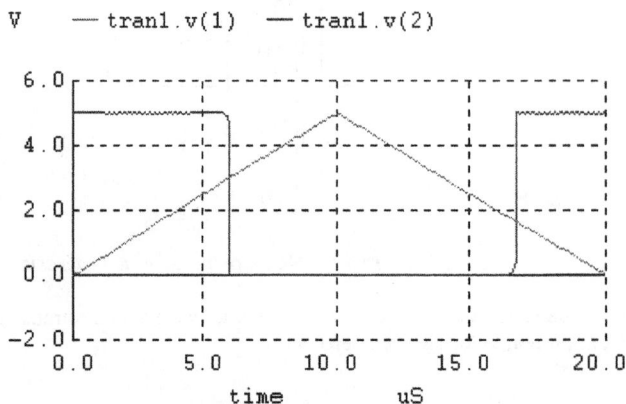

Pulsando sobre la figura se accede al simulador. Desde el simulador, el comando EDIT permite modificar el fichero original.

*Figura 6.3. Señales de entrada y de salida del circuito comparador de la figura 6.2*

En la gráfica de la figura 6.3 se representa el resultado del análisis transitorio de un periodo de la señal de entrada. Se puede observar que para una señal triangular de entrada, la señal que se obtiene a la salida es una señal cuadrada. La característica entrada-salida del comparador con histéresis queda tal como se muestra en la figura 6.4 a partir de dos análisis en continua, uno con barrido ascendente y otro con barrido descendente.

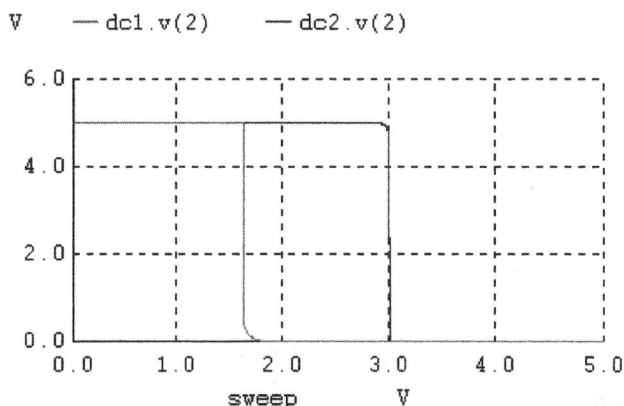

Pulsando sobre la figura se accede al simulador. Desde el simulador, el comando EDIT permite modificar el fichero original.

*Figura 6.4. Ciclo de histéresis del circuito comparador de la figura 6.2*

Se aprecia la típica característica de histéresis en la cual la transición de la salida del nivel alto al bajo se produce en los 3V y la transición del nivel bajo al alto en 1.6V aproximadamente. Como se observa, la característica es bastante parecida a la ideal de la figura 6.1 salvo en la transición gradual que se produce en las esquinas del ciclo de histéresis.

## Ejercicio 6.2

Este ejercicio pretende analizar la transición de la salida de $V_{DD}$ a 0 V de un circuito comparador con histéresis (*trigger* de Schmitt) como el de la figura 6.2. Inicialmente, $V_I=0V$, $V_O=V_{DD}$ y a partir de un cierto instante, $V_I$ empieza a aumentar hasta que los transistores M1 y M2 conducen al mismo tiempo, lo que permite la descarga del nodo de salida a través de la red NMOS.

a) Encontrar la zona de trabajo inicial de cada uno de los transistores NMOS, M1, M2 y M3. Calcular la tensión $V_X$ en el nodo común a los tres transistores.

b) Deducir a qué tensión conducirán los transistores M1 y M2. Calcular el umbral alto de la transición de histéresis, $V_H$. ¿Cuánto vale $V_H$ con los datos de los transistores del ejercicio 6.1?

c) Encontrar la zona de trabajo de los transistores PMOS mientras $V_O=V_{DD}$ para las tensiones de entrada menores que el umbral $V_H$.

## Solución

a) Los transistores M1 y M2 tienen Vi=0 V en la puerta, por lo tanto,

**M1** [ Elige una opción ]        **M2** [ Elige una opción ]

Para el transistor M3, debemos comparar $V_{DS}$ con $V_{GS}$ - $V_T$:

**M3** [ Elige una opción ]

A partir de ahí podemos ver que la corriente que circula por M3 es nula y obtener la tensión $V_X$:

$$V_x = \boxed{\phantom{xxx}} \text{V}$$

b) A medida que aumenta $V_I$, el primer transistor que deja de estar en corte es [ Elige una opción ] para pasar a conducir en [ Elige una opción ]

Se debe cumplir que $V_{GS1} \geq V_{TN}$, circunstancia que se produce a la tensión $V_I = \boxed{\phantom{xxx}}$ V.

A partir de este punto, la tensión $V_X$ depende de $V_I$. Podemos encontrar la relación entre ambas tensiones igualando las corrientes $I_{DS3}=I_{DS1}$:

$$\frac{K_1}{2}\left(V_{GS1} - V_{TN}\right)^2 = \frac{K_3}{2}\left(V_{GS3} - V_{TN}\right)^2$$

$$\left(V_I - V_{TN}\right) = \sqrt{\frac{(W/L)_3}{(W/L)_1}}\left(V_{DD} - V_X - V_{TN}\right)$$

$$V_X = V_{DD} - V_{TN} - \sqrt{\frac{(W/L)_1}{(W/L)_3}}\left(V_I - V_{TN}\right)$$

Esta expresión es válida mientras M1 siga en saturación, esto es mientras $V_X \geq V_I + V_{TN}$. Esta condición es cierta mientras M2 esté en corte, ya que $V_{DS1}=V_{GS1}-V_{GS2}$.

Por otro lado, M2 no conducirá hasta que $V_{GS2}=V_{TN}$, es decir hasta que $V_I-V_X=V_{TN}$. En ese momento empezará la descarga del nodo de salida, así que podemos encontrar $V_H$ a partir de la expresión siguiente:

$$V_H = \frac{V_{DD} + \sqrt{\dfrac{(W/L)_1}{(W/L)_3}} V_{TN}}{1 + \sqrt{\dfrac{(W/L)_1}{(W/L)_3}}}$$

que en el caso de los transistores del enunciado es $V_H = \boxed{\phantom{xxxx}}$ V. Se puede comprobar que para tensiones de entrada menores que $V_H$, M1 esta en saturación.

c) Finalmente, los transistores M4 y M5 tienen $V_I$ en la puerta y $V_{DD}$ en drenador y surtidor, por lo tanto,

M4   | Elige una opción |       M5   | Elige una opción |

El transistor M6 está polarizado con $V_{DD}$ en puerta y surtidor, de donde se deriva

M6   | Elige una opción |

## 6.3 Comparadores con histéresis realimentados

Este circuito es una versión distinta de un *trigger* de Schmitt formado por un conjunto de tres inversores con realimentación, como se ve en la figura 6.5:

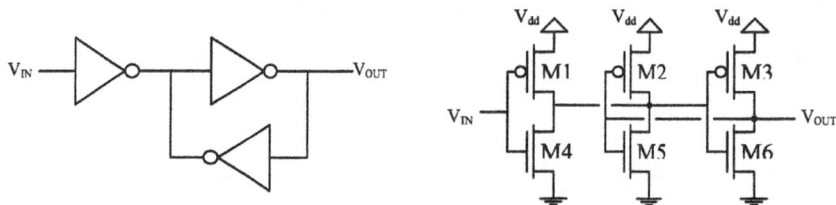

*Figura 6.5. Circuito comparador con histéresis basado en la realimentación*
*y representación a nivel de transistores*

El circuito de la figura 6.5 contiene tres inversores, y la tensión de salida es realimentada a la entrada del segundo inversor. Esta realimentación es positiva y, por lo tanto, produce un circuito con dos estados. El comportamiento con histéresis viene dado por el hecho de que el inversor de entrada debe superar su tensión de inversión para poder cambiar el valor de la salida, puesto que compite con el inversor de realimentación, que intenta mantenerlo.

## Ejercicio 6.3

Escribir el listado SPICE del circuito de la figura 6.5 incluyendo las instrucciones necesarias para poder simular la respuesta a una señal triangular de entrada de 20μs de periodo. Representar gráficamente la evolución temporal de las señales de entrada y salida del circuito así como su característica entrada-salida.

Datos:         $(W/L)_{M1}=54/12$   $(W/L)_{M2}=29/10$   $(W/L)_{M3}=30/2$
                        $(W/L)_{M4}=18/2$    $(W/L)_{M5}=15/10$   $(W/L)_{M6}=10/2$

## Solución

A continuación se muestra el fichero SPICE que permite simular la respuesta de este circuito:

```
Trigger de Schmitt con 3 inversores

* Modelos de los dispositivos
.include model

* Descripción del circuito
M1 3 1 10 10 pfet w=54u l=12u
M2 3 2 10 10 pfet w=29u l=10u
M3 2 3 10 10 pfet w=30u l=2u
M4 3 1 0 0 nfet w=18u l=12u
M5 3 2 0 0 nfet w=15u l=10u
M6 2 3 0 0 nfet w=10u l=2u

* Fuentes de polarización y simulación a realizar
vin 1 0 0 pulse(0 5 0 10u 10u 0.001u 20u)
vdd 10 0 dc 5
.tran 0.1u 20u
.dc vin 0 5 0.01
.dc vin 5 0 -0.01

* Líneas de control para ejecución automática
.control
run
plot tran1.v(1) tran1.v(2)
plot dc1.v(2) dc2.v(2)
.endc
.end
```

La figura 6.6 es la representación de las señales de entrada y de salida a lo largo del tiempo, cuando se trabaja con una señal triangular de entrada. Como se observa en la figura, en este caso y con los tamaños de transistores que aparecen en el listado, los umbrales de comparación son: 3.55V y 0.45V.

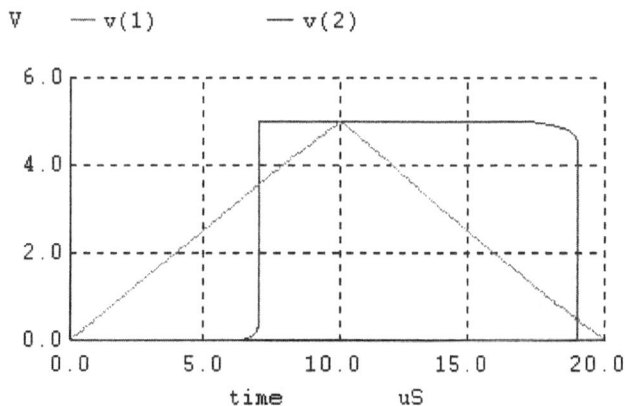

Pulsando sobre la figura se accede al simulador.

*Figura 6.6. Señales de entrada y de salida del circuito comparador de la figura 6.5*

Para representar gráficamente la característica entrada-salida del circuito haremos, como en el apartado anterior, dos barridos en continua en direcciones de tensión opuestas.

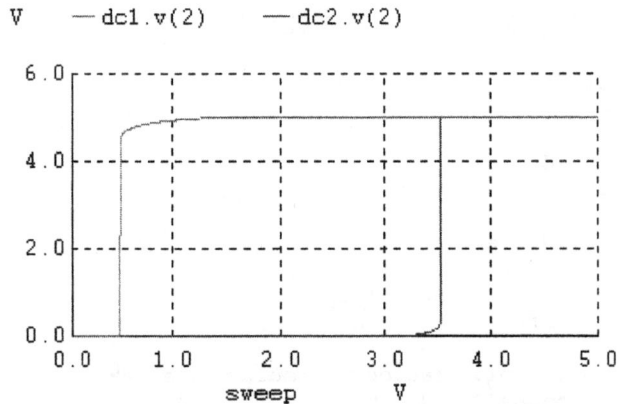

*Figura 6.7. Ciclo de histéresis del circuito comparador de la figura 6.5*

En la figura se pueden determinar los umbrales de histéresis, $V_H$=3.54V y $V_L$=0.49V.

## 6.4 Osciladores digitales

Las funciones de los osciladores en electrónica son muy diversas. Se encuentran en aplicaciones que van desde relojes para el sincronismo hasta osciladores locales para recepción. En el caso de las prácticas de esta asignatura se utiliza un oscilador controlado por tensión (VCO).

Dependiendo de la aplicación y, por tanto, de la frecuencia de trabajo, se implementan de formas muy diversas. El principio de funcionamiento de un oscilador se basa en una realimentación de la señal de salida hacia la entrada que de forma genérica se representa como muestra la figura 8.

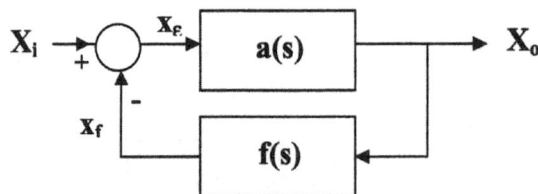

*Figura 6.8. Diagrama de un circuito realimentado*

donde a(s) es la ganancia en lazo cerrado, y f(s) es la función de realimentación. Si calculamos la relación entrada-salida, tenemos:

$$\frac{X_0}{X_i} = \frac{a(s)}{1+a(s)f(s)} = \frac{a(s)}{1+T(s)} \tag{1}$$

donde la función T(s) se denomina la ganancia de lazo. En la ecuación (1) se observa que existe un punto singular cuando el denominador es cero, de tal forma que podría existir una salida finita incluso con entrada nula. Precisamente ese comportamiento es el que describe a un oscilador.

Estableciendo que la ganancia de lazo sea T(s)=-1 se obtiene la condición cuantitativa necesaria para que un circuito oscile y simultáneamente se encuentran las ecuaciones de diseño necesarias. La pureza espectral de la señal generada dependerá de la selectividad de la realimentación.

Si la relimentación tiene una anchura de banda muy pequeña, la señal generada será sinusoidal, mientras que si la anchura de banda es mayor, la señal generada podrá ser cuadrada.

## 6.5 Osciladores en anillo

El oscilador en anillo es la forma más sencilla de construir un oscilador digital. Se basa en conectar en serie un conjunto de n inversores CMOS realimentando la salida del inversor n-ésimo a la entrada del primer inversor. La frecuencia de oscilación depende del número de inversores. A continuación se calculan las condiciones necesarias para la oscilación así como la frecuencia de la señal generada.

El circuito de la figura 6.9 es un oscilador en anillo compuesto por n inversores CMOS. Además de poder utilizarse como reloj, este circuito se usa también para evaluar las prestaciones de una tecnología, integrado como célula de test.

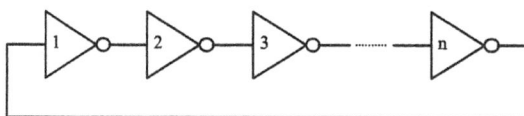

*Figura 6.9. Oscilador en anillo*

Para cada inversor se puede proponer una relación entrada-salida con respuesta frecuencial de primer orden, descrita tal como se muestra en la ecuación de la figura 6.10:

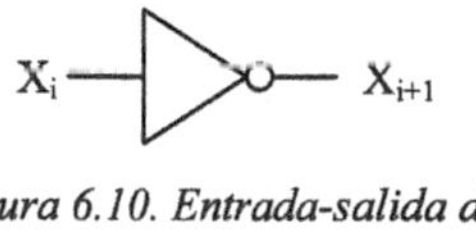

$$a(s) = \frac{X_{i+1}}{X_i} = \frac{-a_0}{1 + \dfrac{s}{\omega_p}}$$

*Figura 6.10. Entrada-salida de un inversor del oscilador en anillo*

Puesto que la realimentación es unitaria, la ganancia de lazo vendrá dada por la siguiente expresión:

$$T(s) = -\left( \frac{-a_0}{1 + \dfrac{s}{\omega_p}} \right)^n$$

Aplicando la condición de oscilación T(s)=-1 para la fase, resulta

$$-2k\pi = -n\pi - n\,\mathrm{tg}^{-1}\left(\frac{\omega}{\omega_p}\right)$$

donde k es un número entero. Para que haya oscilación $(2k-n)\pi=\pi$. Como que k es entero, n debe ser impar. De esta forma

$$\omega = \omega_p \, tg(\frac{\pi}{n})$$

En la práctica, el valor de $\omega_p$ se aproxima por $(1/t_d)$, siendo $t_d$ el retardo de un inversor de la cadena. Entonces resulta

$$f = \frac{1}{2\pi t_d} tg(\frac{\pi}{n})$$

Si el valor de n es grande, la frecuencia puede aproximarse por

$$f \approx \frac{1}{2t_d n}$$

Suponiendo un modelo de retardo simétrico como el desarrollado en la lección 4 es inmediato calcular la frecuencia de oscilación para un retardo y un número de inversores determinado.

La figura 6.11 muestra la simulación del oscilador en anillo para un número de 3 inversores en cascada.

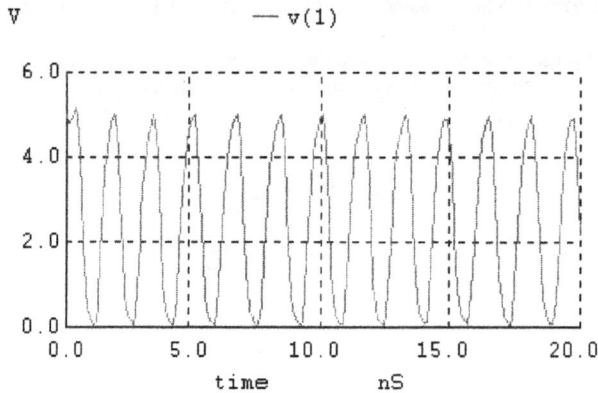

*Figura 6.11. Señal de salida de un oscilador en anillo*

## 6.6 Osciladores acoplados por surtidor

El oscilador en anillo suele trabajar a frecuencias más bajas de las que son necesarias para los circuitos digitales o mixtos (analógico-digitales). Una forma de realizar osciladores a frecuencias mayores es acoplar por surtidor dos transistores que conmutan dos fuentes de corriente, tal como en el circuito que se representa en la figura 6.12.

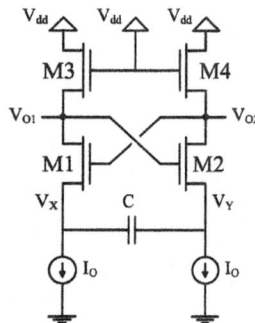

*Figura 6.12. Oscilador acoplado por surtidor*

Como se observa en la figura 6.12, se colocan dos fuentes de corriente del mismo valor I en los dos extremos de un condensador C. Los transistores 3 y 4 se encuentran siempre saturados mientras que los transistores 1 y 2 conmutan entre corte y saturación secuencialmente, de forma que el circuito tiene dos estados.

La intensidad de corriente que circula por el condensador es siempre de valor I pero el signo de la misma se invierte en los cambios de estado del circuito. Esto obliga a que las tensiones en los surtidores de los transistores 1 y 2 cambien con el tiempo, y determinen el final de cada uno de los dos estados. Para ver el funcionamiento más detalladamente vamos a empezar por simular su comportamiento.

En primer lugar se debe escribir el fichero *netlist* de SPICE del oscilador. Los tamaños de los transistores se indican en el listado que se muestra a continuación.

```
Oscilador acoplado por surtidor

* Modelos de los dispositivos
.include model

* Descripción del circuito
M1  3  4  1  0 nfet w=30u l=2u
M2  4  3  2  0 nfet w=30u l=2u
M3 10 10  3  0 nfet w=3u l=4u
M4 10 10  4  0 nfet w=3u l=4u
i1  1  0 dc 5u
i2  2  0 dc 5u
c1  1  2 2p IC=0

* Fuentes de polarización
vdd 10 0 dc 5

* Simulación a realizar
.tran 0.1u 10u

* Líneas de control para ejecución automática

.control
run
plot v(1) v(2) ylimit 1 3 xlimit 3u 5u
plot v(1)-v(2) v(2) xlimit 3u 5u
plot v(3) v(4)+2 ylimit 2 6 xlimit 3u 5u
.endc

.end
```

La simulación SPICE de este circuito permite ver la evolución de la tensión en los nodos $V_X$ y $V_Y$, como muestra la figura 6.13.

Se observan claramente los dos estados del sistema así como unas zonas de comportamiento lineal con el tiempo (decreciente) y otras de valor constante. Las dos formas de onda son idénticas pero desplazadas en el tiempo un semiperiodo.

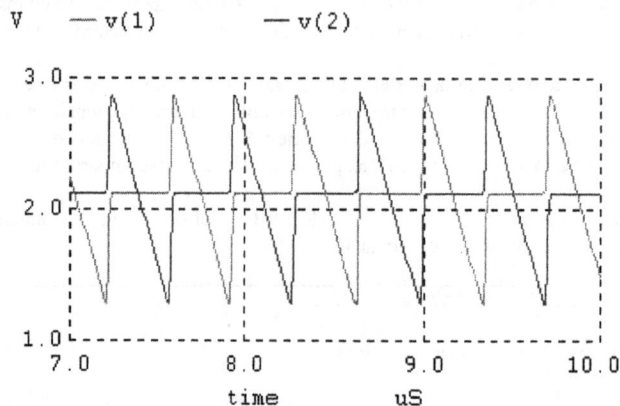

Pulsando sobre la figura se accede al simulador.

*Figura 6.13. Tensiones en los nodos (1) y (2) del circuito de la figura 6.10*

Los valores aproximados del máximo, mínimo y del valor constante intermedio de la tensiones en ambos nodos son

valor máximo = 2.9 V;   valor intermedio = 2.1 V;   valor mínimo = 1.3 V

La tensión en el condensador, que es v(1)-v(2), se representa en la figura 6.14, la forma de onda del condensador es una señal triangular. La tensión adquiere valores positivos y negativos dependiendo del estado del circuito.

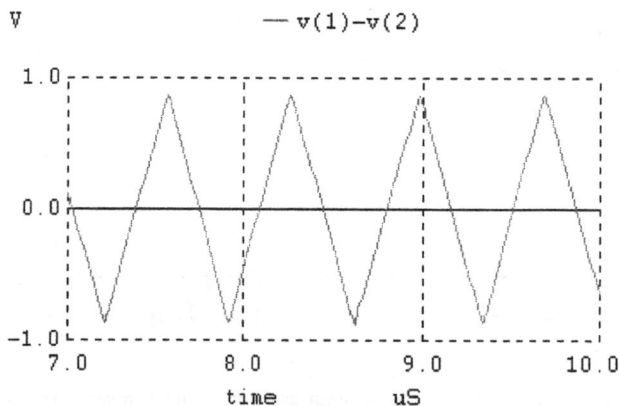

Pulsando sobre la figura se accede al simulador.

*Figura 6.14. Tensión en el condensador*

Así mismo, se observa que la señal $V_X$-$V_Y$ es prácticamente simétrica, con una tensión de pico de 0.86 V.

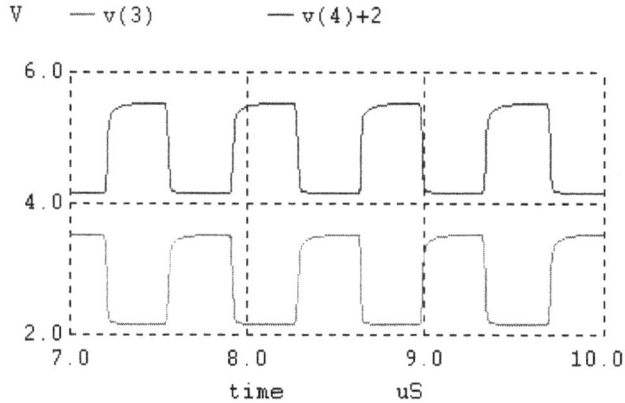

Pulsando sobre la figura se accede al simulador.

*Figura 6.15. Señales de salida $V_{O1}$ y $V_{O2}$ (con un offset de 2 V para distinguirlas mejor)*

Resulta interesante también la evolución, en la figura 6.15, de las señales de salida, $V_{O1}$ y $V_{O2}$. Se observa que están en contrafase y que no llegan a los valores de alimentación, 0V y 5V, por la propia estructura del circuito.

## Ejercicio 6.4

Considerar un oscilador acoplado por surtidor como el de la figura 6.12 con los siguientes datos: $(W/L)_{1,2}=30/2$, $(W/L)_{3,4}=3/3$, $I_0=5\mu A$, $V_{TN}=0.7V$ $K'_N=70.26x10^{-6}$ A/V$^2$. Este ejercicio estudia la evolución temporal de las tensiones en los distintos nodos del oscilador.

a) Partiendo de la hipótesis de que el transistor M1 está cortado (en el que llamaremos estado 1), calcular las tensiones $V_{O1}$ y $V_{O2}$. Encontrar en qué zona trabaja M2. Calcular $V_Y$. Escribir la expresión de $V_x(t)$.

b) Encontrar la condición de cambio de estado, en que M1 empieza a conducir y M2 se corta.

c) Calcular las tensiones en los nodos en este nuevo estado (estado 2). Dibujar la evolución temporal de las señales $V_X$, $V_Y$ y $V_X$-$V_Y$.Calcular el valor de C para obtener una frecuencia de oscilación de 100kHz.

## Solución

a) En el estado 1, M1 está cortado. En este caso, las corrientes que fuerzan las fuentes independientes circulan por la rama que forman M4 y M2. Podemos encontrar $V_{O1}$ observando que no circula corriente por M3. Dado que el transistor M3 está en [ Elige una opción ] De ahí calculamos $V_{GS3}$ y $V_{O1}$:

$$V_{GS3} = \boxed{\phantom{xxxxx}} \; V$$
$$V_{O1} = \boxed{\phantom{xxxxx}} \; V$$

De la misma forma calculamos $V_{O2}$, solo que ahora por el transistor M4 está circulando corriente. El transistor está en [ Elige una opción ] Con la expresión de la corriente correspondiente calculamos $V_{GS4}$ y $V_{O2}$:

$$V_{GS4} = \boxed{\phantom{XXXX}} \; V$$
$$V_{O2} = \boxed{\phantom{XXXX}} \; V$$

Conociendo $V_{O1}$ y $V_{O2}$ podemos deducir en qué zona se encuentra el transistor M2 (aun sin saber $V_Y$). Como por M2 está circulando la misma corriente que por M4, es decir $2I_0$, podemos calcular $V_Y$:

M2 esta en [ Elige una opción ]        $V_Y = \boxed{\phantom{XXXX}} \; V$

Las tensiones calculadas son constantes mientras el circuito se encuentre en el estado 1, es decir, mientras M1 esté cortado. Por otro lado, $V_X$ varía con el tiempo, ya que $V_Y$ está fija, y por el condensador circula una corriente constante. Podemos escribir

$$V_X(t) = V_X(t_0) - \frac{I_0}{C}(t - t_0)$$

Es decir, que la tensión $V_X$ disminuye con el tiempo.

b) El transistor M1 empezará a conducir cuando $V_{GS1} = V_{TN}$. Teniendo en cuenta esto podemos deducir el valor mínimo de $V_X$:

$$V_{Xmin} = \boxed{\phantom{XXXX}} \; V$$

En el momento en que el transistor empiece a conducir, $V_X$ aumentará rápidamente, y como la tensión en el condensador no puede cambiar instantáneamente, también aumentará $V_Y$, cortando M2. En ese momento se produce el cambio del estado del circuito al estado 2.

c) Por la simetría del circuito podemos ver que:

$$V_{O2}(\text{estado2}) = V_{O1}(\text{estado1}) = \boxed{\phantom{XXXX}} \; V$$
$$V_{O1}(\text{estado2}) = V_{O2}(\text{estado1}) = \boxed{\phantom{XXXX}} \; V$$
$$V_X(\text{estado2}) = V_Y(\text{estado1}) = \boxed{\phantom{XXXX}} \; V$$

La expresión de la tensión $V_Y(t)$ en el estado 2 es

$$V_Y(t) = V_Y(t_1) + \frac{I_0}{C}(t - t_1)$$

donde, si $t_1$ es el instante posterior al cambio de estado, podemos calcular $V_Y(t_1)$, que es el máximo valor que tomará la tensión $V_Y$. Sabemos que el salto de tensión en $V_Y$, $\Delta V_Y = V_Y(\text{estado1}) - V_{Ymax}$ es el mismo que en $V_X$, $\Delta V_X = V_{Xmin} - V_X(\text{estado2})$. Es decir, podemos completar los valores:

$$V_{Xmin} = V_{Ymin} = \boxed{\phantom{XXXX}} \; V$$
$$V_{Xmax} = V_{Xmax} = \boxed{\phantom{XXXX}} \; V$$

La figura 6.16 muestra las formas de onda de las tensiones $V_X(t)$ y $V_Y(t)$ en un periodo:

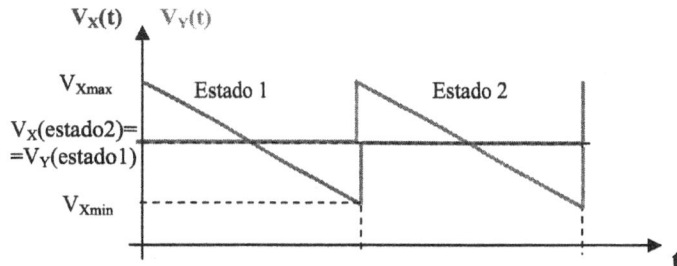

*Figura 6.16. Forma de onda de la tensión $V_X(t)$ y $V_Y(t)$ en un periodo*

La forma de onda de la tensión $V_Y(t)$ en un periodo es exactamente la misma que $V_X(t)$, desplazada un semiperiodo.

El valor de la capacidad C para obtener una frecuencia de oscilación de 100 kHz se puede encontrar reescribiendo la expresión de la evolución temporal, particularizada a un semiperiodo entero de la señal:

$$V_{Ymax} = V_{Ymin} + \frac{I_0}{C}\frac{T}{2} \qquad\qquad C = \boxed{\phantom{xxxxx}}\ pF$$

## 6.7 Problemas

### Problema 6.1

Modificar las anchuras de los transistores M3 y M6 del diseño del *trigger* de Schmitt del ejercicio 6.1 para obtener unos umbrales de transición de 1.5 V y 3.5 V. Realizar el cálculo manual y ajustar luego mediante simulación.

### Solución

Los cocientes de las relaciones de aspecto que se quieren diseñar se pueden encontrar como

$$\frac{(W/L)_1}{(W/L)_3} = \frac{(V_{DD} - V_H)^2}{(V_H - V_{TN})^2} \qquad \frac{(W/L)_5}{(W/L)_6} = \frac{(V_L)^2}{(V_{DD} - V_L - |V_{TP}|)^2}$$

Así que los nuevos valores calculados para M3 y M6 con L=2μm, són

$$W_3 = \boxed{\phantom{xxxxx}}\ \mu m$$
$$W_6 = \boxed{\phantom{xxxxx}}\ \mu m$$

La gráfica correspondiente a los valores ajustados por simulación se encuentra en la figura 6.17:

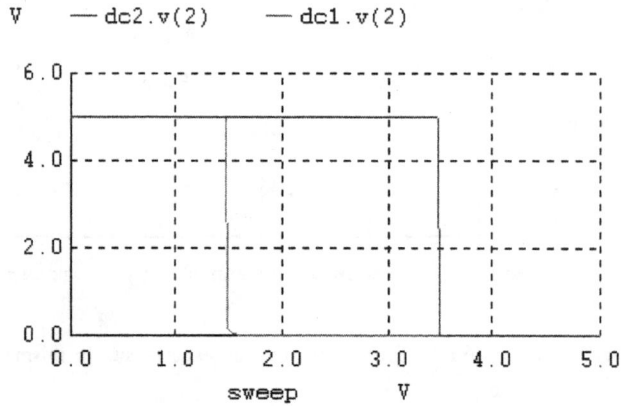

*Figura 6.17. Simulación del inversor con histéresis diseñado*

Los nuevos valores ya ajustados para M3 y M6 son

$$W_3 = \boxed{\phantom{xxxxxx}} \; \mu m$$
$$W_6 = \boxed{\phantom{xxxxxx}} \; \mu m$$

## Problema 6.2

El circuito mostrado en la figura 6.5 es un comparador con histéresis. Diseñaremos el tamaño de los transistores para forzar el umbral de comparación alto, $V_H$, a 3.5V. Para simplificar el problema, considerar que el inversor de salida es ideal.

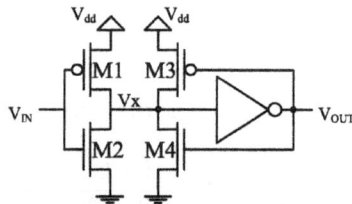

*Figura 6.18.* Trigger *de Schmit del apartado 6.3*

Dados los tamaños de los transistores M1 y M2 se pide calcular el de M3 suponiendo que cuando llega a la tensión umbral, $V_{IN} = V_X$.

Datos: $(W/L)_1 = 1.8/1.2$, $(W/L)_2 = 5.4/1.2$, $V_{DD} = 5V$.

## Solución

La tensión $V_H$ es la tensión de entrada $V_{IN}$ necesaria para que la salida pase de nivel lógico cero a uno. En el caso considerado, antes de la transición, el estado de la salida es $V_{OUT} = 0V$, dado que el inversor de salida es ideal, y tiene $V_X > V_{DD}/2$ a la entrada. Conociendo el valor de la salida y $V_{IN} = V_X = V_H$ se puede saber la zona de trabajo de los transistores.

| M1 | Elige una opción | M2 | Elige una opción |
|----|------------------|----|------------------|
| M3 | Elige una opción | M4 | Elige una opción |

Aplicando la ley de Kirchoff de la corriente al nodo $V_X$ podemos deducir la relación de aspecto del transistor:

$$\left(\frac{W}{L}\right)_3 = \boxed{\phantom{xxxxx}}$$

## Problema 6.3

Se dispone de un oscilador en anillo compuesto por 31 inversores conectados en anillo como se muestra en la figura 6.9. Suponiendo un modelo de capacidades para un transistor como el de la figura 6.19:

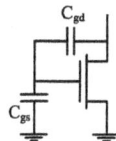

*Figura 6.19. Modelo de capacidades del transistor.*

con $C_{gs}=C_{gd}=(1/2)C_{ox}WL$

a) Usar el teorema de Miller para desdoblar la capacidad $C_{gd}$ y calcular la expresión de las capacidades totales entre puerta y masa, y entre drenador y masa.

b) Encontrar la expresión de la capacidad en el nodo de entrada y en el de salida de un inversor aislado usando el modelo de capacidades del apartado a), tanto para los transistores NMOS como para los PMOS.

c) Suponiendo que todos los transistores son iguales, con $W=3\mu m$ y $L=2\mu m$, calcular los retardos $t_{df}$ y $t_{dr}$ de un inversor de la cadena con los datos siguientes: $K'_N=70.26\times10^{-6}$ $A/V^2$, $K'_P=28.93\times10^{-6}/V^2$, $V_{DD}=5V$, $V_{TN}=0.7V$, $V_{TP}=-1.1V$.

d) Si el numero de inversores en la cadena vale n=31, calcular la frecuencia de oscilación.

## Solución

a) Las expresiones de las capacidades totales entre puerta y masa y drenador y masa son

$$C_G = \frac{3}{2}C_{ox}WL \qquad\qquad C_D = C_{ox}WL$$

b) El valor total de las capacidades a la entrada y a la salida de un inversor aislado es

$$C_{IN} = \frac{3}{2}C_{ox}\left(W_PL_P + W_NL_N\right) \qquad C_{OUT} = C_{ox}\left(W_PL_P + W_NL_N\right)$$

c) Para calcular el tiempo de retardo de bajada de un inversor de la cadena se deberá considerar la resistencia equivalente del transistor NMOS y la capacidad total que hay a la salida del inversor, que será el paralelo de la capacidad $C_{OUT}$ del inversor aislado con la capacidad $C_{IN}$ del siguiente inversor de la cadena. Por tanto, tendremos

$$t_{df} = \boxed{\phantom{xxxxxxx}} \; ps$$

Análogamente, el tiempo de retardo de subida de un inversor de la cadena se halla considerando la resistencia equivalente del transistor PMOS y la capacidad total a la salida del inversor. En este caso, tenemos

$$t_{dr} = \boxed{\phantom{xxxxxxx}} \; ps$$

d) La frecuencia de oscilación es

$$f = \boxed{\phantom{xxxxxxx}} \; MHz$$

Capítulo 7
El proceso microelectrónico

# LECCIÓN 7

## El proceso microelectrónico

## Índice

NOTA: Este es un documento interactivo. Los diferentes elementos interactivos estarán marcados sobre el texto en color gris. Para un correcto funcionamiento de los vínculos presentes en el documento, es necesario que se haya seguido el procedimiento de instalación descrito en la guía de instalación de la asignatura.

## 7.1 Introducción

En esta lección se describen las principales características del proceso tecnológico que permite realizar en la práctica los diseños que se desarrollan utilizando herramientas CAD. El objetivo principal de la lección es describir las etapas más importantes del proceso así como el orden en que normalmente son realizadas.

No es una lección orientada al diseño del proceso tecnológico, sino más bien orientada a proporcionar los suficientes conocimientos del proceso al ingeniero de diseño para que pueda comprender el origen de las restricciones del diseño (reglas de diseño) y el papel que cada uno de los materiales desempeña en un circuito integrado monolítico.

## 7.2 La microelectrónica

La figura 1 recoge lo que en sentido general suele entenderse por microelectrónica, que es la integración en un único sustrato de un elevado número de dispositivos, normalmente activos, para la realización de funciones electrónicas complejas. Como se ve, el sustrato puede ser activo o inerte, el activo es un semiconductor y el inerte suele ser una cerámica (alúmina).

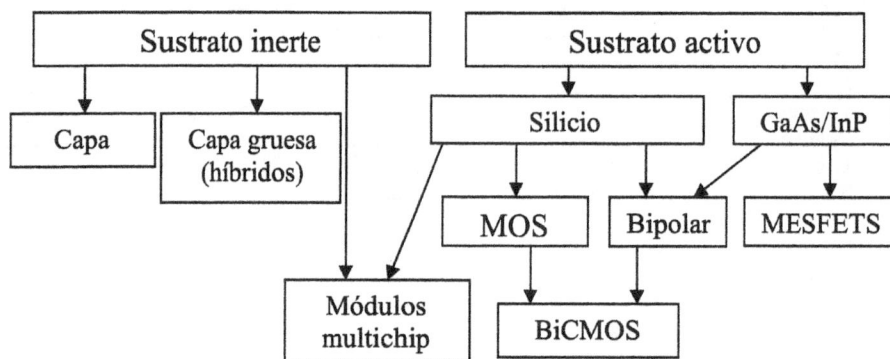

*Figura 7.1. Diagrama esquemático de la microelectrónica*

Normalmente el sustrato inerte se utiliza para la realización de los circuitos conocidos con el nombre de híbridos, en los cuales los chips de silicio se sueldan en pistas metálicas en el substrato aislante en el que, además, se depositan películas gruesas o finas para la realización de otros componentes pasivos como son resistencias o condensadores. Más recientemente, la tecnología multichip contempla la posibilidad de interconectar a través del mismo sustrato chips procedentes de diferentes fabricantes.

La orientación de este curso es la descripción de los circuitos integrados monolíticos, en los cuales todos los elementos y dispositivos son realizados en un mismo y único sustrato semiconductor, que es el silicio en un 99% de los circuitos comerciales de hoy en día. Sin embargo, hay que citar también los circuitos integrados basados en otros semiconductores, como por ejemplo el arseniuro de galio, utilizados principalmente para circuitos en frecuencias de cientos de GHz, para las cuales los circuitos de silicio dejan de funcionar correctamente.

Dentro de los circuitos monolíticos de silicio, se realizan circuitos basados en transistores MOS (una gran mayoría), en transistores bipolares, o circuitos que incorporan ambos tipos de transistores, que se denominan BiCMOS.

Resumiendo, algunas de las características más destacadas de la microelectrónica son las siguientes:

- La tecnología CMOS es la principal tecnología digital.
- La tecnología bipolar es la principal tecnología para circuitos lineales.
- Tendencia a integrar funciones cada vez más complejas, necesitando velocidad: la mezcla bipolar -CMOS (BiCMOS) permite realizar circuitos de interfaz rápidos para cargas capacitivas elevadas.
- Tendencia a integrar circuitos analógicos y digitales en el mismo chip.
- Resoluciones de 0'25 $\mu$m son comunes.
- Tecnologías de alta frecuencia GaAs y SiGe en expansión debido a las aplicaciones portátiles de comunicaciones.
- En un chip de 1 cm$^2$ caben 25 millones de transistores de 2x2$\mu$m$^2$ de tamaño, y una memoria DRAM de 16Mbytes tiene 34 millones de transistores.

A continuación se muestra una tabla con algunas de las propiedades de los principales semiconductores utilizados en la microelectrónica:

| Material | $n_i$ (cm$^{-3}$) | Movilidad e$^-$ cm$^{-2}$/Vs | Varios |
|:---:|:---:|:---:|:---|
| Si | $1.1 \cdot 10^{10}$ | 1350 | • Se oxida fácilmente |
| GaAs | $1.4 \cdot 10^6$ | 8500 | • No se oxida fácilmente<br>• Semiconductor sintético |

*Tabla 7.1. Propiedades de los principales semiconductores usados en microelectrónica*

Como se ve, hay una gran diferencia en el valor de la concentración intrínseca ($n_i$) y en la movilidad; esto permite explicar el mejor comportamiento en alta frecuencia de los dispositivos de GaAs.

Desde el punto de vista del proceso tecnológico, la propiedad que ha permitido que se desarrolle la tecnología del silicio de la forma espectacular en que lo ha hecho, es que el silicio se oxida con mucha facilidad y que el óxido de silicio es un aislante muy eficaz. Como en un circuito integrado monolítico los diversos transistores deben estar eléctricamente aislados entre ellos, a menos que dos terminales deban estar conectados entre sí, las propiedades aislantes del óxido de silicio son muy importantes. El arseniuro de galio, en cambio, no se oxida con facilidad.

El proceso de diseño-fabricación de un circuito integrado se puede componer de las siguientes fases:

- Especificaciones: listado de parámetros operativos y funcionales que debe satisfacer el circuito una vez fabricado (frecuencia, rango de enganche, CMRR, etc.).

- Concepción y diseño: en esta fase se decide cómo hay que realizar el circuito para que cumpla las especificaciones: qué bloques hay que incluir, cómo se conectan entre sí, qué respuesta eléctrica se espera tener (simulación).

- Fabricación: una vez se ha simulado el diseño en el ordenador y se han satisfecho las especificaciones, se procede a la fabricación de las máscaras que permiten la realización de los transistores del circuito y de sus conexiones. El chip debe ser encapsulado o montado en el soporte adecuado.

En la figura 7.2 se muestran algunos de los conceptos o apartados asociados a cada fase, a distintos niveles.

| FASES | | NIVELES |
|---|---|---|
| **Especificaciones** | Especificaciones funcionales y eléctricas | **Nivel conceptual** |
| | Arquitectura del sistema y *floor plan* | **(HDL)** |
| | Partición en subsistemas | |
| **Concepción y diseño** | Diseño de celdas (Editor de *Layout*) | |
| | Interconexión *(Place and Route)* | **Nivel físico** |
| | Extracción del circuito equivalente (Extractor) | |
| | Simulación eléctrica (Simulador) | **Nivel eléctrico** |
| | Verificación de reglas eléctricas | |
| **Fabricación** | Fabricación de máscaras | |
| | Proceso de obleas | **Nivel tecnológico** |
| | Encapsulado | |
| **Verificación** | Test | |

*Figura 7.2. Fases del proceso diseño-fabricación en microelectrónica*

La figura 7.3 ilustra cómo el proceso tecnológico se relaciona con el proceso de diseño. Hoy en día, la tecnología microelectrónica permite que diseños realizados en un sitio determinado puedan ser fabricados en otra parte del mundo con garantías de funcionalidad.

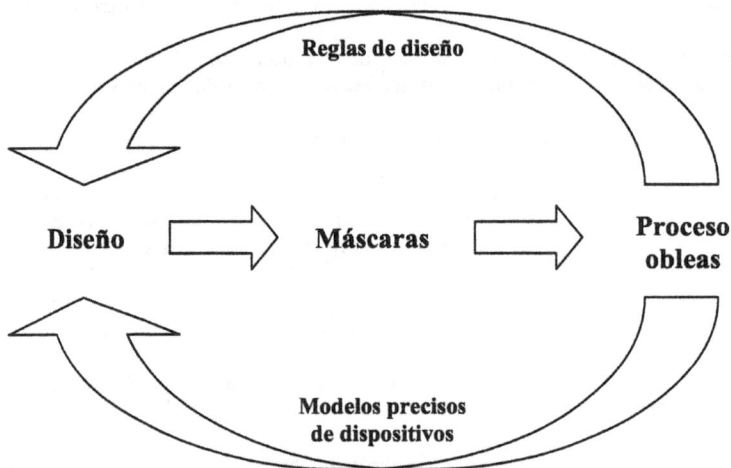

*Figura 7.3. Relación entre el proceso de fabricación y el de diseño*

Esta asombrosa eficacia se debe a que los diseñadores disponen de datos muy precisos del comportamiento eléctrico de los transistores (modelos y valores de los parámetros) así como de las restricciones de la tecnología (reglas de diseño), proporcionados por los fabricantes.

# 7.3 El proceso tecnológico microelectrónico

El proceso tecnológico microelectrónico es un conjunto de operaciones tecnológicas realizadas en secuencia para crear dispositivos electrónicos, principalmente transistores, e interconectarlos para dar funcionalidad circuital al conjunto.

Este proceso incluye diferentes operaciones que permiten:

- Creación de regiones de diferentes dopados en el sustrato.
- Creación de pistas de polisilicio y metal para hacer transistores o interconectar regiones.
- Procurar los aislamientos necesarios entre regiones a distinto potencial, y entre pistas de metal.
- Asegurar la accesibilidad desde el exterior mediante conexiones, protecciones y aislamiento.

El proceso debe permitir realizar la secuencia necesaria de operaciones en posiciones concretas determinadas de la oblea. Ello se consigue mediante el proceso fotolitográfico de grabado de motivos mediante máscaras. Las máscaras son esenciales en el proceso microelectrónico y el papel que juegan se describirá más adelante.

Las operaciones que se realizan en el proceso microelectrónico se pueden clasificar como sigue:

*Creación de capas activas en volumen*

Dentro del volumen de la oblea del semiconductor se consigue modificar el dopado mediante la introducción de impurezas donadoras (tipo N) o aceptadoras (tipo P) usando dos procedimientos principalmente:

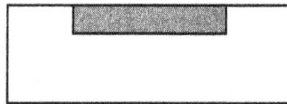

*Figura 7.4. Capas activas en volumen*

- Difusión: proceso excitado térmicamente, por el cual las impurezas o dopantes se desplazan desde regiones de muy alta concentración (el ambiente deliberadamente contaminado en un horno, o una capa depositada que contiene una alta concentración de impurezas) hacia las regiones de baja concentración.

- Implantación iónica: introducción de iones acelerados, que contienen las impurezas adecuadas, de forma que penetren la distancia necesaria dentro del semiconductor para crear una región de dopado distinto.

*Creación de regiones o capas en superficie*

Para la fabricación de transistores es necesario, además de crear regiones de distinto dopado en el interior del semiconductor, la creación de capas encima de la superficie. Las técnicas más habituales son las siguientes:

- Crecimiento de óxido: el óxido de silicio es, como se ha dicho, un material indispensable para la fabricación microelectrónica. El silicio puede oxidarse mediante un proceso de oxidación seca o de oxidación húmeda (en presencia de vapor de agua). El proceso de oxidación utiliza átomos de silicio del propio semiconductor subyacente.

- Depósito de dieléctricos, semiconductores o metales: también pueden depositarse otros materiales como el nitruro de silicio que es un dieléctrico, el propio óxido de silicio pero esta vez depositado sin utilizar de átomos de silicio del sustrato, o el polisilicio, que es una película delgada de silicio no ordenado cristalográficamente de forma homogénea (como es el caso del silicio cristalino), sino con un orden cristalino que se restringe al interior de unos granos de dimensión del orden de algunas micras.

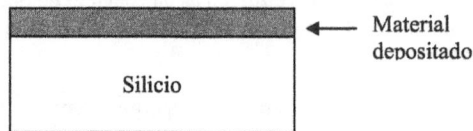

*Figura 7.5. Capas depositadas*

Los metales son indispensables para poder acceder a través de pistas de baja resistencia a los terminales internos de los transistores. El aluminio es uno de los metales más utilizados porque se puede procesar a temperaturas moderadas, pero no es el único metal que se utiliza.

El cobre, por ejemplo, se ha introducido recientemente para circuitos de alta densidad y que disipan mucha potencia. El cobre, al tener menor resistividad que el aluminio, produce un mejor balance energético en el chip al reducir las pérdidas óhmicas.

*Fotolitografía y grabado*

Estas dos operaciones sirven para delimitar las regiones del chip en las cuales va a existir una determinada región o capa de material. Por ejemplo, una pista de polisilicio que conecta dos puertas de dos transistores MOS, tiene que tener esa funcionalidad y no debe extenderse a otras partes del chip reservadas para otras pistas que conecten otros electrodos.

El proceso es normalmente el que ilustra la figura 7.6:

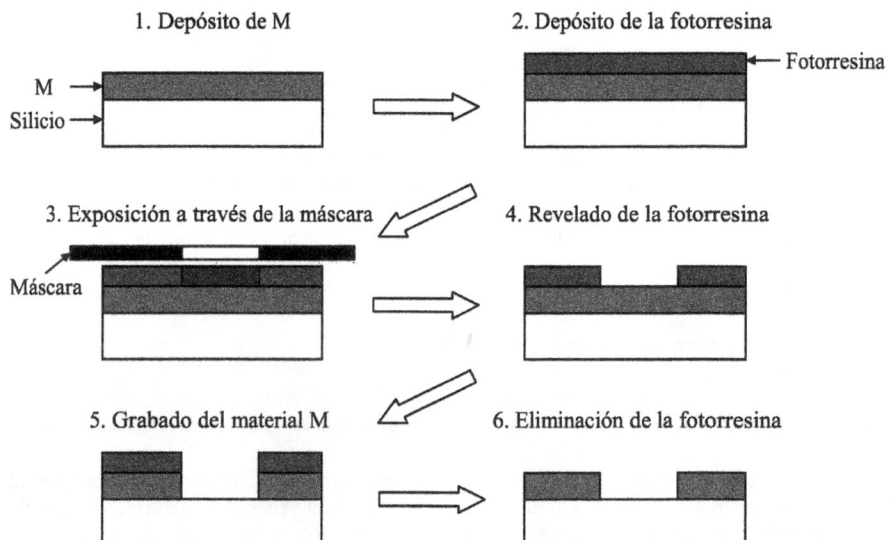

*Figura 7.6 Esquema de funcionamiento de la fotolitografía*

Como se puede ver, el proceso comienza depositando en toda la oblea el material del que se desea formar la pista. Este proceso se puede realizar en un elevado número de obleas de silicio simultáneamente.

Una vez toda la superficie queda cubierta con el material, se tiene que eliminar el sobrante. Para ello se utiliza un proceso de fotolitografía (literalmente: escritura sobre piedra usando la luz), que se fundamenta en una propiedad de fotosensibilidad que tienen algunos polímeros.

El procedimiento consiste en depositar encima del material una película de un polímero fotosensible. La fotorresina se deposita mediante un proceso de centrifugado y secado. Una vez está seca se procede al proceso de exposición de la luz a través de una máscara. La máscara es opaca en una parte y transparente en el resto, de forma que la luz sólo puede atravesar las partes transparentes e iluminar una parte de la fotorresina.

La parte de fotorresina expuesta cambia su composición y sus propiedades, y es fácilmente soluble utilizando un disolvente adecuado que no ataque las partes de la resina no expuestas a la luz. Cabe notar que existen fotorresinas con la propiedad contraria. Es decir, que resultan fácilmente solubles las partes no expuestas a la luz mientras que las expuestas no son atacadas. De esta forma se protegen con una película de resina las partes deseadas de la oblea.

A continuación se utiliza un agente que ataca al material M a través de la ventana abierta en la resina. Este ataque del material M también es selectivo, es decir, es un ataque que no afecta a ningún otro material que no sea M. Una vez hecho el ataque, la resina protectora es eliminada. Finalmente se obtiene la oblea cubierta con el material M sólo en las regiones deseadas.

Como se ve, la selectividad de los ataques es muy importante en este proceso, así como la precisión con que la luz replica el dibujo de la máscara en el polímero fotosensible.

La fotolitografía descrita es una versión simplificada de lo que son hoy en día los equipos de fotograbado. Para conseguir resoluciones del orden de décimas de micra se utilizan fuentes de luz de longitud de onda cada vez más corta, así como haz de electrones o rayos X, pero el principio de funcionamiento sigue siendo el mismo.

Se comprende fácilmente ahora que un proceso microelectrónico que permite realizar circuitos del orden del millón de transistores, necesite un proceso que utiliza varias máscaras para poder ir implementando los diferentes niveles de los transistores y su interconexión. El hecho de precisar varias máscaras implica la aparición del problema de la alineación de las máscaras.

Efectivamente, las diferentes operaciones o pasos de máscara se realizan en diferentes momentos, por diferentes personas y seguramente en diferentes aparatos, dependiendo de la logística de funcionamiento de la fábrica. Es necesario garantizar que las operaciones que deben realizarse secuencialmente para conseguir un transistor MOS en una posición de la oblea determinada no sufren desviaciones espaciales importantes. Esto se consigue mediante la técnica de alineación de máscaras y, siempre que sea posible, usando procesos que sean autoalineados.

Este es el caso de la tecnología CMOS, donde se usa un proceso autoalineado para que las regiones de drenador y surtidor estén situadas exactamente de forma contigua al canal que se crea debajo del electrodo de puerta.


## 7.4 Oxidación

Uno de los procesos que más veces se utiliza durante el proceso microelectrónico es la oxidación del silicio. Se consigue mediante la exposición del silicio a un ambiente de oxígeno a alta temperatura para lograr espesores de óxido adecuados en tiempo razonable. Hay dos métodos de obtención del óxido de silicio: la oxidación seca y la oxidación húmeda.

Como se ve en la figura 7.7, la ley que relaciona el espesor de óxido crecido, $t_{ox}$, con el tiempo de la oxidación, t, es una ley cuadrática, de la que podemos usar aproximaciones para óxidos finos o gruesos. Típicamente se realizan oxidaciones finas en ambiente seco y gruesas en ambiente húmedo. La oxidación seca se produce a alta temperatura y en presencia de oxígeno. La ley de crecimiento usada es la lineal, donde la constante de proporcionalidad (B/A) depende de la temperatura según las expresiones de la figura 7.7, donde k es la constante de Boltzmann.

$$t_{ox}^2 + A t_{ox} = B(t + \tau)$$

Óxidos finos    Óxidos gruesos

$$t_{ox} = \frac{B}{A}(t + \tau) \qquad t_{ox}^2 = Bt$$

$$\frac{B}{A} = C_2 e^{-\frac{E_2}{kT}} \qquad B = C_1 e^{-\frac{E_1}{kT}}$$

| | Seca | Húmeda |
|---|---|---|
| $C_1$ | 772 $\mu m^2$/h | 386 $\mu m^2$/h |
| $C_2$ | $6.23 \times 10^6$ $\mu m$/h | $1.63 \times 10^8$ $\mu m$/h |
| $E_1$ | 1.23 eV | 0.78 eV |
| $E_2$ | 2 eV | 2.05 eV |

*Figura 7.7. Leyes de la oxidación del silicio*

La oxidación seca produce un óxido de mucha calidad, pero necesita un tiempo elevado. Por ese motivo se utiliza para conseguir el óxido de puerta de los transistores MOS, que es de pocas décimas de micra. En la figura 7.7 el parámetro $\tau$ se utiliza para representar el oxido inicialmente existente antes de proceder a la oxidación. En efecto, cuando se inicia la oxidación (t=0) el valor (B/A)$\tau$ es el espesor de óxido inicial.

La oxidación húmeda produce oxidaciones más rápidas. Como se ve en la figura 7.7, la ley de dependencia del espesor de óxido con el tiempo de la oxidación es una ley parabólica, de forma que el espesor del óxido es proporcional a la raíz cuadrada del tiempo. Los valores de los parámetros son diferentes respecto a los de la oxidación seca, como se indica en la figura 7.7.

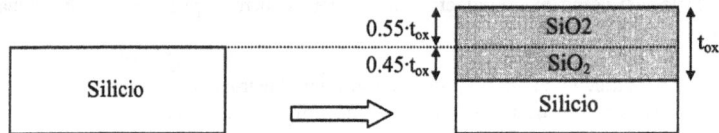

*Figura 7.8. Consumo de silicio por oxidación*

Una consideración interesante es el hecho de que la oxidación consume silicio de la oblea, como se ilustra en la figura 7.8. Al oxidar, la regla que se cumple es que el espesor de silicio consumido es igual a 0'45·$t_{ox}$.

## Ejercicio 7.1

En un proceso CMOS se usan transistores PMOS y NMOS, cuyos óxidos de puerta se crecen al mismo tiempo. Calcular la duración de la oxidación seca de óxido de puerta a una temperatura de 1000 °C para que tenga un espesor de 15 nm, suponiendo que no hay ningún óxido nativo inicial.

## Solución

La duración del proceso de oxidación seca es

$$t = \boxed{\phantom{xxxx}} \text{ horas}$$

## Ejercicio 7.2

Calcular el tiempo necesario para crecer un óxido de campo, que es el primer óxido que se crece en un proceso CMOS, de 5000 Å (10 Å=1nm) a una temperatura de 1100°C, mediante una oxidación húmeda.

## Solución

La duración del proceso de oxidación húmeda es

$$t = \boxed{\phantom{XXXXX}} \text{ horas}$$

## 7.5 Difusión

La difusión de impurezas en el interior de un semiconductor se realiza a partir de una fuente, sólida o gaseosa, altamente dopada con las impurezas que se desean introducir en el silicio. Las impurezas más comunes en silicio son el fósforo y el arsénico como impurezas donadoras (o dopantes tipo N), y el boro como impureza aceptora (o dopante tipo P).

Las impurezas poseen diferentes coeficientes de difusión, que tienen que ver con la velocidad con que dichas impurezas penetran en el Silicio, en función de la temperatura a la que se desarrolla el proceso de dopado. Normalmente se utiliza un horno de alta temperatura para realizar el proceso en tiempos razonables. La difusión se suele representar mediante dos modelos que la caracterizan, según si se realiza a concentración superficial constante o bien a volumen total de impurezas constante.

En el primer caso se mantiene en la superficie del silicio una concentración constante independientemente del tiempo transcurrido desde el inicio del proceso, lo que significa que hay una aportación continua de impurezas. Para calcular la concentración de impurezas en función de la profundidad después de un proceso a temperatura T durante un tiempo t se puede usar el siguiente modelo:

$$C(x,t) = C_s \operatorname{erfc}\left(\frac{x}{2\sqrt{D \cdot t}}\right)$$

donde $C_s$ es la concentración superficial, D es la difusividad, y erfc es la función error complementaria.

$$\operatorname{erfc}(z) = 1 - \operatorname{erf}(z) = 1 - \frac{2}{\sqrt{\pi}} \int_0^z e^{-a^2} da$$

Se puede calcular la cantidad total de dopante por unidad de área, $Q_T$, que ha penetrado en el silicio en un tiempo t, integrando la función C para todas las profundidades:

$$Q_T = \int_0^\infty C(x,t)\,dx = 2C_s\sqrt{\frac{D \cdot t}{\pi}}$$

En el segundo caso, a medida que las impurezas van penetrando en el silicio, la concentración superficial va disminuyendo, de forma que el volumen total de impurezas, $Q_T$, se mantiene constante. El modelo teórico que representa la concentración obtenida en este caso viene representado por una gausiana donde también aparece el coeficiente de difusión D:

$$C(x,t) = \frac{Q_T}{\sqrt{\pi \cdot D \cdot t}} \exp\left(-\frac{x^2}{4D \cdot t}\right)$$

La tabla 7.2 recoge algunos valores numéricos extraídos de gráficas de difusividad para distintos materiales y temperaturas:

| Temperatura | Arsénico (As) | Fósforo (P) | Boro (B) |
|---|---|---|---|
| 900° | 5.1x10-3 | 0.016 | 0.019 |
| 1000° | 0.025 | 0.067 | 0.074 |
| 1100° | 0.096 | 0.227 | 0.235 |

*Tabla 7.2. Valores de difusividad, $\sqrt{D}$ $\left(\mu m / \sqrt{h}\right)$*

La difusión es un proceso isotrópico, es decir, las impurezas no tienen una dirección de difusión preferente y acumulativa. Varios procesos térmicos producidos en secuencia no hacen más que extender en el tiempo la difusión, de forma que el producto D·t debe ser la suma de los productos D·t parciales.

## 7.6 Implantación iónica

La implantación iónica es un proceso directivo, de forma que los iones acelerados y proyectados sobre la superficie del silicio penetran preferencialmente en la dirección de la proyección, normalmente perpendicular a la superficie deteniéndose a una cierta profundidad debido a distintos mecanismos de choque. La figura 7.9 resume las principales características de la implantación iónica:

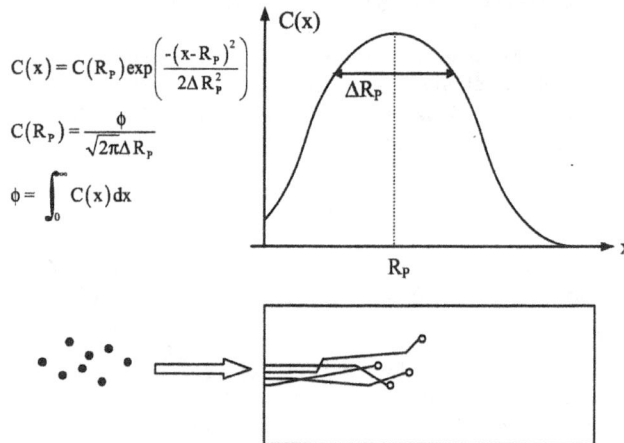

$$C(x) = C(R_P)\exp\left(\frac{-(x-R_P)^2}{2\Delta R_P^2}\right)$$

$$C(R_P) = \frac{\phi}{\sqrt{2\pi}\Delta R_P}$$

$$\phi = \int_0^\infty C(x)dx$$

*Figura 7.9. Resumen de la implantación iónica*

El modelo que describe la distribución de impurezas en la dirección de implantación es una función gausiana, con el máximo en $R_P$ como indica la figura 7.9, donde $\phi$ es la concentración total de impurezas, es decir, la integral espacial de C(x). El parámetro $\Delta R_P$ es la dispersión. La tabla 7.3 recoge algunos valores de los parámetros $R_P$ y $\Delta R_P$ extraídos de gráficas para distintos materiales sobre silicio, implantados con distintas energías.

| ion | Rango y desviación | Energía | | |
|---|---|---|---|---|
| | | 10 keV | 30 keV | 100 keV |
| Boro | $R_P$ (Å) | 382 | 1065 | 3070 |
| | $\Delta R_P$ (Å) | 190 | 390 | 690 |
| Fósforo | $R_P$ (Å) | 150 | 420 | 1350 |
| | $\Delta R_P$ (Å) | 78 | 195 | 535 |
| Arsénico | $R_P$ (Å) | 110 | 233 | 678 |
| | $\Delta R_P$ (Å) | 40 | 90 | 271 |

*Tabla 7.3. Valores de los parámetros usados en el modelo de implantación*

Una vez se ha producido una implantación iónica, es preciso realizar una etapa de activación de las impurezas para que sean eléctricamente activas. En efecto, los iones una vez implantados pueden quedar en posiciones cristalinas intersticiales, a la vez que átomos de silicio pueden quedar desplazados. Esto hace que la actividad eléctrica sea muy reducida. Para activarlo se suele proceder a calentar el silicio.

Este proceso térmico de alta temperatura, además de la activación de impurezas, produce una difusión de las mismas, correspondiente a una difusión con volumen total de impurezas constante. La distribución final queda según la ecuación siguiente:

$$C(x,t) = \frac{\phi}{\sqrt{2\pi}\sqrt{\Delta R_p^2 + 2D \cdot t}} \exp\left(-\frac{(x - R_p)^2}{2(\Delta R_p^2 + 2D \cdot t)}\right)$$

## Ejercicio 7.3

Este ejercicio analiza las etapas principales del proceso de fabricación de un transistor NMOS con puerta de polisilicio. Para su resolución se utilizarán los modelos descritos anteriormente.

• *Paso 1- Oxidación de campo*

Oxidación húmeda, a 1000°C con un objetivo de espesor de $t_{ox}$=500nm.

a) Calcular el tiempo necesario. Tomando como cota cero la superficie del silicio antes de realizar la operación, ¿cuál es la cota de la superficie del silicio después y cuál es la cota correspondiente a la superficie del óxido crecido?

• *Paso 2- Fotolitografía, apertura de la ventana del área activa*

• *Paso 3- Oxidación de puerta*

Oxidación seca, a 900°C, con un objetivo de espesor $t_{ox}$=25nm.

b) Calcular el tiempo necesario, partiendo de la hipótesis de que no hay óxido nativo en la ventana del área activa.

• *Paso 4 – Depósito de polisilicio*

Depósito de una capa de polisilicio de 0.4μm de espesor en toda la superficie, a 600°C de temperatura.

• *Paso 5 – Fotolitografía del polisilicio*

Eliminación del polisilicio en todas las regiones de la oblea donde no vaya a haber transistor o no vaya a usarse como pista de conexión En esta etapa la puerta queda delineada.

● *Paso 6 – Implantación iónica de fósforo*

Creación de las regiones de drenador y surtidor usando el polisilicio como máscara. Como resultado las regiones D y S quedan automáticamente autoalineadas a la puerta. Los datos de la implantación son: energía de la implantación 100keV y flujo integrado $\phi = 10^{15}$ iones / cm$^2$.

c) Calcular el valor máximo de la concentración de iones implantados. Calcular también la profundidad a la que se obtiene el máximo dopado.

● *Paso 7 – Activación de las impurezas implantadas*

Paso térmico de 30 minutos a 950°C en ambiente neutro.

d) Calcular el nuevo valor del máximo de concentración. Suponer que la región que se acaba de implantar puede representarse por una región de dopado constante de valor igual al 60% del máximo. Calcular el valor de la profundidad equivalente para que el valor de $\Phi$ se conserve.

e) Buscar el valor de la resistividad que tendría el silicio con el valor de dopado del apartado anterior. Calcular el valor de la resistencia de cuadro.

## Solución

a) El tiempo necesario para realizar la oxidación húmeda es

$$t = \boxed{\phantom{xxxxx}} \text{ min}$$

Teniendo en cuenta el espesor de silicio que se consume en un proceso de oxidación, la cota de la superficie del silicio después de la oxidación es

$$\text{Cota silicio} = -\boxed{\phantom{xxxxx}} \ \mu\text{m}$$

La cota de la superficie del óxido crecido es

$$\text{Cota óxido} = \boxed{\phantom{xxxxx}} \ \mu\text{m}$$

b) El tiempo necesario para realizar la oxidación seca es

$$t = \boxed{\phantom{xxxxx}} \text{ min}$$

c) El valor máximo de la concentración de iones implantados es

$$C(Rp) = \boxed{\phantom{xxxxx}} \text{ cm}^{-3}$$

La profundidad a la que se encuentra el máximo de concentración es

$$Rp = \boxed{\phantom{xxxxx}} \ \mu\text{m}$$

d) El nuevo valor máximo de concentración es

$$C(R_P, t) = \boxed{\phantom{xxxxx}} cm^{-3}$$

El valor de la profundidad equivalente para que se conserve el valor de $\phi$ es

$$x_j = \boxed{\phantom{xxxxx}} \mu m$$

e) A partir de la curva de resistividad del silicio en función del dopado, tenemos

$$\rho = \boxed{\phantom{xxxxx}} \Omega\, cm$$

El valor de la resistencia de cuadro es

$$R = \boxed{\phantom{xxxxx}} \Omega/\text{cuadro}$$

## 7.7 El proceso CMOS

En este apartado se detalla un proceso CMOS genérico completo a partir del ejemplo de un inversor, que permitirá ver el efecto que tiene cada máscara sobre la estructura física del circuito. Se parte de la estructura que se desea conseguir y se muestran los principales pasos. El texto y las figuras han sido extraídos del libro *Introducción al diseño digital. Una perspectiva VLSI CMOS*, Edicions UPC.

*Fabricación de un inversor CMOS*

Al ser éste un texto introductorio, presentaremos un proceso de fabricación de circuitos CMOS simplificado. Puesto que las máscaras utilizadas en este proceso son básicamente las mismas que en procesos CMOS más sofisticados o realistas, la comprensión del proceso aquí presentado es suficiente desde el punto de vista del diseñador de circuitos integrados. Como ejemplo de referencia tomaremos el caso de la fabricación de un inversor, aunque, como veremos, las conclusiones que se obtendrán son perfectamente generalizables a cualquier circuito CMOS.

El primer inconveniente remarcable para fabricar transistores PMOS y NMOS de forma conjunta reside en que los transistores NMOS necesitan un sustrato de tipo P, mientras que los transistores PMOS lo necesitan de tipo N. Luego, si por ejemplo el substrato es de tipo P, la primera operación en un proceso CMOS es crear una zona suficientemente grande de tipo N (denominada pozo) donde alojar los transistores PMOS. La solución simétrica también es posible: comenzar con un sustrato tipo N y crear un pozo de zona de tipo P donde alojar los transistores NMOS. En el primer caso diremos que utilizamos tecnología CMOS de pozo N y en el segundo diremos que utilizamos tecnología CMOS de pozo P.

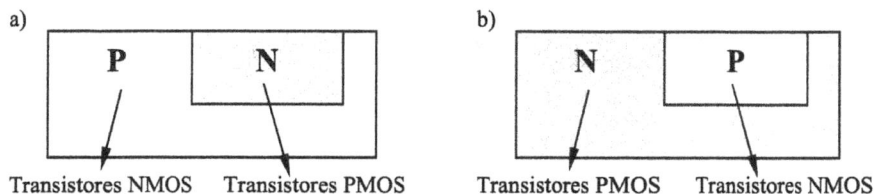

*Figura 7.10. Tecnologías CMOS de pozo N (a) y de pozo P (b)*

Al ser la movilidad de los portadores una función decreciente con el dopado, resulta que utilizar pozo N o pozo P tiene consecuencias sobre el comportamiento eléctrico de los transistores fabricados. Como el pozo tiene un dopado mayor que el sustrato, la movilidad de los portadores queda más degradada en el canal de un transistor situado dentro del pozo que en el que no lo está. Así, en el caso de pozo N, los transistores PMOS están dentro del pozo; luego la movilidad de los huecos se verá más reducida por efecto del dopado que la movilidad de los electrones en los transistores NMOS. Como la movilidad de los electrones, a igual dopado, es mayor que la de los huecos, la consecuencia global es que esta diferencia de movilidades se ve incrementada. Un razonamiento parecido conduce a que en el caso de utilizar tecnología de pozo P la diferencia de movilidades entre electrones y huecos disminuye.

En la fabricación de nuestro inversor utilizaremos como referencia la tecnología CMOS de pozo N. Las figuras siguientes esquematizan todo el proceso, y se representa la evolución de la sección vertical del dispositivo conforme avanza el proceso. Simultáneamente se presenta a la derecha de la figura la vista superior de las máscaras utilizadas. Por último, encima de cada sección del dispositivo se muestra una sección de la máscara con sus zonas opacas y transparentes.

El primer paso del proceso es, como se ha indicado más arriba, crear el pozo N. Esto suele hacerse mediante implantación seguida de difusión. Para ello es necesaria una máscara que delimite la situación del pozo.

Máscara 1: Pozo N

*Figura 7.11. Creación del pozo N mediante implantación/difusión*

Una vez creado el pozo y tras una oxidación posterior, es preciso delimitar la zona activa, es decir, el área de la oblea en la cual estarán situados los transistores. La máscara utilizada a tal efecto se denomina de zona activa o *thinox* (óxido fino).

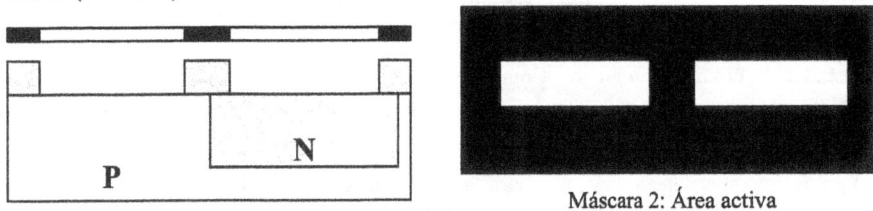

Máscara 2: Área activa

*Figura 7.12. Crecimiento del óxido de campo y delimitación de la zona activa*

Tras delimitar la zona activa, mediante oxidación seca se crece sobre ésta el óxido de puerta (este óxido apenas se nota donde ya estaba el óxido de campo). A continuación se deposita el polisilicio, habitualmente dopado $N^+$, que constituirá la puerta de los transistores.

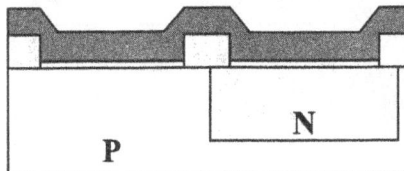

*Figura 7.13. Crecimiento del óxido de puerta y deposición del polisilicio*

Mediante una etapa de fotolitografía, utilizando la máscara que se denomina de polisilicio, se delimitan las puertas de los transistores atacando el polisilicio y el óxido fino subyacente en todas partes menos en las ubicaciones indicadas por la mencionada máscara. La situación tras este ataque se puede observar en la figura 7.14:

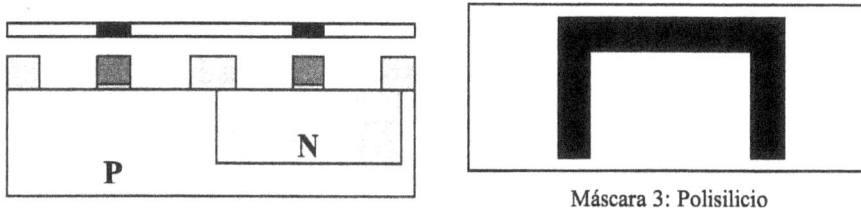

Máscara 3: Polisilicio

*Figura 7.14. Grabado del polisilicio y del óxido de puerta*

En este punto del proceso se procede a crear mediante implantación los surtidores y drenadores de todos los transistores (tanto NMOS como PMOS). Para ello basta con una sola máscara, denominada de implantación. Utilizando esta máscara se implanta de tipo $N^+$, realizando así los drenadores y surtidores de los transistores NMOS. Después, utilizando la misma máscara, o bien su complementaria con la resina contraria, se implantan los drenadores y surtidores de los transistores PMOS. En procesos CMOS más complejos se utilizan dos máscaras diferentes (una para cada tipo de implantación).

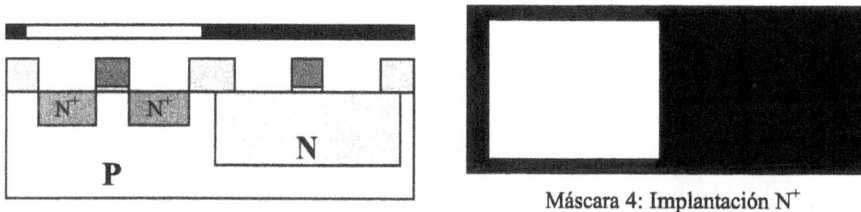

Máscara 4: Implantación $N^+$

*Figura 7.15. Creación de drenadores y surtidores en los transistores NMOS*

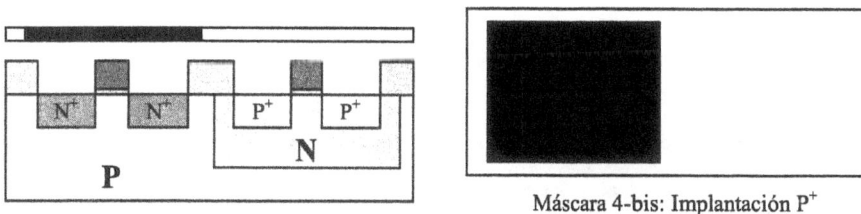

Máscara 4-bis: Implantación $P^+$

*Figura 7.16. Creación de drenadores y surtidores en los transistores PMOS*

Se denomina óhmico el contacto entre metal y semiconductor que permite el paso de la corriente en los dos sentidos sin provocar caídas resistivas. El caso opuesto se denomina contacto Schottky o rectificador y es una situación que se debe evitar en circuitos CMOS.

En general, la condición para que el contacto sea óhmico es que el semiconductor esté fuertemente dopado, como es el caso de los drenadores y surtidores de un transistor MOS. Las etapas finales del proceso consisten en, tras recubrirlo todo con óxido depositado, abrir agujeros en éste para poder realizar contactos, es decir, delimitar las zonas donde el metal debe establecer contacto con el silicio. Para ello se utiliza una nueva máscara denominada de contactos.

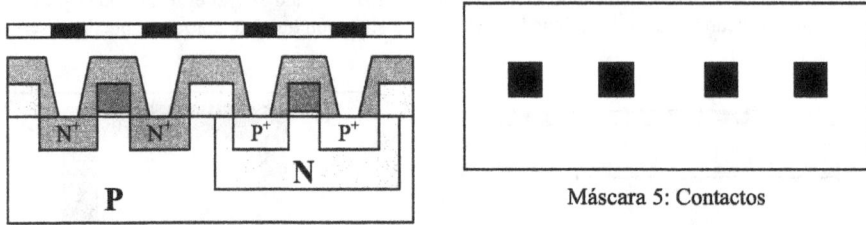

Máscara 5: Contactos

*Figura 7.17. Deposición de óxido y grabado de contactos*

Un aspecto complementario que merece ser comentado es el siguiente: los drenadores y surtidores de los transistores NMOS son zonas $N^+$ sobre sustrato tipo P; si la implantación $N^+$ tiene lugar sobre el pozo N, lo que se consigue es una zona fuertemente dopada sobre la que es posible establecer contactos óhmicos con el pozo.

Análogamente, si la implantación $P^+$ tiene lugar sobre el pozo N se generan los drenadores y surtidores de los transistores PMOS, y si dicha implantación se realiza sobre el sustrato P lo que se consigue es tener una zona fuertemente dopada, a través de la cual es posible establecer un contacto óhmico con el sustrato.

Por último, el metal es depositado sobre toda la oblea y eliminado mediante grabado en donde no es necesario. Esto se consigue mediante una última máscara, denominada de metal.

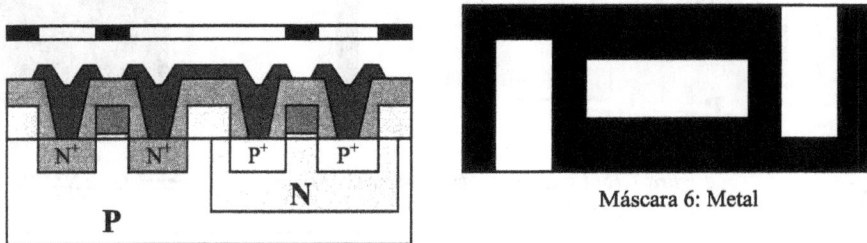

Máscara 6: Metal

*Figura 7.18. Deposición de metal y grabado de las pistas*

Las etapas finales del proceso pueden repetirse para obtener sucesivas capas de pistas de metal separadas por óxido y contactarlas donde sea necesario; así, cuando se desea realizar un conexionado complejo, suelen utilizarse dos o más niveles de metal. Para ello son necesarias dos máscaras adicionales: una segunda de contactos y otra segunda de metal.

## 7.7 Cuestiones y problemas

### Cuestión 7.1

Suponer que en media oblea de silicio se deposita nitruro de silicio y posteriormente se oxida la oblea completa en ambiente seco a 1100°C durante 15 minutos. A continuación se elimina el óxido y posteriormente el nitruro. Sabiendo que el nitruro evita la oxidación del silicio que se encuentra debajo, calcular el salto que se habrá producido en la superficie del silicio al terminar todo el proceso

## Solución

El salto que se habrá producido en la superficie del silicio es

$$d = \boxed{\phantom{xxxxxx}} \ \text{nm}$$

## Cuestión 7.2

Se desea fabricar un pozo N para una tecnología CMOS. Para ello se realiza una implantación iónica de fósforo a través de una ventana abierta en una fotorresina. La fotorresina evita que haya implantación debajo. Calcular la energía necesaria de la implantación para que el máximo de concentración aparezca 0.2 µm por debajo de la superficie del silicio.

## Solución

La energía necesaria de la implantación es

$$E = \boxed{\phantom{xxxxxx}} \ \text{keV}$$

## Cuestión 7.3

Se desea que el polisilicio que se utiliza en una tecnología CMOS tenga una resistividad de 0.01Ω·cm. Averiguar cuál es el dopado tipo P que debe tener en átomos por cm$^{-3}$. Suponer que el polisilicio tiene la misma relación dopado-resistividad que el silicio cristalino.

## Solución

El dopado tipo P que debe tener el polisilicio es

$$N_P = \boxed{\phantom{xxxxxx}} \ \text{cm}^{-3}$$

## Cuestión 7.4

En un proceso CMOS típico se utilizan las siguientes máscaras:

1. Área activa              2. Polisilicio              3. Pozo N
4. Difusión N/P             5. Ventana de contacto     4. Metal

¿Cuál es el orden en que se utilizan las máscaras?

## Solución

La primera máscara necesaria es  $\boxed{\text{Elige una opción}}$

A continuación se usa  $\boxed{\text{Elige una opción}}$

La siguiente máscara necesaria es  | Elige una opción |

La cuarta máscara de la serie es  | Elige una opción |

La penúltima deberá ser  | Elige una opción |

Y para acabar  | Elige una opción |

## Problema 7.1

Se hace una difusión de fósforo de 35 minutos de duración a 1000°C. Se trata de una difusión a concentración superficial constante, con $Cs=9 \times 10^{20}$ cm$^{-3}$. Calcular a qué profundidad el dopado neto resultante sobre una oblea dopada P con concentración de $10^{15}$ cm$^{-3}$ es cero.

### Solución

La profundidad a la que el dopado neto resultante es cero es

$$x = \boxed{\phantom{xxxxx}} \ \mu m$$

## Problema 7.2

En la misma difusión anterior, calcular el número total de impurezas que han entrado por cm$^2$ en el semiconductor.

### Solución

El número total de impurezas que han entrado en el semiconductor es

$$N_{total} = \boxed{\phantom{xxxxx}} \ cm^{-2}$$

## Problema 7.3

Se desea realizar en silicio un condensador de 0.01pF mediante un electrodo de polisilicio, un dieléctrico (óxido) encima y un contacto metálico superior. Calcular la dimensión de los contactos para un espesor de óxido de 0.25 micras.

### Solución

La superficie de los contactos del condensador para tener una capacidad de 0.01 pF debe ser

$$S = \boxed{\phantom{xxxxx}} \ \mu m^2$$

Capítulo 8
Fundamentos de celdas analógicas

# LECCIÓN 8

## Fundamentos de celdas analógicas

# Índice

NOTA: Este es un documento interactivo. Los diferentes elementos interactivos estarán marcados sobre el texto en color gris. Para un correcto funcionamiento de los vínculos presentes en el documento, es necesario que se haya seguido el procedimiento de instalación descrito en la guía de instalación de la asignatura.

## 8.1 Régimen estacionario y régimen dinámico pequeña señal

Los circuitos analógicos deben cumplir especificaciones de naturaleza distinta a las de los circuitos digitales. Para ilustrar estas diferencias, tomemos como ejemplo las características de un amplificador operacional, cuyas propiedades más importantes podrían ser:

- Ganancia
- Ancho de banda
- *Slew Rate*
- *Offset*
- CMRR
- Relación Señal/ruido

Estas propiedades son diferentes de las que caracterizan un circuito digital:

- Retardo
- Márgenes de ruido
- Consumo

Para empezar la lección es conveniente hacer un resumen de lo que se entiende por régimen permanente sinusoidal en pequeña señal, o régimen dinámico, para evitar confusiones. El siguiente ejercicio numérico destaca estos conceptos.

### Ejercicio 8.1

Imaginar el circuito de la figura 8.1, en el que se coloca un transistor MOS con una resistencia de carga de $0.5K\Omega$ en el drenador, alimentado a $V_{DD}=5V$ y con una señal de entrada que tiene una componente continua $V_i= 2V$ y una componente alterna $v_i(t)$:

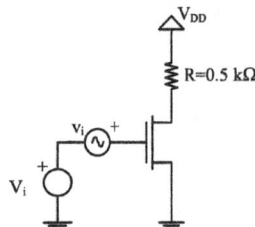

*Figura 8.1. Amplificador MOS con una carga resistiva*

Simular en SPICE el circuito y representar la evolución de la tensión de drenador para un transistor con una relación de aspecto de 100/2 si $v_i(t)$ tiene una amplitud de 100 mV.

### Solución

Un listado de SPICE que permite hacer la simulación de la respuesta del circuito en el dominio temporal se muestra a continuación

```
Amplificador MOS con carga resistiva

* Modelos de los dispositivos

.include model

* Descripcion del circuito *

M1 3 1 0 0 nfet w=100u l=2u
R1 3 4 0.5k

* Fuentes de polarizacion

vdd 4 0 dc 5
vin1 1 2 SIN (0 0.1 1khz)
vin2 2 0 dc 2

* Simulacion a realizar

.tran 0.1u 2m

* Lineas de control para ejecucion automatica *

.control
run
plot v(1) v(3)
.endc

.end
```

La señal alterna $v_i(t)$ corresponde en el listado a la fuente alterna vin1, que es una sinusoide de valor medio 0, de amplitud 0.1V y de frecuencia 1kHz. Esta señal se suma a una tensión continua procedente de la fuente de vin2 de 2V.

El resultado de la simulación SPICE se muestra en la siguiente gráfica:

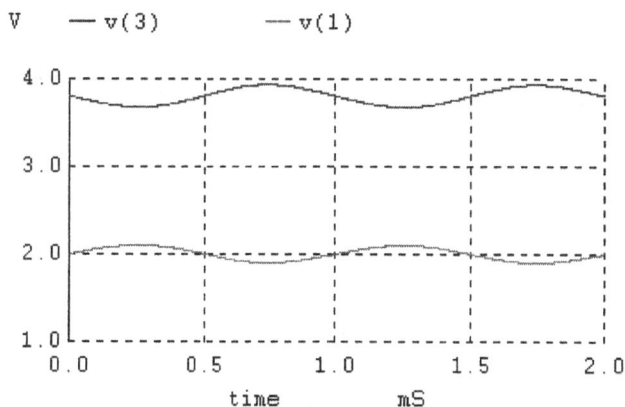

Pulsando sobre esta gráfica se accede al simulador. Desde el simulador, el comando EDIT permite modificar el fichero original.

*Figura 8.2. Respuesta del circuito en el dominio temporal*

Como se puede ver, la tensión en el drenador del transistor, v(3), se sitúa alrededor de un valor de continua que es aproximadamente 3.8 V. Esto permite introducir el importante concepto de punto de trabajo Q.

El punto de trabajo de un circuito es el valor de las variables eléctricas (tensiones y corrientes) cuando no hay señal sinusoidal de entrada, $v_i(t)=0$, y solamente tenemos una tensión continua de entrada $V_i$ (en este ejemplo es de 2V).

Como se puede deducir de lo dicho, en el circuito del ejemplo, si $v_i(t)=0$, la tensión de salida en drenador es de aproximadamente 3.8V. Teniendo en cuenta que la resistencia de drenador es de $0.5K\Omega$, se puede calcular la corriente de drenador en el punto de trabajo:

$$V_{DS} = V_{DD} - I_D R$$

y despejando $I_D$:

$$I_D = \frac{V_{DD} - V_{DS}}{R} = \boxed{\phantom{XXXX}} \; mA$$

Por lo tanto, el punto de trabajo del transistor es

$$V_{DS}\big|_Q = \boxed{\phantom{XXXX}} \; V$$

$$I_D\big|_Q = \boxed{\phantom{XXXX}} \; mA$$

$$V_{GS}\big|_Q = \boxed{\phantom{XXXX}} \; V$$

Si observamos ahora las variaciones de la señal de entrada y de salida respecto a los valores del punto de trabajo, en la figura 8.2 se puede ver que la entrada y la salida están en oposición de fase y que la excursión de la tensión de salida (diferencia entre el valor máximo y mínimo) es

$$A_{v(3)} = \boxed{\phantom{XXXX}} \; V$$

Si calculamos ahora la ganancia de tensión en pequeña señal como el cociente entre las amplitudes de las componentes variables de la salida y la entrada, resulta una ganancia de valor

$$A = \frac{\Delta V_0}{\Delta V_i} = -\boxed{\phantom{XXXX}}$$

La definición de la ganancia de tensión en pequeña señal viene de la relación entre tensiones $v_o(t)=A\cdot v_i(t)$. El signo negativo procede entonces del hecho de que cuando la tensión de entrada está en su valor máximo, la salida está en su valor mínimo, es decir, las señales están desfasadas 180°. Generalmente, cuando se habla de la ganancia de un amplificador siempre se refiere dicha ganancia esta definición.

En muchas ocasiones, el trabajo del diseñador de circuitos es el contrario del que se ha hecho en el ejercicio 8.1, y consiste en calcular el tamaño que debe tener un transistor para que la ganancia sea de un valor determinado.

Por lo tanto, en lugar de proceder a realizar tanteos y simulaciones hasta ajustarlo, es preferible recurrir a un sencillo cálculo manual. Para hacerlo, teniendo en cuenta que la magnitud que interesa ahora es una magnitud de pequeña señal, es indispensable deducir el modelo de pequeña señal del transistor.

## 8.2 Modelo de pequeña señal del transistor MOS

Desde el punto de vista del diseño de los circuitos, es conveniente disponer de un método directo de cálculo de las ganancias y demás magnitudes de pequeña señal para no tener que resolver todo el problema usando las ecuaciones del modelo de continua de los transistores (lección 1), añadiendo una fuente de señal $v_i(t)$ y luego calculando la amplitud de la salida.

Por eso se procede directamente a calcular un modelo de circuito equivalente en régimen sinusoidal permanente y pequeña señal del transistor. Para ello se parte de la ecuación que relaciona la corriente de drenador con las tensiones de puerta y drenador. Esta ecuación es válida cuando el transistor está polarizado en saturación, tanto para un régimen estacionario como para calcular valores instantáneos totales.

$$I_D = \frac{K}{2}(V_{GS} - V_{TN})^2(1 + \lambda V_{DS})$$

Ahora calculamos el diferencial de corriente de drenador, $dI_D$, que es la variación de la corriente producida por pequeñas variaciones de las tensiones de que depende. Como tenemos dos variables independientes, $V_{GS}$ y $V_{DS}$, el diferencial se calcula mediante las dos derivadas parciales que se indican a continuación:

$$dI_D = \frac{\partial I_D}{\partial V_{GS}}\bigg|_Q dV_{GS} + \frac{\partial I_D}{\partial V_{DS}}\bigg|_Q dV_{DS}$$

El subíndice Q indica que las derivadas parciales, una vez calculadas, se particularizan en los valores de las variables correspondientes al punto de trabajo.

Estas derivadas parciales permiten definir los dos parámetros de este modelo de pequeña señal: $g_m$, una transconductancia que relaciona la tensión en un nodo con la corriente en otro nodo distinto, y $r_{ds}$, una resistencia:

$$g_m = \frac{\partial I_D}{\partial V_{GS}}\bigg|_Q = K(V_{GSQ} - V_T)(1 + \lambda V_{DS}) = \sqrt{2I_{DQ}K}$$

$$\frac{1}{r_{ds}} = \frac{\partial I_D}{\partial V_{DS}}\bigg|_Q = \frac{K}{2}(V_{GSQ} - V_T)^2\lambda \approx I_{DQ}\lambda$$

Las variaciones temporales de pequeña señal se pueden identificar con las variaciones diferenciales:

$$dI_D = i_d$$
$$dV_{GS} = v_{gs}$$
$$dV_{DS} = v_{ds}$$

con lo que la relación entre corrientes y tensiones de pequeña señal queda finalmente:

$$i_d = g_m v_{gs} + \frac{v_{ds}}{r_{ds}}$$

Esta ecuación sólo es válida para los incrementos (o diferenciales) de las señales, tensiones y corrientes. Esta expresión puede representarse de forma circuital, y obtener así el llamado circuito equivalente en pequeña señal de un transistor MOS que se muestra en la figura 8.3:

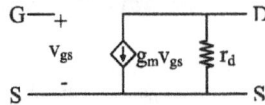

*Figura 8.3. Circuito equivalente en pequeña señal del transistor MOS*

## Ejercicio 8.2

Para el circuito de la figura 8.1, con un transistor de relación de aspecto 80/2 y la misma resistencia, calcular el punto de trabajo cuando $V_i$=2.5 V. Calcular también el valor de los parámetros del modelo de pequeña señal, $g_m$ y $r_{ds}$, en dicho punto de trabajo, con $\lambda$=8.25x10$^{-3}$V$^{-1}$.

### Solución

El punto de trabajo del transistor será

$$V_{GS}\big|_Q = \boxed{\phantom{XXXX}} \ V$$

$$I_D\big|_Q = \boxed{\phantom{XXXX}} \ mA$$

$$V_{DS}\big|_Q = \boxed{\phantom{XXXX}} \ V$$

Y sus parámetros de pequeña señal

$$g_m = \frac{\partial I_D}{\partial V_{GS}}\bigg|_Q = K(V_{GSQ} - V_T) = \sqrt{2 I_{DQ} K} = \boxed{\phantom{XXXX}} \ \Omega^{-1}$$

$$\frac{1}{r_{ds}} = \frac{\partial I_D}{\partial V_{DS}}\bigg|_Q = \frac{K}{2}(V_{GSQ} - V_T)^2 \lambda = I_{DQ}\lambda = \boxed{\phantom{XXXX}} \ \Omega^{-1}$$

$$r_{ds} = \boxed{\phantom{XXXX}} \ k\Omega$$

## 8.3 Circuito equivalente de pequeña señal del transistor

Una vez se dispone del modelo de circuito equivalente del transistor es necesario generar el circuito equivalente en pequeña señal de todo el circuito. Para ello hay que aplicar las siguientes reglas:

1) Sustituir el o los transistores por su circuito equivalente pequeña señal.
2) Sustituir las fuentes de tensión continua (dc) por un cortocircuito.
3) Sustituir las fuentes de corriente continua, si las hay, por un circuito abierto.

Cabe notar que el circuito equivalente en pequeña señal de un transistor PMOS es idéntico al de un transistor NMOS, puesto que el modelo descrito en la lección 1 muestra que las mismas ecuaciones rigen el comportamiento de ambos dispositivos y sólo se representan las variaciones respecto al punto de trabajo de las variables.

## Ejercicio 8.3

Dibujar el circuito equivalente en pequeña señal del circuito de la figura 8.1 y calcular su ganancia de tensión en pequeña señal con los datos del ejercicio 8.2.

## Solución

El circuito equivalente se genera cortocircuitando las dos fuentes de tensión continua que hay: $V_i$ y $V_{DD}$, y sustituyendo el MOS por su circuito equivalente en pequeña señal. El circuito resultante se muestra en la figura 8.4:

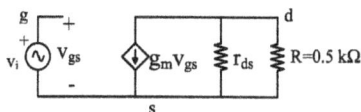

*Figura 8.4. Circuito equivalente en pequeña señal del circuito de la figura 8.1*

Como se ve en la figura 4, los nodos se han indicado con letras minúsculas porque se trata de las componentes variables (incrementos) de las tensiones. Para calcular la ganancia de tensión, debemos calcular la tensión entre los nodos drenador y surtidor, $v_o$, y dividir por la tensión entre los nodos puerta y surtidor, $v_i$:

$$A = \frac{v_{ds}}{v_{gs}} = \frac{-g_m v_{gs}(R // r_{ds})}{v_{gs}} = -g_m(R // r_{ds}) = -\boxed{\phantom{xxxx}}$$

## 8.4 Resistencia incremental de un transistor MOS con $V_{DG}=0$

En numerosos circuitos se utilizan transistores MOS en los que la puerta y el drenador están cortocircuitados. Estas configuraciones se usan para hacer cargas activas, que reemplazan a las resistencias discretas y ocupan menos área de silicio.

*Figura 8.5. Transistor MOS con drenador y puerta cortocircuitados*

El circuito equivalente en pequeña señal es el siguiente:

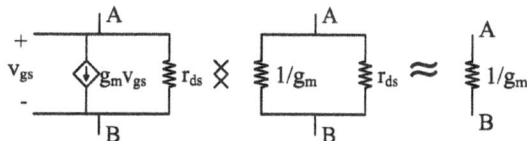

*Figura 8.6. Circuito equivalente en pequeña señal*

Como se ve en la figura 8.6, los terminales de drenador y puerta también se encuentran cortocircuitados en el circuito pequeña señal y, por lo tanto, $v_{ds}=v_{gs}$. Entre los nodos g y s circula una intensidad de corriente que es proporcional a la tensión $v_{gs}$; por tanto, en realidad lo que tenemos entre estos dos nodos es simplemente una resistencia cuyo valor es $1/g_m$.

Este resultado es muy importante en los circuitos analógicos, puesto que se construyen sustituyendo las resistencias de los circuitos discretos convencionales por resistencias activas realizadas mediante un transistor MOS con $V_{DG}=0$.

## 8.5 Modelo de pequeña señal del transistor bipolar

En los circuitos integrados se utilizan transistores bipolares para realizar numerosos circuitos lineales, como referencias de tensión, reguladores de tensión, amplificadores, etc. Desde el punto de vista de las prestaciones superiores en amplificación respecto a los circuitos con transistores MOS, hay algunas razones que lo justifican y que se basan en su circuito equivalente en pequeña señal.

La figura 8.7 representa el símbolo de un transistor bipolar NPN, con indicación de los signos considerados positivos para las corrientes:

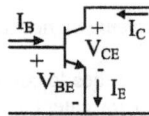

*Figura 8.7. Símbolo y signos en un transistor bipolar NPN*

El modelo en régimen estacionario de un transistor bipolar en la zona activa se basa en la relación que hay entre la corriente de colector del transistor y las tensiones base-emisor, $V_{BE}$, y colector-emisor, $V_{CE}$:

$$I_C = I_S (e^{V_{BE}/V_T} - 1)(1 + \frac{V_{CE}}{V_{AF}})$$

donde $I_s$ es la corriente inversa de saturación, $V_T$ es el potencial termico (26mV), que no hay que confundir con la tensión umbral de los transistores MOS, y $V_{AF}$ es la tensión de Early.

Tal como se ha hecho con el transistor MOS, para deducir el modelo en pequeña señal se puede escribir el diferencial $dI_c$ como

$$dI_C = \frac{\partial I_C}{\partial V_{BE}}\bigg|_Q dV_{BE} + \frac{\partial I_C}{\partial V_{CE}}\bigg|_Q dV_{CE}$$

$$\frac{\partial I_C}{\partial V_{BE}}\bigg|_Q = \frac{I_S}{V_T} e^{\frac{V_{BE}}{V_T}} (1 + \frac{V_{CE}}{V_{AF}})\bigg|_Q \approx \frac{I_{CQ}}{V_T} = g_m$$

$$\frac{\partial I_C}{\partial V_{CE}}\bigg|_Q = I_S (e^{\frac{V_{BE}}{V_T}} - 1)\frac{1}{V_{AF}} \approx \frac{I_{CQ}}{V_{AF}} = \frac{1}{r_o}$$

Usando la notación de valores incrementales de señal resulta

$$i_c = g_m v_{be} + \frac{v_{ce}}{r_o}$$

Como se puede ver, en este modelo también encontramos un parámetro denominado $g_m$ o transconductancia.

Los transistores bipolares tienen una corriente de base (que en los transistores MOS no existe) y eso afecta a su circuito equivalente. La corriente de base se relaciona con la tensión base-emisor mediante la siguiente ecuación:

$$I_B = \frac{I_S}{\beta_F}(e^{V_{BE}/V_T} - 1)$$

de la que podemos derivar la versión diferencial:

$$dI_B = \frac{\partial I_B}{\partial V_{BE}}\bigg|_Q \cdot dV_{BE} = \frac{I_S}{\beta_F V_T} e^{V_{BE}/V_T} dV_{BE} \approx \frac{I_{BQ}}{V_T} dV_{BE}$$

que permite escribir la ecuación con las señales incrementales orientada a encontrar un circuito equivalente:

$$i_b = \frac{v_{be}}{r_\pi} \quad \text{donde} \quad r_\pi = \frac{V_T}{I_{BQ}} = \frac{V_T}{I_{CQ}}\beta_F = \frac{\beta_F}{g_m}$$

Las dos ecuaciones que permiten obtener el circuito equivalente del modelo de pequeña señal del transistor bipolar son las que relacionan las corrientes de colector y de base con las tensiones $v_{be}$ y $v_{ce}$. El circuito resultante se muestra en la figura 8:

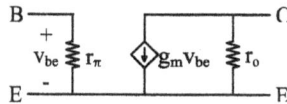

*Figura 8.8. Circuito equivalente en pequeña señal de un transistor bipolar*

El circuito equivalente de un transistor PNP es idéntico al de un transistor NPN.

## 8.6 Modelo SPICE de los transistores bipolares

En este curso, toda la primera parte se ha desarrollado usando exclusivamente transistores MOS, puesto que es la tecnología más utilizada actualmente en la electrónica digital. Por ese motivo el modelo SPICE del transistor MOS ya es de sobra conocido. Sin embargo, no hemos presentado el modelo SPICE del transistor bipolar.

Dejando de lado efectos de segundo orden, vamos a utilizar en lo que resta de curso un determinado modelo SPICE de los transistores bipolares que es el que se utiliza en el circuito equivalente SPICE del amplificador operacional 741. El modelo es el siguiente:

```
.model  NPN100  NPN  (is=9.76e-11, bf=91.6, vaf=200)
```

donde bf es la ganancia de corriente $\beta_F$ del transistor, is es la corriente inversa de saturación, que corresponde al producto de la densidad de corriente $J_s$ por el área de emisor del transistor (is=$J_s$x$A_E$), y vaf es la tensión de Early en directa.

En el listado, dentro de la descripción del circuito que se pretende simular, se identifica un transistor bipolar con la siguiente sentencia:

Qxx   nodocolector   nodobase   nodoemisor   nombremodelo

donde xx identifica el transistor particular con un nombre, nodocolector es el número asignado al nodo donde se conecta el colector, nodobase es el número asignado al nodo donde se conecta la base, nodoemisor es el número asignado al nodo donde se conecta el emisor y nombremodelo es el nombre del modelo correspondiente al transistor, indicado en la instrucción .model.

Por ejemplo:

```
.model  BJTN100   NPN   (is=9.76e-11, bf=91.6, vaf=200)
Q12   10   20   30   BJTN100
```

Estas dos instrucciones son las necesarias para simular en SPICE un transistor NPN con el modelo BJTN100, y conectado entre los nodos 10, 20 y 30 de un circuito.

## Ejercicio 8.4

El circuito de la figura 8.9 es equivalente al de la figura 8.1, pero en este caso el transistor usado es un transistor bipolar.

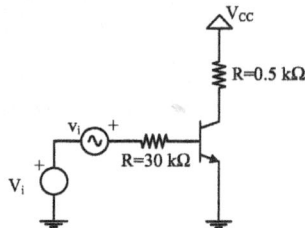

*Figura 8.9. Circuito con transistor bipolar*

a) Escribir el listado SPICE del circuito y simular su respuesta temporal para $V_i$=2V, $v_i$=100 mV, $V_{CC}$=5V.
b) Usando las definiciones y ecuaciones del modelo de pequeña señal, calcular la ganancia en tensión de este amplificador, dibujar el circuito equivalente en pequeña señal del circuito y calcular su ganancia en tensión.

## Solución

a) El listado de SPICE necesario para hacer la simulación de la respuesta temporal del circuito podría ser el siguiente:

```
Amplificador con transistor BJT

* Modelos de los dispositivos

.model bjtn100 npn (is=9.76e-11 bf=91.6 vaf=200)

* Descripcion del circuito

q1 4 3 0 bjtn100
r1 2 3 30k
r2 4 5 0.5k
```

```
* Fuentes de polarizacion

vdd 5 0 dc 5
vin1 2 1 0 sin (0 0.1 1khz)
vin2 1 0 dc 2

* Simulacion a realizar

.tran 0.1u 2m

* Lineas de control para la ejecucion automatica

.control
run
plot v(1) v(2) v(3) v(4)
.endc

.end
```

La figura 8.10 muestra la evolución temporal de las señales obtenida al realizar la simulación del circuito:

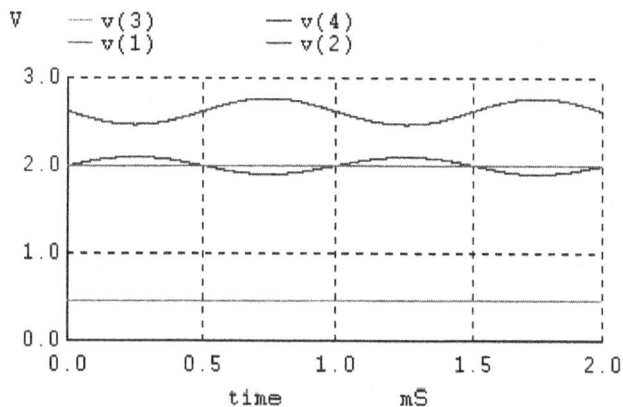

Pulsando esta gráfica se accede al simulador.
*Figura 8.10. Resultado de las simulaciones*

La tensión v(4) de la gráfica es la señal de salida en el colector del transistor. Esta señal tiene un nivel de continua de 2.62V y una amplitud de 150mV, para una señal de entrada v(2) de 2V de continua y una amplitud de 100mV. La señal v(3) representa los valores que toma la tensión $V_{BE}$ en el tiempo. Esta tensión es aproximadamente constante y de valor 0.46V.

Según estos valores, la ganancia de tensión es

$$A = \frac{\Delta V_0}{\Delta V_i} = - \boxed{\phantom{xxxx}}$$

El signo menos se debe, otra vez, al cambio de fase de 180° entre entrada v(2) y salida v(4).

b) En primer lugar se deben calcular los valores de tensiones y corrientes del circuito en régimen estacionario (punto de trabajo). Para ello hay que resolver las siguientes ecuaciones:

$$I_C = I_S \left(e^{V_{BE}/V_T} - 1\right)\left(1 + \frac{V_{CE}}{V_{AF}}\right) \qquad I_C = \beta_F I_B$$

$$V_{CC} = I_C R_2 + V_{CE} \qquad V_i = I_B R_1 + V_{BE}$$

Este sistema de cuatro ecuaciones con cuatro incógnitas se puede resolver por aproximaciones sucesivas debido al término exponencial. Una forma alternativa de resolver analíticamente el problema es hacer una hipótesis razonable sobre el valor de $V_{BE}$ en el punto de trabajo. Con objeto de adoptar una hipótesis que pueda generalizarse a lo largo de todos los restantes capítulos, se elige

$$V_{BE} = 0.5V$$

Como se puede comprobar, este valor no está alejado del resultado de la simulación. A partir de esta hipótesis podemos calcular la corriente de base en estado estacionario, es decir, con $v_i(t)=0$.

$$I_B = \frac{V_i - V_{BE}}{R_1} = \boxed{\phantom{XXXXX}}\ \mu A$$

La corriente de colector es

$$I_C = \beta_F I_B = \boxed{\phantom{XXXXX}}\ mA$$

El valor de $V_{CE}$ se calcula a partir del circuito de colector:

$$V_{CE} = V_{CC} - I_C R_2 = \boxed{\phantom{XXXXX}}\ V$$

Con estos valores se pueden calcular los de los parámetros de pequeña señal:

$$g_m = \frac{I_{CQ}}{V_T} = \boxed{\phantom{XXXXX}}\ \Omega^{-1}$$

$$r_0 = \frac{V_{AF}}{I_C} = \boxed{\phantom{XXXXX}}\ k\Omega$$

$$r_\pi = \frac{\beta_F}{g_m} = \boxed{\phantom{XXXXX}}\ \Omega$$

A continuación se muestra el modelo equivalente en pequeña señal del circuito:

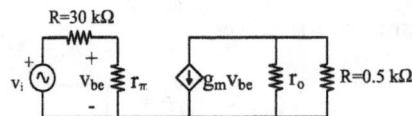

*Figura 8.11. Circuito equivalente en pequeña señal*

La ganancia en tensión se puede calcular analizando el modelo equivalente en pequeña señal de la figura 8.11.

La ganancia en tensión es

$$A = \frac{v_{ce}}{v_i} = -\frac{g_m v_{be}(R_2 \, // \, r_0)}{v_{be} \dfrac{R_1 + r_\pi}{r_\pi}} = - \boxed{\phantom{xxxxxx}}$$

Como se ve, este resultado es muy próximo al que se obtenía con la simulación.

## 8.7 Resistencia incremental del transistor bipolar con $V_{CB}=0$

Anteriormente hemos visto que si en los transistores MOS cortocircuitamos los terminales de drenador y puerta se obtiene una carga activa. En el caso del transistor bipolar sucede lo mismo al cortocircuitar los terminales de colector y de base.

En esta situación el transistor puede sustituirse por una resistencia en el modelo de pequeña señal de valor:

$$r_0 // \frac{1}{g_m} // r_\pi$$

Generalmente, el resultado de esta combinación paralelo es aproximadamente igual a $1/g_m$.

## 8.8 Problemas

### Problema 8.1

Escribir en SPICE el listado necesario para representar las curvas características de colector de un transistor bipolar, es decir, la corriente de colector en función de la tensión colector-emisor, para distintos valores de corriente de base. Representar dichas curvas para el transistor descrito por el modelo propuesto en apartados anteriores, con $V_{CE}$ entre 0 y 5 V y corrientes de base $I_B$= 0.01mA, 0.02mA, 0.03mA, 0.04mA y 0.05mA.

### Solución

Para obtener las curvas características de colector del transistor bipolar debemos hacer un barrido en continua de una fuente de tensión conectada entre colector y emisor (vce), y que este barrido se realice para 5 valores de una fuente de tensión (vb) conectada a la base mediante una resistencia (rb), de forma que se proporcionen las corrientes $I_B$ indicadas en el enunciado.

La figura 8.12 muestra la gráfica que se debería obtener al realizar la simulación SPICE:

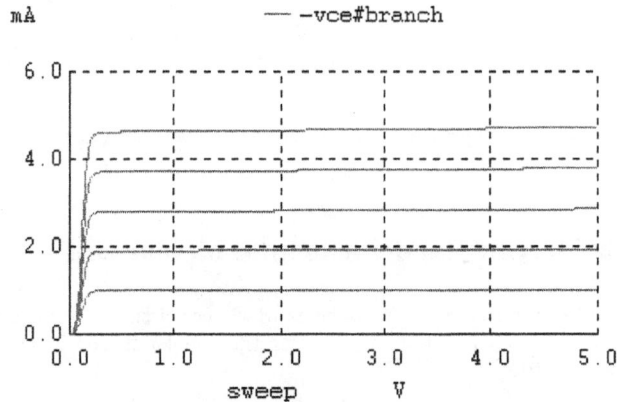

*Figura 8.12. Curvas características de un transistor bipolar*

## Problema 8.2

Para una cierta polarización, por un transistor NMOS en saturacion circula una corriente de drenador de 10 $\mu$A. Calcular el valor de $g_m$ sabiendo que $k_N'=70$ $\mu$A/V$^2$ y que su relación de aspecto es W/L=10/2.

a) Si doblamos la relación de aspecto del transistor, manteniendo la polarización ($V_{GS}$), ¿cuánto vale $g_m$?

b) Para que $g_m$ se incremente en un factor 100, manteniendo constante $V_{GS}$, ¿en qué factor habrá que incrementar W/L?

c) Al cambiar la relación de aspecto de un transistor, para mantener la corriente de drenador hay que cambiar tambien su polarización $V_{GS}$. Repetir las cuestiones a) y b) en el caso de mantener fija $I_D$.

## Solución

Para (W/L)=10/2 el valor de la transconductancia es

$$g_m(10/2) = \boxed{\phantom{xxxxxx}}\ \Omega^{-1}$$

a) Parala nueva relación de aspecto, el valor de la transconductancia es

$$g_m(20/2) = \boxed{\phantom{xxxxxx}}\ \Omega^{-1}$$

b) Para que $g_m$ se incremente en un factor 100, se deberá incrementar W/L en un factor k:

$$k = \boxed{\phantom{xxxxxx}}$$

c) En el caso de $V_{GS}$ constante tendremos

$$g_m(20\,/\,2) = \boxed{\phantom{xxxxx}} \; \Omega^{-1} \qquad\qquad k = \boxed{\phantom{xxxxx}}$$

## Problema 8.3

Para una cierta polarización, por un transistor bipolar en zona activa directa, circula una corriente de colector de 10 μA. Calcular la tensión base-emisor necesaria para que circule dicha corriente de colector sabiendo que $I_S=9'76\cdot10^{-11}$ A. Calcular también el valor de $g_m$.

a) La corriente $I_S$ del transistor depende directamente del área de emisor ($I_S=J_S\cdot A_E$). Si doblamos el área de emisor manteniendo constante $I_C$, calcular la tensión $V_{BE}$ necesaria para mantener la corriente de colector. ¿Cuánto vale ahora $g_m$?

b) Para que $g_m$ se incremente en un factor 10, manteniendo fija la corriente de colector, ¿en qué factor habrá que incrementar el área de emisor?

c) Repetir las cuestiones a) y b) en el caso de mantener fija $V_{BE}$ en vez de $I_C$.

## Solución

La tensión base-emisor necesaria es

$$V_{BE} = \boxed{\phantom{xxxxxx}} \; V$$

Con dicha polarización, el valor de la transconductancia es

$$g_m(A_E) = \boxed{\phantom{xxxxx}} \; \Omega^{-1}$$

a) Para un área de emisor doble, la tensión $V_{BE}$ para conseguir la $I_C$ de 10mA y el nuevo valor de la transconductancia son

$$V_{BE} = \boxed{\phantom{xxxxx}} \; V \qquad\qquad g_m(2A_E) = \boxed{\phantom{xxxxx}} \; \Omega^{-1}$$

b) Como la transconductancia depende directamente de la corriente de colector y el potencial térmico, que es constante, no se puede incrementar cambiando $I_S$ y manteniendo $I_C$ al mismo tiempo.

c) En el caso de $V_{BE}$ constante tendremos

$$g_m(2A_E) = \boxed{\phantom{xxxxx}} \; \Omega^{-1} \qquad\qquad k = \boxed{\phantom{xxxxx}}$$

## Problema 8.4

Representar las curvas características de colector de un transistor bipolar para los mismos valores de $I_B$ que en el problema 8.1, pero para tres valores distintos de $V_{AF}$: 10, 50 y 100V.

Calcular el valor de la resistencia $r_o$ del circuito equivalente considerando que la corriente de colector es siempre de 50µA.

## Solución

La simulación que se debe realizar en SPICE es análoga a la del problema 8.1 per cambiando el valor de la tensión $V_{AF}$ del modelo del transistor.

La figura 8.13 muestra la gráfica que se debería obtener al realizar la simulación SPICE con $V_{AF}$ = 10V.

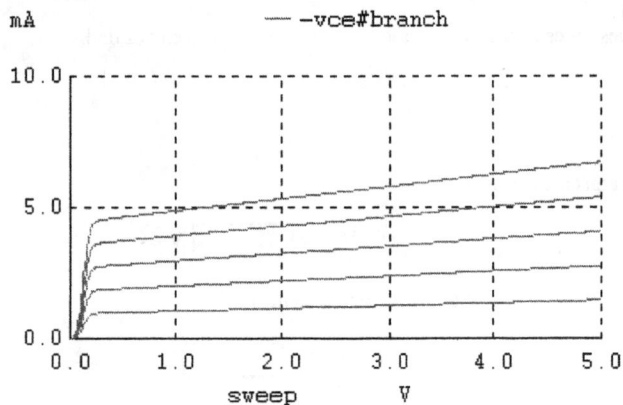

*Figura 8.13. Curvas características del transistor bipolar para $V_{AF}$=10V*

La figura 8.14 muestra la gráfica que se debería obtener al realizar la simulación SPICE con $V_{AF}$ = 50V.

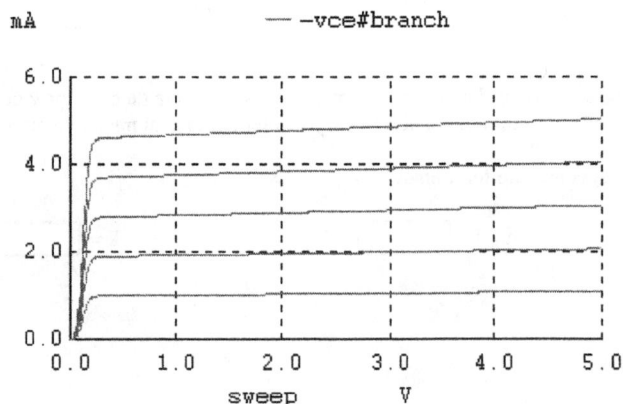

*Figura 8.14. Curvas características del transistor bipolar para $V_{AF}$=50V*

La figura 8.15 muestra la gráfica que se debería obtener al realizar la simulación SPICE con $V_{AF} = 100V$:

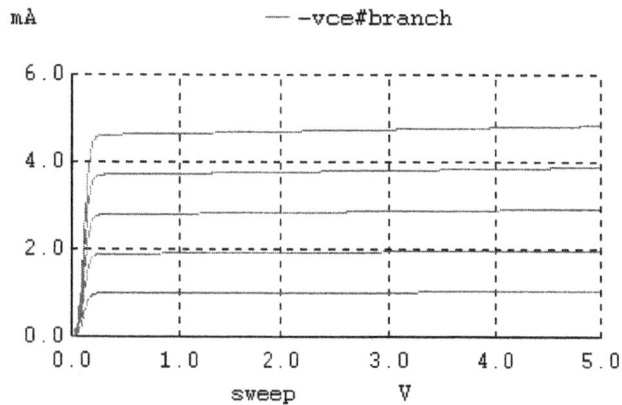

*Figura 8.15. Curvas características del transistor bipolar para $V_{AF}=100V$*

Como se puede ver, el valor de la tensión $V_{AF}$ influye en la pendiente de las curvas de la corriente de colector. Cuanto más alta es esta tensión, menor es la pendiente de las curvas.

El valor de la resistencia $r_0$ del modelo equivalente de pequeña señal para los diferentes valores de $V_{AF}$ es

$$\text{Para } V_{AF} = 10\,V \quad \Rightarrow r_0 = \boxed{\phantom{XXXX}}\ k\Omega$$

$$\text{Para } V_{AF} = 50\,V \quad \Rightarrow r_0 = \boxed{\phantom{XXXX}}\ k\Omega$$

$$\text{Para } V_{AF} = 100\,V \quad \Rightarrow r_0 = \boxed{\phantom{XXXX}}\ k\Omega$$

# Capítulo 9
## Conceptos básicos de celdas amplificadoras

# LECCIÓN 9

## Conceptos básicos de celdas amplificadoras

## Índice

NOTA: Este es un documento interactivo. Los diferentes elementos interactivos estarán marcados sobre el texto en color gris. Para un correcto funcionamiento de los vínculos presentes en el documento, es necesario que se haya seguido el procedimiento de instalación descrito en la guía de instalación de la asignatura.

## 9.1 Introducción

Esta lección describe los principales conceptos relacionados con el diseño de celdas analógicas amplificadoras, introducidas en la lección anterior, para lo cual se introduce en primer lugar el comportamiento frecuencial y se describen los conceptos de ancho de banda y producto ganancia por ancho de banda (*Gain-Bandwidth product*). Se describen a continuación las principales formas de implementar amplificadores de una sola etapa con cargas activas, introduciendo las arquitecturas cascodo.

## 9.2 Respuesta en frecuencia de amplificadores

En la lección anterior se han descrito los conceptos de punto de trabajo y de régimen de funcionamiento de pequeña señal, derivando unos modelos de circuito equivalente válidos para relacionar las magnitudes de pequeña señal, con el ejemplo concreto de la ganancia de tensión. Más generalmente, los amplificadores pueden ser de 4 tipos:

- Amplificador de tensión (tensión-tensión)
- Amplificador de corriente (corriente-corriente)
- Amplificador de transconductancia (tensión-corriente)
- Amplificador de transimpedancia (corriente-tensión)

Éstas son las cuatro combinaciones posibles considerando que tanto las señales de entrada como de salida pueden ser tensiones o corrientes, según se indica entre paréntesis. Estos amplificadores se caracterizan por su ganancia, que podrá ser un parámetro adimensional en los dos primeros casos o una magnitud con unidades de $\Omega^{-1}$ o de $\Omega$, respectivamente, en los dos últimos casos. Otra característica importante de los amplificadores son las impedancias de entrada y de salida en pequeña señal y régimen permanente sinusoidal. Todas estas características son magnitudes que se definen para las variaciones de las corrientes y tensiones respecto al punto de trabajo, según se describe en la lección 8.

En la lección 4, en los apartados 4.4 y 4.5, se describen los términos capacitivos del circuito equivalente de un transistor MOS. Como primera aproximación, en la lección 8 no se habían tomado en cuenta esos términos capacitivos a la hora de establecer el circuito equivalente de pequeña señal. Eso significa que el cálculo de la ganancia de tensión tiene un resultado constante e independiente de la frecuencia. Esto es imposible tal como parece intuitivamente. La razón es que los componentes capacitivos del circuito equivalente de los transistores tienen mucha importancia a medida que la frecuencia aumenta puesto que la impedancia de un condensador es inversamente proporcional a la frecuencia, de forma que para una frecuencia suficientemente alta se comportan como cortocircuitos.

La conclusión a la que se llega es que la ganancia de un amplificador en el caso general es función de la frecuencia y que, por lo tanto, se puede usar una representación canónica de esa función de transferencia como cociente de dos polinomios cuyas raíces son los ceros y los polos de la ganancia. En general se puede escribir

$$a(s) = \frac{a_0 \left(1 + \dfrac{s}{z_1}\right)\left(1 + \dfrac{s}{z_2}\right)\cdots\left(1 + \dfrac{s}{z_n}\right)}{\left(1 + \dfrac{s}{p_1}\right)\left(1 + \dfrac{s}{p_2}\right)\cdots\left(1 + \dfrac{s}{p_m}\right)}$$

donde $a_0$ es una constante con las unidades apropiadas al tipo de amplificador, $z_i$ son los ceros de la función y $p_j$ son los polos. Los valores de los polos y de los ceros están relacionados con constantes de tiempo del circuito.

## Ejercicio 9.1

Considerar un amplificador cuya respuesta frecuencial viene dada por la siguiente función de transferencia:

$$a(s) = \frac{-a_0}{1 + \dfrac{s}{\omega_p}}$$

donde $\omega_p = 2\pi \times 10^4$ rad/s, y $a_0 = 100$.

Calcular el valor del módulo y de la fase de la ganancia a una frecuencia de 1000 Hz.

## Solución

En régimen permanente sinusoidal $s = j\omega$, con lo que podemos escribir

$$a(j\omega) = \frac{-a_0}{1 + \dfrac{j\omega}{\omega_p}}$$

De donde encontramos el módulo de la ganancia:

$$|a(j\omega)| = \frac{a_0}{\sqrt{1 + \left(\dfrac{\omega}{\omega_p}\right)^2}} = \boxed{\phantom{xxxxxx}}$$

La fase de la ganancia a la frecuencia en cuestión será

$$\angle(a(j\omega)) = \angle(-a_0) - \angle\left(1 + \frac{j\omega}{\omega_p}\right) = \pi - \mathrm{tg}^{-1}(\frac{\omega}{\omega_p}) = \boxed{\phantom{xxxxxx}} \text{ rad}$$

## 9.3 Anchura de banda

Además de por su ganancia, un amplificador se caracteriza por su anchura de banda. Este parámetro se relaciona con el rango de frecuencias en que la ganancia es independiente de la frecuencia. Más concretamente, la anchura de banda se define como la diferencia entre la frecuencia de corte superior e inferior, y a su vez las frecuencias de corte se definen como aquellas en las cuales el módulo de la ganancia decae hasta el valor

$$|a(j\omega)| = \frac{a_0}{\sqrt{2}}$$

Es decir, la ganancia en el rango de frecuencias llamadas medias $a_0$, dividido por la raíz de 2. Expresada en decibelios esta definición corresponde a

$$|a(j\omega)|_{dB} = 20 \cdot \log(a_0) - 20 \cdot \log(\sqrt{2}) = a_0|_{dB} - 3 \text{ dB}$$

Se observa que definimos las frecuencias de corte como aquellas en la que la ganancia es 3 decibelios inferior a su valor en frecuencias medias.

Típicamente, los amplificadores de circuitos integrados sólo tienen frecuencia superior de corte, con el rango de frecuencias medias extendiéndose hasta frecuencia cero (continua). En ese caso el modelo de amplificador del ejercicio 9.1 es un modelo aceptable y bastante utilizado por su sencillez. Partiendo de dicha función de transferencia como modelo de amplificador, podemos buscar su frecuencia de corte $f_H$:

$$\left| a(j\omega_H) \right| = \frac{a_0}{\sqrt{1 + \left( \dfrac{\omega_H}{\omega_p} \right)^2}} = \frac{a_0}{\sqrt{2}}$$

donde $\omega_H$ es la frecuencia angular superior de corte, $\omega_H = 2\pi f_H$. Despejando de la ecuación, obtenemos

$$\omega_H = \omega_p$$

es decir, que la frecuencia superior de corte coincide con el valor del polo de la función de la ganancia del amplificador.

Si el amplificador no puede representarse por el modelo de la ecuación de un solo polo, sino que tiene un modelo más complicado, con mayor número de polos y ceros, la relación entre la frecuencia superior (o inferior) de corte con los polos o ceros es más difícil de obtener analíticamente.

## 9.4 El producto ganancia-anchura de banda

En muchos circuitos amplificadores el producto ganancia por ancho de banda es una constante. En el caso del modelo de un solo polo del amplificador, este producto es

$$G \cdot BW = a_0 \omega_p$$

En amplificadores más complejos, este producto se conserva al realimentar el amplificador, de manera que si la realimentación aumenta la anchura de banda, la ganancia en frecuencias medias tiene que disminuir, y viceversa. Debido a ese comportamiento, el G·BW es un parámetro de diseño de las celdas amplificadoras.

### Ejercicio 9.2

El circuito de la figura 9.1 es el mismo circuito propuesto en el ejercicio 8.1 de la lección 8. Simular la respuesta en frecuencia del amplificador entre 0.01Hz y 20GHz. Encontrar su frecuencia de corte superior.

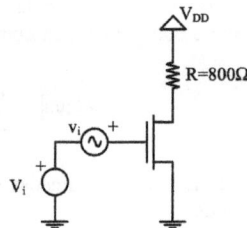

*Figura 9.1. Circuito para el ejercicio 9.2*

## Solución

Para hacer esta simulación hay que cambiar el tipo de análisis que se le pide a SPICE, que debe ser de tipo .ac:

> `.ac lin np fini ffin` o bien `.ac dec np fini ffin`

donde np es el número de puntos de la simulación en el rango de frecuencias, fini es la frecuencia inicial, ffin es la frecuencia final, lin significa que el barrido de frecuencia es lineal (y en este caso np es el numero total de frecuencias en las que se va a hacer la simulación) y dec significa que la frecuencia va a ser barrida logarítmicamente (en ese caso np es el número de puntos del análisis por cada década).

Además, es necesario introducir una fuente de alterna para que el simulador haga el barrido de frecuencias:

> `Vxx na nb ac amp`

donde na y nb son los nodos de conexión de la fuente y amp es la amplitud en voltios. Así pues, el listado de SPICE que permite hacer la simulación es el siguiente:

```
Amplificador MOS con carga resistiva

* Modelos de los dispositivos


.include model

* Descripcion del circuito


M1 3 1 0 0 nfet w=100u l=2u
R1 3 4 800

* Fuentes de polarizacion

vdd 4 0 dc 5
vin1 1 2 ac 1m
vin2 2 0 dc 2

* Simulacion a realizar

.ac dec 10 0.1 50g


* Lineas de control para ejecucion automatica

.control
run
plot v(3)/v(1)
.endc

.end
```

El resultado de la simulación es el siguiente:

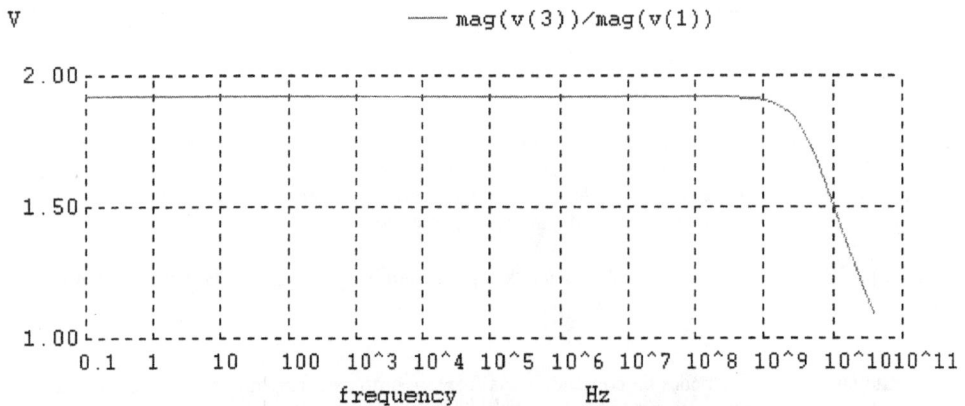

Pulsando sobre esta gráfica se accede al simulador. Desde el simulador, el comando EDIT permite modificar el fichero original.

*Figura 9.2. Respuesta del circuito en el dominio frecuencial*

La frecuencia superior de corte observada es de

$$f_H = \boxed{\phantom{xxxxx}} \; GHz$$

Del ejercicio anterior se derivan varias consecuencias:

- La ganancia de tensión se mantiene aproximadamente constante hasta frecuencias muy altas.
- El valor resultante de la frecuencia superior de corte es muy elevado y poco realista, debido a que el modelo del transistor MOS utilizado no tiene en cuenta las capacidades parásitas que hay en un circuito integrado. Las herramientas de diseño de C.I. tienen extractores de parámetros eléctricos donde estas capacidades parásitas sí son contempladas.
- En general, la pendiente de la ganancia en función de la frecuencia no se corresponde al modelo simplificado de un solo polo.

## 9.5 Amplificadores con polo dominante

Las herramientas informáticas de simulación como el SPICE que se usa en este curso, permiten resolver numéricamente los circuitos y del resultado deducir los parámetros tales como la ganancia o la anchura de banda. En muchas ocasiones al diseñar amplificadores es conveniente disponer de ecuaciones sencillas que permitan relacionar las prestaciones del circuito con los tamaños de los transistores. Para ello, se puede utilizar el modelo de pequeña señal para los transistores, tomando en cuenta las capacidades.

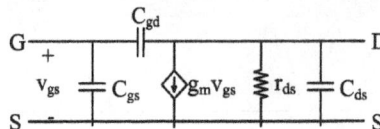

*Figura 9.3. Circuito equivalente de un transistor MOS incluyendo capacidades*

En el análisis de los circuitos equivalentes resultantes, es muy útil el método llamado de las constantes de tiempo, que se puede aplicar cuando uno de los polos de la función de transferencia de la ganancia del amplificador es mucho mas pequeño que los demás puntos singulares (polos y ceros). A ese polo se le llama polo dominante de la respuesta en alta frecuencia. Se puede demostrar que en el caso de que exista un polo dominante, su valor se relaciona de la siguiente forma con las constantes de tiempo del circuito:

$$p_d = \frac{1}{\sum_i \tau_i}$$

donde $\tau_i$ son las constantes de tiempo del circuito, que se calculan multiplicando cada condensador del circuito equivalente por la resistencia efectiva vista entre los dos terminales de ese condensador, cuando todos los demás se dejan de circuito abierto.

Si el circuito tiene un polo dominante, entonces el modelo del apartado 3 de esta lección puede ser utilizado:

$$a(s) = \frac{-a_0}{1 + \dfrac{s}{p_d}}$$

En consecuencia, la frecuencia angular superior de corte para estos amplificadores es $p_d$.

Por otro lado, si las constantes de tiempo son de valor elevado, el polo dominante del circuito será bajo y, por tanto, la anchura de banda será pequeña. Es importante entonces tener presente qué constantes de tiempo compuestas por condensadores de valor elevado, resistencia equivalente elevada, o ambas, limitan la anchura de banda del circuito.

El modelo de polo dominante es también útil cuando se desea compensar la respuesta frecuencial de un amplificador para que sea estable en la realimentación. Aunque no es objeto de este curso discutir la estabilidad de los amplificadores realimentados, baste decir que modificar la respuesta frecuencial añadiendo deliberadamente un polo dominante estabiliza la respuesta del amplificador. El polo dominante se puede obtener añadiendo una capacidad C al circuito suficientemente grande como para que su constante de tiempo asociada sea mayor que cualquier otra:

$$p_d = \frac{1}{\sum_i \tau_i} \approx \frac{1}{R_{eq}C}$$

El polo que de ella se deriva, $p_d$, será un polo dominante en la respuesta frecuencial y permitirá usar el modelo de un solo polo, si la frecuencia asociada a dicho polo es suficientemente menor que la de cualquier otro polo del circuito antes de añadir C. En la figura 9.4 se representa una respuesta frecuencial de polo dominante:

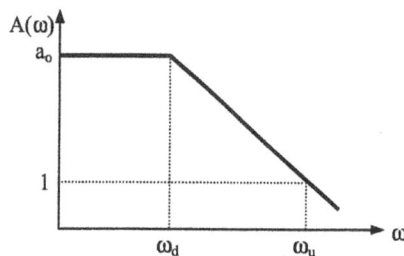

*Figura 9.4. Respuesta frecuencial*

De la figura se deduce que el nuevo polo será dominante cuando los antiguos estén por encima de $\omega_u$, la frecuencia de ganancia unidad:

$$1 = \frac{a_o}{\sqrt{1 + \dfrac{\omega_u^2}{\omega_d^2}}} \quad \Rightarrow \quad \omega_d \approx \frac{\omega_u}{a_o}$$

## Ejercicio 9.3

El circuito de la figura es un amplificador de tensión CMOS en el cual el transistor M1 es el transistor activo y M2 actúa como carga activa:

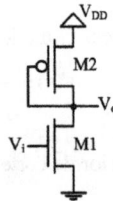

*Figura 9.5. Circuito amplificador*

Como se ve esta estructura de amplificador sustituye la resistencia de carga del circuito de la figura 1 por el transistor M2, que es un PMOS y tiene el drenador cortocircuitado con la puerta.

a) Calcular la corriente y la tensión de salida en el punto de trabajo cuando la entrada tiene un valor de continua $V_i = 2V$. Calcular $g_m$ y $r_{ds}$ de cada transistor en dicho punto de trabajo.
Datos: $K_N$=2 mA/$V^2$, $K_P$=0.6 mA/$V^2$, $V_{TN}$=0.7 V, $V_{TP}$=-1.1 V, $\lambda$=8.25x10$^{-3}$V$^{-1}$, $V_{DD}$ = 5V.

b) Dibujar el circuito equivalente enpequeña señal. Calcular la ganancia en continua y las constantes de tiempo de circuito abierto correspondientes a los tres condensadores así como la frecuencia asociada al polo dominante.
Datos $C_{gsN}$=2·$C_{gsP}$=260 fF, $C_{gdN}$=2·$C_{gdP}$=30 fF, $C_{dsN}$ = 2·$C_{dsP}$ = 240 fF.

## Solución

a) La corriente vendrá dada por el NMOS:

$$I_Q = I_{D1} = \frac{K_N}{2}\left(V_i - V_{TN}\right)^2 = \boxed{\phantom{xxxx}} \text{ mA}$$

La tensión de salida en el punto de trabajo se obtiene a partir de $V_{SG}$ del PMOS:

$$V_o = V_{DD} - V_{SG} = V_{DD} - \left(|V_{TP}| + \sqrt{\frac{2I_Q}{K_P}}\right) = \boxed{\phantom{xxxx}} \text{ V}$$

Las transconductancias y resistencias drenador-surtidor de pequeña señal se encuentran a partir de las expresiones propuestas en el capítulo 8:

$$g_{m1} = \sqrt{2I_Q K_N} = \boxed{\phantom{xxx}} \text{ m}\Omega^{-1} \qquad g_{m2} = \sqrt{2I_Q K_p} = \boxed{\phantom{xxx}} \text{ m}\Omega^{-1}$$

$$r_{ds1} = r_{ds2} = \frac{1}{\lambda I_Q} = \boxed{\phantom{xxxxxx}} \; k\Omega$$

b) El circuito equivalente en pequeña señal es el siguiente:

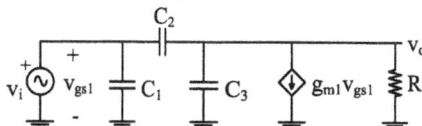

*Figura 9.6. Circuito equivalente de pequeña señal del ejercicio 9.2*

donde la resistencia corresponde a

$$R = r_{ds1} \parallel r_{ds2} \parallel (1/g_{m2}) = \boxed{\phantom{xxxxx}} \; \Omega$$

y las capacidades a

$$C_1 = C_{gs1} = \boxed{\phantom{xxxx}} \; pF$$

$$C_2 = C_{gd1} = \boxed{\phantom{xxxx}} \; pF$$

$$C_3 = C_{ds1} + C_{ds2} + C_{gs2} = \boxed{\phantom{xxxx}} \; pF$$

Del análisis en continua encontramos la ganancia como

$$a_0 = \frac{v_o}{v_i} = \frac{-g_{m1} v_i R}{v_i} = - \boxed{\phantom{xxxxx}}$$

Para calcular las resistencias equivalentes que hay entre los terminales de cada capacidad se procede de la siguiente forma:

- Se dejan en circuito abierto todas las capacidades.
- Se cortocircuitan las fuentes de tensión y se abren las fuentes de corriente independientes, pero no las fuentes dependientes.
- Se conecta, entre los terminales del condensador cuya resistencia equivalente queremos encontrar, una fuente de intensidad de test $I_x$ y se mide la tensión que se desarrolla entre los terminales $V_x$.

Aplicando este procedimiento al circuito de la figura 9.6 encontramos la resistencia asociada a cada una de las capacidades.

Para la capacidad $C_1$, cortocircuitamos la fuente de señal $v_i$ (por ser una fuente de tensión independiente). Ello implica que la resistencia que se ve entre los terminales de $C_1$ es cero:

$$R_{eq1} = 0$$

El circuito que hay que resolver para encontrar la resistencia asociada a la capacidad $C_2$ es el de la figura 9.7:

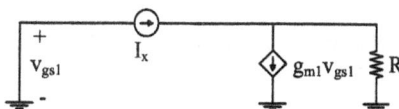

*Figura 9.7. Circuito equivalente modificado para el cálculo de $R_{eq2}$*

Como se ve en la figura 9.7, $v_{gs1}=0$. Por lo que el generador de corriente dependiente se anula y es inmediato deducir que

$$R_{eq2}=R$$

El circuito que hay que resolver para encontrar la resistencia asociada a la capacidad $C_3$ es el de la figura 9.8:

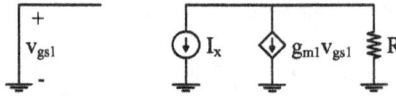

*Figura 9.8. Circuito equivalente modificado para el cálculo de $R_{eq3}$*

Tal como para $C_2$, el generador de corriente dependiente se anula, con lo que

$$R_{eq3}=R$$

Finalmente, la frecuencia asociada al polo dominante se calcula como

$$f_d = \frac{\omega_d}{2\pi} = \frac{1}{2\pi}\frac{1}{\sum_i \tau_i} = \frac{1}{2\pi}\frac{1}{RC_2 + RC_3} = \boxed{\phantom{XXXX}} \ GHz$$

## 9.6 Amplificadores cascodo

En los circuitos amplificadores la limitación principal del ancho de banda está en el efecto Miller, es decir, en la realimentación capacitiva drenador-puerta de los transistores MOS o colector-base de los bipolares. Este efecto no se aprecia bien en el ejercicio anterior porque el transistor de carga tiene la capacidad drenador-puerta cortocircuitada y además la resistencia de la fuente de tensión se ha considerado cero.

El efecto Miller presenta un efecto multiplicador de la resistencia efectiva entre los terminales de fuente y puerta. Si en el ejemplo anterior se considerara la resistencia interna de la fuente $R_i$ distinta de cero el circuito equivalente quedaría como se indica en la figura 9.9:

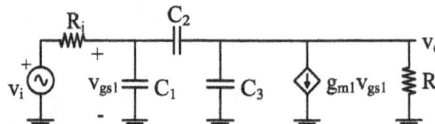

*Figura 9.9. Circuito equivalente incluyendo la resistencia de la fuente*

Siguiendo el procedimiento descrito en el ejercicio 9.3 anterior, las expresiones que dan los valores de las resistencias equivalentes de los tres condensadores son las siguientes:

$$R_{eq1} = R_i$$
$$R_{eq2} = R + R_i(1 + g_m R)$$
$$R_{eq3} = R$$

donde se ve el efecto multiplicador que afecta al condensador $C_2$, que es el que procede de la realimentación drenador-fuente del transistor NMOS.

Para mejorar este comportamiento frecuencial, se han desarrollado otras estructuras amplificadoras, entre las cuales se encuentra el amplificador cascodo que se compone de dos transistores en serie, como se ve en la figura 9.10:

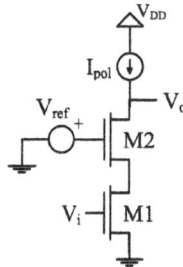

*Figura 9.10. Amplificador cascodo*

El transistor M1 trabaja en configuración de surtidor común y el transistor M2, que actúa como carga activa de M1, lo hace en puerta común. Esta asociación es especialmente ventajosa para reducir el efecto Miller de la realimentación drenador-puerta y además ofrece un terminal de salida que tiene alta impedancia de salida, lo que lo hace adecuado para ser utilizado como terminal único de compensación de la respuesta frecuencial.

## Ejercicio 9.4

En un circuito amplificador cascodo como el de la figura 9.10 con una corriente de polarización $I_{pol} = 10$ µA, y una tensión de referencia $V_{ref} = 3$V, en que los dos transistores NMOS son del mismo tamaño, $(W/L)=10/2$ ($K'_N=70'4$ µA/V$^2$, $V_{TN} = 0.7$ V, $\lambda = 8.25 \times 10^{-3}$V$^{-1}$) se desea calcular la ganancia de tensión, en pequeña señal y baja frecuencia, así como la impedancia de salida.

## Solución

Calculamos, para empezar, los valores de los parámetros de pequeña señal en el punto de trabajo. En este circuito el punto de trabajo de los transistores lo fija la corriente de polarización $I_{pol}$:

$$V_{GS1} = V_{GS2} = V_{TN} + \sqrt{\frac{2I_{pol}}{K}} = \boxed{\phantom{xxxxx}} \text{ V}$$

Como $V_{ref} = 3$V, se comprueba que el transistor M1 está saturado y que M2 también siempre que $V_{DS2}$ sea superior a 0.24V. Con esta corriente de punto de trabajo, podemos calcular los parámetros del modelo de pequeña señal de los transistores:

$$g_m = \sqrt{2I_{DQ}K} = \boxed{\phantom{xxxxx}} \ \Omega^{-1}$$

$$r_{ds} = \frac{1}{I_{DQ}\lambda} = \boxed{\phantom{xxxxx}} \ M\Omega$$

A continuación se puede proponer el circuito equivalente en pequeña señal para bajas frecuencias (sin capacidades) de la figura 9.11. Siguiendo los pasos necesarios para el circuito de pequeña señal, la fuente $I_{pol}$ ha quedado en circuito abierto. Del análisis del circuito podemos calcular la ganancia de tensión. La tensión de entrada de pequeña señal corresponde a $v_i=v_{gs1}$, y la tensión $v_x$ corresponde al nodo intermedio entre los transistores y, por lo tanto, $v_x=-v_{gs2}$.

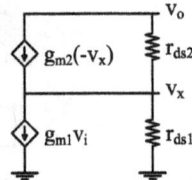

*Figura 9.11. Circuito equivalente de pequeña señal a bajas frecuencias*

Las ecuaciones de los nodos de este circuito son

$$-g_{m2}v_x + \frac{v_o - v_x}{r_{ds2}} = 0 \qquad\qquad g_{m1}v_i + \frac{v_x}{r_{ds1}} = 0$$

de donde despejando resulta

$$a_o = \frac{v_o}{v_i} = -g_{m1}r_{ds1}(1 + g_{m2}r_{ds2}) = -\boxed{\phantom{xxxxxx}}$$

Para calcular la resistencia de salida del amplificador excitamos el nodo de salida del circuito con una fuente de corriente, anulando las fuentes de tensión y de corriente independientes. El circuito correspondiente es el mismo de la figura 9.11 pero con $v_i=0$ (por ser la fuente de señal de entrada una fuente independiente) y, por tanto, $g_{m1}v_i=0$:

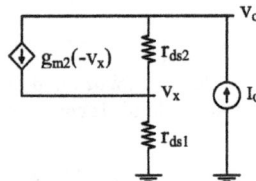

*Figura 9.12. Circuito para el cálculo de la impedancia de salida*

Analizando el circuito de la figura 9.12 se deduce

$$v_x = r_{ds1}i_o \quad v_o = v_x + r_{ds2}(i_o + g_{m2}v_x) \quad \Rightarrow \quad v_o = r_{ds1}i_o + r_{ds2}(i_o + g_{m2}r_{ds1}i_o)$$

de donde se obtiene

$$R_o = \frac{v_o}{i_o} = r_{ds1} + r_{ds2} + g_{m2}r_{ds1}r_{ds2} = \boxed{\phantom{xxxxxx}}G\Omega$$

Como se ve, la impedancia de salida es muy elevada en este circuito.

## 9.7 Problemas

### Problema 9.1

Simular con SPICE, empleando el fichero "model" habitual, los circuitos a) y b) de la figura 9.13 y obtener su ganancia de tensión de baja frecuencia, así como su respuesta en frecuencia. ¿Es posible asimilarla a una respuesta del tipo de polo dominante? Escribir la ecuación aproximada de dicha respuesta frecuencial. Calcular para ambos el producto Ganancia -Anchura de banda G·BW.

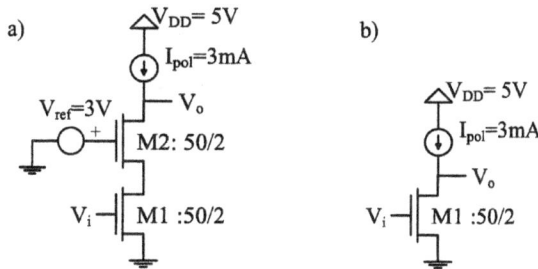

Figura 9.13. Circuitos amplificadores

### Solución

Una forma de simular los circuitos es poniendo el valor de polarización de la entrada $V_i$ a 1 V, que es el valor que corresponde a la $V_{gs}$ asociada a la corriente de polarización. La respuesta frecuencial obtenida es la de la figura 9.14:

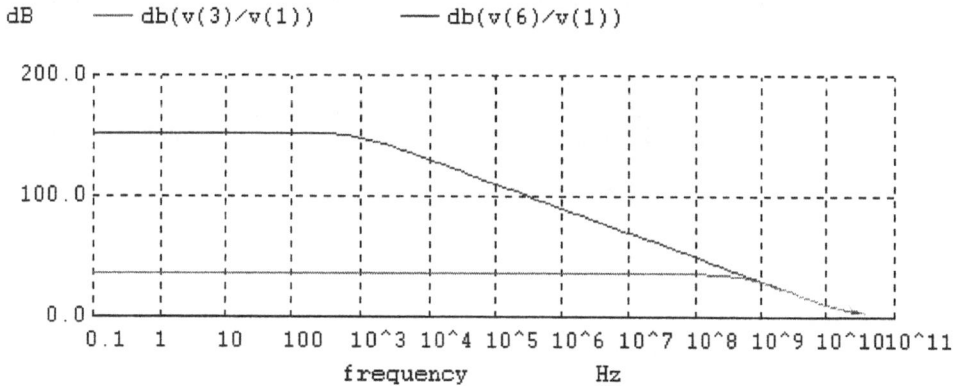

Figura 9.14. Respuesta frecuencial del amplificador del problema 9.1

La ganancia en baja frecuencia de cada uno de los amplificadores es de

$$a_{oa} = \boxed{\phantom{xxxx}} \ dB \qquad a_{ob} = \boxed{\phantom{xxxx}} \ dB$$

Y la frecuencia de corte superior de cada uno de ellos

$$f_{ha} = \boxed{\phantom{xxxx}} \ Hz \qquad f_{hb} = \boxed{\phantom{xxxx}} \ Hz$$

Para que la respuesta se pueda asimilar a la de polo dominante, podemos comprobar si la pendiente de la respuesta es de 20 dB/dec. En este caso [ Elige una opción ]

El producto G·BW es el casi el mismo en ambos casos (las graficas se superponen) y su valor aproximado obtenido como el valor medio de los dos casos es

$$\text{GBW} = \boxed{\phantom{xxxxx}} \text{ Hz}$$

Nótese que no puede hallarse el valor GBW a partir de la intersección de las gráficas con la línea de 0 dB debido a que a esa frecuencia no es cierta la aproximación de polo dominante.

## Problema 9.2

El circuito de la figura 9.15 es un amplificador de corriente-tensión usando transistores bipolares parecido al del ejercicio 9.3:

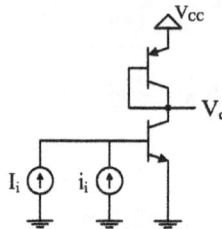

*Figura 9.15. Circuito del problema 9.2*

a) Calcular el valor de los parámetros del modelo de pequeña señal de ambos transistores, sila corriente de polarización $I_i = 10$ μA. Datos: $\beta_{fNPN} = 100$, $\beta_{fPNP} = 50$ y $V_{AF} = 200$ V en ambos transistores. Dibujar el circuito equivalente de pequeña señal a baja frecuencia. De su análisis obtener su transimpedancia de baja frecuencia.

b) El circuito equivalente del transistor bipolar para el análisis frecuencial de pequeña señal es el propuesto en la lección 8, con dos capacidades añadidas: $C_\pi$, entre el terminal de base y el de emisor, y $C_\mu$, entre los terminales de base y colector. Encontrar el modelo de pequeña señal para el análisis frecuencial del circuito. Si $C_\pi = 50$ fF y $C_\mu = 15$ fF en ambos transistores, y la respuesta frecuencial se puede aproximar por la de un solo polo, calcular la frecuencia asociada a este polo.

## Solución

a) Los parámetros de pequeña señal de un transistor bipolar están directamente relacionados con su corriente de colector:

$$I_{CNPN} = \boxed{\phantom{xxxxx}} \text{ mA} \qquad I_{CPNP} = \boxed{\phantom{xxxxx}} \text{ mA}$$

De ahí obtenemos

$$g_{mNPN} = \boxed{\phantom{xxxxx}} \ \Omega^{-1} \qquad g_{mPNP} = \boxed{\phantom{xxxxx}} \ \Omega^{-1}$$

$$r_{oNPN} = \boxed{\phantom{xxxxx}} \text{ k}\Omega \qquad r_{oPNP} = \boxed{\phantom{xxxxx}} \text{ k}\Omega$$

$$r_{\pi NPN} = \boxed{\phantom{xxxx}} \; k\Omega \quad r_{\pi PNP} = \boxed{\phantom{xxxx}} \; k\Omega$$

El circuito equivalente es el de la figura siguiente:

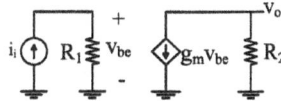

*Figura 9.16. Circuito equivalente de pequeña señal a bajas frecuencias*

donde las resistencias valen

$$R_1 = \boxed{\phantom{xxxx}} \; \Omega \quad R_2 = \boxed{\phantom{xxxx}} \; \Omega$$

y la transimpedancia de baja frecuencia

$$\boxed{\phantom{xxxx}}$$

$$\frac{v_o}{i_i} = -\boxed{\phantom{xxxx}} \; \Omega$$

b) El nuevo circuito a analizar es el de la figura 9.17:

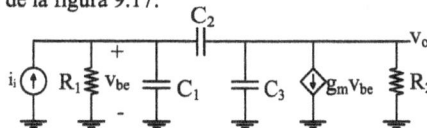

*Figura 9.17. Circuito equivalente de pequeña señal para el análisis frecuencial*

donde las capacidades valen

$$C_1 = \boxed{\phantom{xxxx}} \; fF \quad C_2 = \boxed{\phantom{xxxx}} \; fF \quad C_3 = \boxed{\phantom{xxxx}} \; fF$$

y las constantes de tiempo asociadas a cada una de ellas

$$\tau_1 = \boxed{\phantom{xxxx}} \; ps \quad \tau_2 = \boxed{\phantom{xxxx}} \; ps \quad \tau_3 = \boxed{\phantom{xxxx}} \; ps$$

Finalmente, la frecuencia de polo dominante del circuito será

$$f_d = \boxed{\phantom{xxxx}} \; GH$$

## Problema 9.3

El circuito de la figura 9.18 es un amplificador en configuración cascodo:

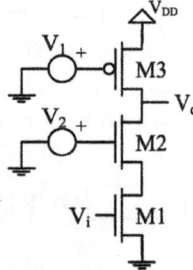

*Figura 9.18. Circuito amplificador cascodo*

a) Dibujar el circuito equivalente en pequeña señal a frecuencias medias del amplificador y encontrar la expresión de la ganancia de tensión asociada.

b) Si las resistencias drenador-surtidor, $r_{ds}$, de todos los transistores valen 1M$\Omega$ y se polariza el circuito de forma que $g_{m1} = g_{m2} = 4 \times 10^{-5}$ A/V y $g_{m3} = 3 \times 10^{-5}$ A/V, calcular el valor de dicha ganancia.

## Solución

a) El circuito de pequeña señal equivalente es el de la siguiente figura:

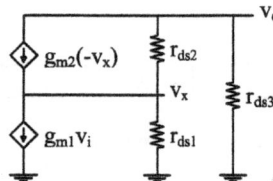

*Figura 9.19. Circuito equivalente del amplificador cascodo*

de donde se puede deducir la ganancia:

$$a_o = \frac{v_o}{v_i} = -\frac{g_{m1}\left(g_{m2} + \dfrac{1}{r_{ds2}}\right)}{\dfrac{1}{r_{ds3}}\left(g_{m2} + \dfrac{1}{r_{ds1}} + \dfrac{1}{r_{ds2}}\right) + \dfrac{1}{r_{ds1}}\dfrac{1}{r_{ds2}}}$$

b) Con los datos del enunciado encontramos

$$a_o = -\boxed{\phantom{XXXXX}}$$

Capítulo 10
Fuentes de corriente

# LECCIÓN 10

### Fuentes de corriente

## Índice

NOTA: Este es un documento interactivo. Los diferentes elementos interactivos estarán marcados sobre el texto en color gris. Para un correcto funcionamiento de los vínculos presentes en el documento, es necesario que se haya seguido el procedimiento de instalación descrito en la guía de instalación de la asignatura.

## 10.1 Introducción

El diseño y la fabricación de circuitos electrónicos analógicos han experimentado una importantísima transformación con el advenimiento de los circuitos integrados por el simple hecho de eliminar las resistencias que figuraban en la circuitería anterior. Las resistencias juegan un papel importante en dos funciones necesarias en todo circuito lineal: la polarización de los transistores en el punto de trabajo adecuado y su uso como resistencia de carga de las diferentes etapas amplificadoras. Estas dos funciones han sido sustituidas en los CI actuales por fuentes de corriente y referencias de tensión. Esta lección describe las principales propiedades de las mismas y su utilización en circuitos prácticos se describe en las lecciones siguientes.

## 10.2 El transistor como fuente de corriente

Una fuente de corriente ideal es un dispositivo de dos terminales cuya característica corriente tensión es como la de la figura 10.1.

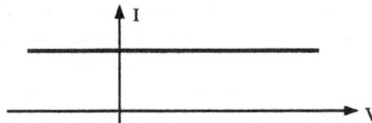

*Figura 10.1. Característica I-V ideal de fuente de corriente*

En ella se aprecia que la intensidad de corriente que circula por la fuente es una corriente constante e independiente de la tensión existente entre sus terminales. En la práctica la característica de la figura 10.1 es difícil de conseguir y en la mayoría de los casos lo que se puede realizar de forma practica responde a una característica más realista, como la que se ve en la figura 10.2:

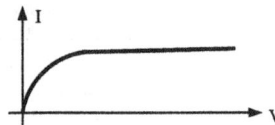

*Figura 10.2. Característica I-V realista de fuente de corriente*

En la figura 10.2 se observa que si bien hay un amplio rango de tensiones en las cuales la intensidad de corriente es aproximadamente constante, existe una región en la cual el comportamiento no es el de una fuente de corriente. Por otro lado, la característica de la figura 10.2 también recuerda la característica de salida de un transistor, característica de drenador en el caso de un transistor MOS o característica de colector en el caso de un transistor bipolar.

Para mostrar ese parecido con una fuente de corriente se ha simulado la característica de un transistor NMOS para una tensión $V_{GS}$ de 2.5 voltios. En la figura 10.3 se representa la relación corriente de drenador $V_{DS}$ obtenida.

uA                        — –vd#branch

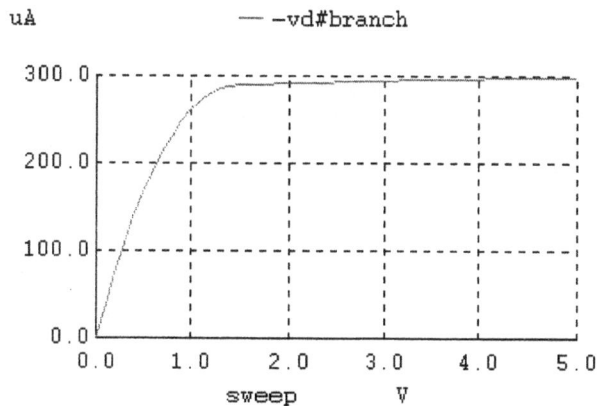

Pulsando sobre esta gráfica se accede al simulador. Desde el simulador, el comando EDIT permite modificar el fichero original.

*Figura 10.3. Característica de salida de un NMOS*

## 10.3 Tensión mínima y resistencia interna de una fuente de corriente

La caracterización de las fuentes de corriente reales se realiza utilizando principalmente tres parámetros:

- Intensidad de corriente nominal de salida.
- Tensión mínima entre terminales para obtener un comportamiento como fuente de corriente.
- Resistencia de salida o resistencia interna.

La intensidad nominal de corriente de salida es la corriente especificada para el circuito y, en el caso de un solo transistor MOS de salida, esa corriente nominal coincide con la corriente de drenador.

La tensión mínima suele elegirse generalmente en el punto en que el transistor o los transistores de salida se encuentren en la frontera entre zona óhmica y zona de saturación. Así, en el caso de un solo transistor como en el punto 10.2 anterior, se encuentra

$$V_{min} = V_{GS} - V_{TN}$$

La resistencia interna o resistencia de salida de la fuente se define como la resistencia dinámica de salida. En el caso de un solo transistor de salida, esta resistencia dinámica coincide con la resistencia $r_{ds}$ del modelo equivalente del circuito de pequeña señal y que se relaciona con el punto de trabajo del transistor, concretamente con la corriente de drenador según se ha descrito en lecciones anteriores:

$$r_{ds} = \left( \frac{dI_D}{dV_{DS}} \right)^{-1} = \frac{1}{\lambda I_D}$$

# Ejercicio 10.1

Dimensionar un transistor NMOS para que genere una corriente de drenador de 10 μA para una tensión de puerta de 2.5V. Ajustar la relación de aspecto mediante simulación. Simular la característica de drenador de este transistor y deducir los valores de la tensión mínima, $V_{min}$, y de la resistencia interna, $r_i$. Usar el modelo de transistor empleado en prácticas y descrito en el capítulo 1.

## Solución

La relación de aspecto del transistor se encuentra a partir de la expresión de corriente en saturación, que teniendo en cuenta la corrección de movilidad da como resultado

$$\left(\frac{W}{L}\right) = \frac{2 \cdot I_o}{k'_N \left(\frac{ucrit \cdot 7.7x10^{-6}}{|V_{GS} - V_T|}\right)^{u\,exp} (V_{GS} - V_{TN})^2} = \boxed{\phantom{xxxx}} \qquad :$$

Ajustando mediante simulación el valor de la corriente, podemos llegar a la característica tensión corriente de la figura 10.4.

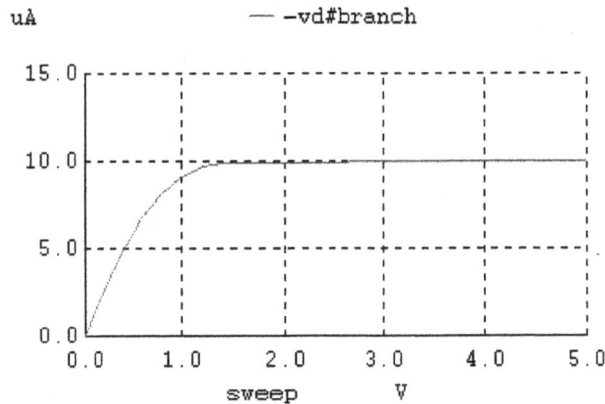

Pulsando sobre esta gráfica se accede al simulador. Desde el simulador, el comando EDIT permite modificar el fichero original.

*Figura 10.4. Característica de salida del NMOS del ejercicio 10.1*

Según la definición hecha en el apartado anterior, la tensión mímima de funciónamiento se encuentra en la tensión de transición de zona óhmica a saturación:

$$V_{min} = V_{GS} - V_{TN} = \boxed{\phantom{xxxx}} \quad V$$

Podemos obtener de la gráfica la resistencia interna asimilándola a la pendiente de la Ids entre $V_{min}$ y 5V:

$$r_i = \boxed{\phantom{xxxx}} \quad M\Omega$$

## 10.4 Espejo de corriente MOS

En la arquitectura de los circuitos integrados lineales la posibilidad de que el circuito de control y el circuito de salida de la fuente pertenezcan a diferentes transistores facilita mucho la polarización de los transistores activos. La pieza básica para conseguir esta flexibilidad se denomina espejo de corriente y se muestra en la figura 10.5:

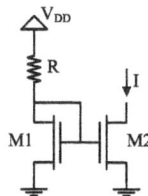

*Figura 10.5. Topología básica de un espejo de corriente MOS*

En el circuito de la figura 10.5 se ha utilizado una resistencia R en el circuito del transistor M1 con propósitos de simplificar la explicación. Lógicamente esta resistencia en los circuitos reales desaparece y es sustituida por otros transistores.

Como se ve en la figura las dos tensiones de puerta de los dos transistores son iguales:

$$V_{GS1}=V_{GS2}$$

Escribiendo la relación entre las corrientes de drenador y las tensiones de puerta suponiendo que los dos transistores están saturados resulta

$$\frac{I_{D1}}{I_{D2}} = \frac{\dfrac{k_{N1}}{2}\left(V_{GS1} - V_{TN}\right)^2}{\dfrac{k_{N2}}{2}\left(V_{GS2} - V_{TN}\right)^2} = \frac{k_{N1}}{k_{N2}} = \frac{\left(\dfrac{W}{L}\right)_1}{\left(\dfrac{W}{L}\right)_2}$$

donde se ha utilizado el modelo de saturación del transistor con λ=0 para simplificar el resultado. Como se ve, este resultado establece una relación de proporcionalidad entre las corrientes de drenador y las relaciones de aspecto W/L de los transistores MOS. Esto tiene una gran importancia en el diseño de los tamaños de los transistores de un circuito integrado analógico.

## 10.5 Espejo de corriente bipolar

En los circuitos analógicos bipolares se utiliza también una estructura equivalente a la usada con transistores MOS para construir un espejo de corriente, como se muestra en la figura siguiente:

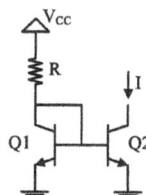

*Figura 10.6. Topología básica de un espejo de corriente bipolar*

Igual que en el caso anterior la resistencia se pone con un propósito de referencia pero desaparece en los circuitos convencionales en general. En el estudio de este circuito se observa que las dos tensiones de base-emisor son las que son iguales y, por lo tanto, escribiendo las ecuaciones de las dos corrientes de colector resulta

$$V_{BE1} = V_{BE2} \quad I_{C1} = I_{S1}\left(e^{V_{BE1}/V_T} -1\right) \quad I_{C2} = I_{S2}\left(e^{V_{BE2}/V_T} -1\right)$$

$$\frac{I_{C1}}{I_{C2}} = \frac{I_{S1}\left(e^{V_{BE1}/V_T} -1\right)}{I_{S2}\left(e^{V_{BE2}/V_T} -1\right)} = \frac{I_{S1}}{I_{S2}} = \frac{A_{E1}J_S}{A_{E2}J_S} = \frac{A_{E1}}{A_{E2}}$$

En este caso al dividir se observa que el cociente de las dos corrientes de colector es igual al cociente de las áreas de emisor de los dos transistores. Este resultado supone una diferencia fundamental entre las reglas de diseño de los transistores para las fuentes de corriente bipolares y la MOS puesto que en el caso bipolar deben ajustarse las áreas de emisor en lugar de las relaciones de aspecto de los transistores.

En los transistores bipolares, la tensión mínima necesaria en el transistor de salida para que el circuito actúe como fuente de corriente es

$$V_{min} = V_{CEsat}$$

## 10.6 Generación de múltiples corrientes con una sola referencia

En CI analógicos, diferentes etapas pueden alimentarse en puntos de trabajo distintos por motivos de rango dinámico, así como para asegurar la saturación de algún transistor. Por ese motivo dentro de un chip se necesitan diferentes valores de corrientes de polarización. Esto se consigue usando una fuente de múltiples salidas con un único circuito de referencia o de control como se ve en la figura 10.7.

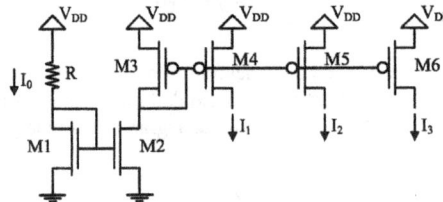

*Figura 10.7. Múltiples fuentes de corriente con la misma referencia*

Como se ve, la fuente de corriente de referencia M1, M2 produce una corriente en drenador de M3 que es a su vez el transistor de referencia de los transistores M4, M5 y M6. El trazo continuo a través de las puertas de los transistores M4 y M5 significa que las puertas están conectadas al mismo potencial. Es claro que si los transistores M4, M5 y M6 se diseñan de tamaños tales que los cocientes de las relaciones de aspecto sean diferentes, los drenadores de M4, M5 y M6 producirán corrientes distintas.

## Ejercicio 10.2

En el circuito de la figura 10.7 diseñar las anchuras de los transistores M4, M5 y M6 de forma que, fijando su longitud a 6 µm, se generen corrientes de $I_1 = 10$ µA, $I_2 = 20$ µA y $I_3 = 50$ µA. Las relaciones de aspecto de los transistores M1 y M2 son de $(W/L)_{1,2} = 40/6$, y M3 de $(W/L)_3 = 20/6$ y el valor de la resistencia es tal que la corriente $I_0 = 10$ µA.

Simular, con el modelo habitual, las características de salida de M4, M5 y M6 para observar el valor de la corriente por cada rama, y estimar el valor de $V_{min}$.

## Solución

Dado que las longitudes son iguales, las anchuras deben respetar la relación de corrientes:

$$W_4 = \frac{I_1}{I_0} \frac{W_1}{W_2} W_3 = \boxed{\phantom{XXXXX}} \ \mu m$$

$$W_5 = \frac{I_2}{I_0} \frac{W_1}{W_2} W_3 = \boxed{\phantom{XXXXX}} \ \mu m$$

$$W_6 = \frac{I_3}{I_0} \frac{W_1}{W_2} W_3 = \boxed{\phantom{XXXXX}} \ \mu m$$

Simulando el circuito obtenemos el resultado de la figura 10.8:

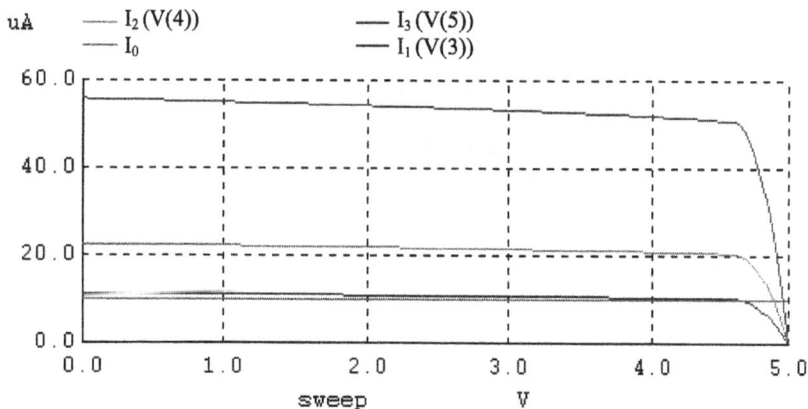

Pulsando sobre esta gráfica se accede al simulador. Desde el simulador, el comando EDIT permite modificar el fichero original.

*Figura 10.8. Características de salida de la fuente múltiple*

Podemos estimar el valor de $V_{min}$, entendida como la tensión mínima que tiene que caer en los transistores de salida, M4, M5 y M6, mirando dónde se produce el límite entre óhmica y saturación de dichos transistores.

$$V_{min} = \boxed{\phantom{XXXXX}} \ V$$

## 10.7 Fuentes de corriente cascodo

Las fuentes de corriente descritas hasta aquí pertenecen a la categoría de fuentes simples o espejos de corriente simples. En algunas aplicaciones las prestaciones de resistencia dinámica de salida o resistencia interna de estas fuentes simples no son suficientes para las especificaciones del circuito. Por este motivo se han desarrollado opciones alternativas que mejoran este parámetro. Se basan en estructuras cascodo parecidas a las estructuras amplificadoras cascodo descritas en la lección nueve.

La idea principal es conectar en el circuito de salida más de un transistor en serie, con lo que se consigue aumentar la resistencia de salida. Por otro lado, el mínimo de tensión $V_{min}$ aumenta al conectar los transistores en la topología cascodo.

El circuito de la figura es una fuente cascodo en la cual los dos transistores de salida, M2 y M4, están en serie.

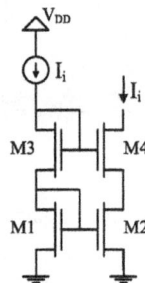

*Figura 10.9. Fuente de corriente cascodo*

El cálculo de la resistencia dinámica de salida se realiza a partir del circuito equivalente de pequeña señal, en que los transistores M1 y M3 se sustituyen directamente por una resistencia, el nodo x es el de puerta de los transistores M1 y M2, el nodo y es el de puerta de M3 y M4, y el nodo z es el común a los transistores de salida, M2 y M4. El circuito equivalente de la fuente cascodo propuesta está en la figura 10.10:

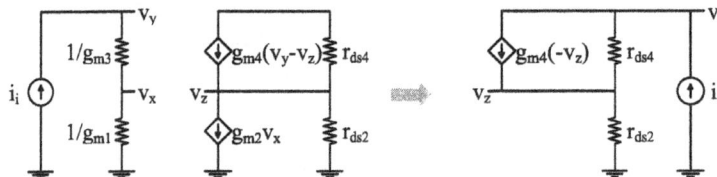

*Figura 10.10. Circuito equivalente de pequeña señal*

Para calcular la resistencia de salida excitamos la salida con $i_o$ y calculamos $v_o$. La fuente de corriente $i_i$ queda en circuito abierto, con lo cual $v_x = v_y = 0$ V, simplificando el circuito al de la derecha de la figura 10.10 Podemos ahora calcular la resistencia interna de la fuente, $r_i$:

$$r_i = \frac{v_o}{i_o} = r_{ds2} + r_{ds4} + g_{m4} r_{ds2} r_{ds4}$$

## Ejercicio 10.3

Simular una fuente de corriente cascodo como la de la figura 10.9 con un valor de corriente $I_0 = 25$ μA si todos los transistores tienen una relación de aspecto de (W/L) = 40/8. Representar la característica corriente tensión de salida. A partir de ella calcular el valor de $V_{min}$ y de la resistencia dinámica de salida. Comparar estos valores con estimaciones analíticas del circuito.

## Solución

Calculemos analíticamente el valor esperado para $V_{min}$, que será el punto en que el transistor de salida, M4 pase de zona óhmica a saturación. Dado que por todos los transistores pasa la misma corriente, todos tienen igual $V_{GS}$:

$$V_{GS} = V_{TN} + \sqrt{\frac{2 \cdot I_0}{K'_N \frac{W}{L}}} = \boxed{\phantom{xxxxx}} \; V$$

Y fácilmente obtenemos la expresión de $V_{min}$:

$$V_{min} = V_{TN} + 2\sqrt{\frac{2 \cdot I_0}{K'_N \frac{W}{L}}} = 2 \cdot Vgs - V_{TN} = \boxed{\phantom{xxxxx}} \; V$$

Para hallar el valor de la resistencia interna o de salida, hay que calcular los parámetros de pequeña señal de los transistores. Para $\lambda$ usaremos el valor calculado en el capítulo 1:

$$g_m = \sqrt{2 I_0 K_N} = \boxed{\phantom{xxxx}} \; A/V \qquad r_{ds} = \frac{1}{\lambda I_0} = \boxed{\phantom{xxxx}} \; M\Omega$$

de donde se desprende que la resistencia de salida del circuito propuesto es

$$r_i = \boxed{\phantom{xxxx}} \; G\Omega$$

Si simulamos la respuesta de salida del circuito, obtenemos la gráfica de la figura 10.11:

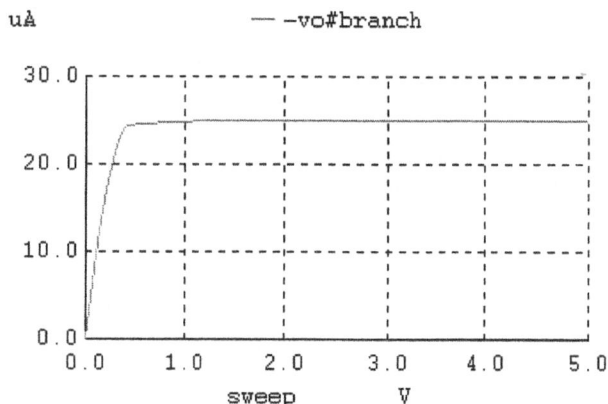

Pulsando sobre esta gráfica se accede al simulador. Desde el simulador, el comando EDIT permite modificar el fichero original.

*Figura 10.11. Característica de salida de la fuente cascodo*

De la simulación podemos obtener el valor de $V_{min}$.:

$$V_{min} = V(2)-V_{TN} = \boxed{\phantom{XXXXX}} \text{ V}$$

así como, por ejemplo mirando el valor de las corrientes en $V = 4V$ y $V = 5V$, calcular el valor de $r_i$:

$$r_i = \boxed{\phantom{XXXXX}} \text{ G}\Omega$$

## 10.8 Fuentes de corriente Wilson

La fuente de corriente de Wilson incorpora una realimentación desde la salida a la entrada mediante la fuente de corriente compuesta por los transistores M2 y M3.

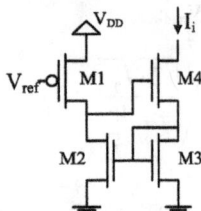

*Figura 10.12. Fuente de corriente Wilson*

Este tipo de fuente también aumenta considerablemente la resistencia dinámica de salida, como se ve a partir del circuito equivalente pequeña señal. Para encontrar el circuito equivalente, el transistor M3 se sustituye directamente por una resistencia. Por otro lado M1, como tiene los terminales de puerta y surtidor a tensiones constantes, tendrá $v_{gs}=0$, así que se puede sustituir por su resistencia drenador-surtidor. El nodo x corresponde a los drenadores de M1 y M2, y el nodo y a las puertas de M2 y M3.

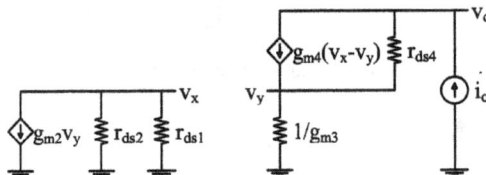

*Figura 10.13. Circuito equivalente de pequeña señal de la fuente Wilson propuesta*

Para calcular la resistencia de salida excitamos, como en el apartado anterior, la salida con $i_o$ y calculamos $v_o$. Analizando la parte izquierda del circuito obtenemos la relación

$$v_x = -g_{m2}v_y\left(r_{ds1}\parallel r_{ds2}\right)$$

expresión que, sustituyéndola en la parte derecha del circuito que estamos analizando, nos permite obtener

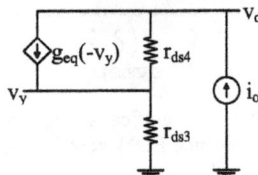

*Figura 10.14. Circuito equivalente simplificado*

donde la $g_{eq}$ vale

$$g_{eq} = g_{m4}\left[1 + g_{m2}\left(r_{ds1} \| r_{ds2}\right)\right]$$

Observamos también que el circuito de la figura 10.14 es exactamente el mismo que el de la figura 10.10 derecha, de donde reutilizamos la expresión de la resistencia interna de la fuente:

$$r_i = \frac{v_o}{i_o} = \frac{1}{g_{m3}} + r_{ds4} + g_{eq}\frac{1}{g_{m3}}r_{ds4} = \frac{1}{g_{m3}} + r_{ds4} + g_{m4}\left[1 + g_{m2}\left(r_{ds1} \| r_{ds2}\right)\right]\frac{1}{g_{m3}}r_{ds4}$$

## Ejercicio 10.4

Calcular el valor de la $r_i$ si los transistores NMOS y la corriente nominal son las mismas que en el ejercicio 10.3 y la $r_{ds}$ del PMOS es la misma que la de los NMOS. Calcular también $V_{min}$.

## Solución

De la expresión de la resistencia de salida del circuito obtenemos

$$r_i = \boxed{\phantom{XXXXX}}\ G\Omega$$

El valor esperado para $V_{min}$ será el punto en que el transistor de salida, M4, pase de zona óhmica a saturación:

$$V_{min} = V_{TN} + 2\sqrt{\frac{2 \cdot I_0}{K'_N \dfrac{W}{L}}} = \boxed{\phantom{XXXXX}}\ V$$

# 10.9 Fuentes de corriente independientes de la tensión de alimentación

Las fuentes descritas hasta aquí tienen el problema de que el valor de la intensidad de corriente generada depende en cierta medida del valor de la tensión de alimentación.

## Ejercicio 10.5

Para comprobarlo, simular las características de salida de la fuente de corriente de la lección 1 y que se utiliza en las prácticas. Suponer que el valor de la tensión de alimentación es 5.5V y calcular el nuevo valor de la corriente nominal cuando la tensión de entrada es de 2.5V.

## Solución

Partiendo del circuito simulado en la lección 1 podemos hacer un barrido en la tensión de alimentación alrededor de los 5 voltios, para ver la dependencia de la corriente nominal (esto es, la que circula en la primera de las ramas de la fuente) respecto a dicha tensión de alimentación. Representamos el resultado obtenido en la figura 10.15:

uA                    — vaux3#branch

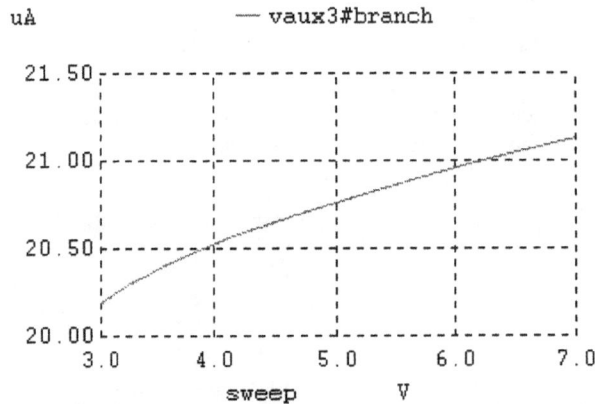

Pulsando sobre esta gráfica se accede al simulador. Desde el simulador, el comando EDIT permite modificar el fichero original.

*Figura 10.15. Dependencia de la corriente nominal respecto a la tensión de alimentación*

Se observa que la variación de la tensión de alimentación provoca un cambio de corriente nominal. Para reducir la dependencia respecto a la tensión de alimentación existen esquemas llamados de autopolarización, basados en $V_T$. Un ejemplo de los mismos se recoge en la figura:

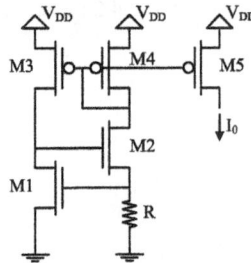

*Figura 10.16. Fuente autopolarizada*

En este circuito, debido al espejo de corriente formado por los transistores M3 y M4, se cumple que $I_{D1} = I_{D2}$. Por otro lado, las expresiones de las corrientes en los transistores deben ser

$$I_{D1} = \frac{K_1}{2}\left(V_{GS1} - V_{TN}\right)^2 \qquad I_{D2} = \frac{V_{GS1}}{R}$$

Como estas dos condiciones se deben cumplir simultáneamente, podemos calcular el valor de $V_{GS1}$ y, por tanto, el valor de las corrientes $I_D$, que son la misma que la corriente de salida $I_0$:

$$V_{GS1} = V_{TN} + \frac{1}{K_1 R} - \sqrt{\frac{2V_{TN}}{K_1 R} + \left(\frac{1}{K_1 R}\right)^2}$$

Si $K_1 \cdot R$ es suficientemente grande, $I_D$ sólo depende de $V_{TN}$ y R. Simulando el circuito para unos transistores NMOS de relación de aspecto 30μm/2μm, transistores PMOS de (W/L) = 10μm/18μm, y una resistencia de 50KΩ obtenemos la gráfica de la figura 10.17, en la que se representa la corriente nominal frente a la tensión de alimentación:

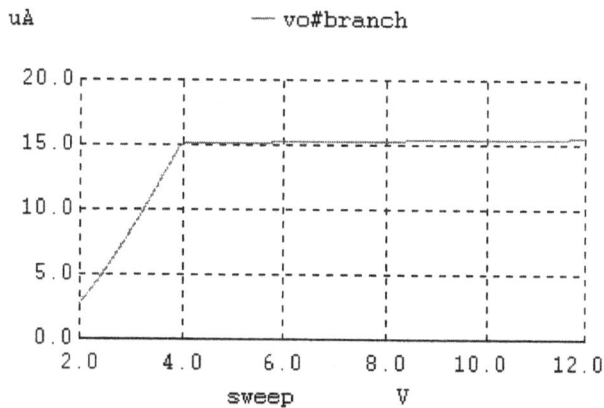

Pulsando sobre esta gráfica se accede al simulador. Desde el simulador, el comando EDIT permite modificar el fichero original.

*Figura 10.17. Dependencia de la corriente nominal respecto a la tensión de alimentación*

## 10.10 Problemas

### Problema 10.1

El circuito de la figura 10.18 utiliza espejos de corriente para producir una corriente de salida proporcional a la temperatura T. Los transistores Q2, Q3 y Q4 tienen la misma $I_S$, mientras que Q1 tiene un área r veces mayor que Q2.

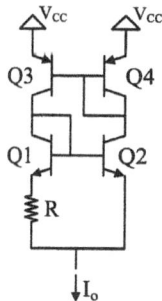

*Figura 10.18. Referencia de corriente proporcional a la temperatura*

Suponiendo que las corrientes de base de los transistores son despreciables encontrar la expresión de $I_0$ en función de la temperatura. Calcular el factor de área r para obtener una corriente $I_0 = A \cdot T$ con A = 0.1 µA/K si la resistencia R es de 5kΩ.

## Solución

Se observa que $I_{C1} + I_{C2} = I_0$. Por otro lado, los transistores Q3 y Q4 fuerzan que $I_{C1} = I_{C2} = I_0/2$. A partir de las expresiones de la corriente de colector en función de las tensiones base emisor de los transistores Q1 y Q2, se puede llegar a

$$I_0 = \frac{2 \cdot k}{R \cdot q} \ln(r) \cdot T$$

donde k es la constante de Boltzman y q la carga del electrón, que aparecen en el potencial térmico $V_T$ junto con la temperatura. De ahí podemos calcular el factor r:

$$r = \boxed{\phantom{xxxxxx}}$$

## Problema 10.2

Calcular la resistencia incremental de salida de una fuente de corriente cascodo como la de la figura, si todos los transistores tienen W = 50µm, L = 10µm, $V_T$ = 1V, $K'_N$ = 24 µA/V² $\lambda$ = 0.01 V⁻¹, para una corriente $I_i$ de 100 µA.

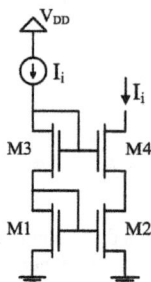

*Figura 10.19. Circuito del problema 10.2*

Encontrar el valor mínimo de la tensión de salida para que los transistores estén saturados.

## Solución

La resistencia interna de salida valdrá:

$$r_1 = \boxed{\phantom{xxxxxx}} \ \text{M}\Omega$$

Y su tensión mínima de funcionamiento

$$V_{min} = \boxed{\phantom{xxxxxx}} \ V$$

## Problema 10.3

En este problema se analiza una fuente de corriente bipolar de la que, como primer paso, estudiamos el circuito de la figura 10.20 a).

a) Encontrar en este circuito una relación entre la corriente $I_b$ y la corriente $I_a$, si las corrientes de base son despreciables y los transistores son iguales.

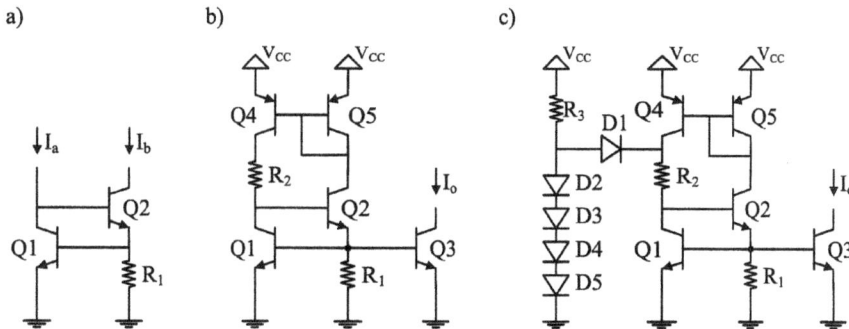

*Figura 10.20. Circuitos del problema 10.3*

b) A continuación añadimos tres transistores, como se muestra en la figura 10.20 b). Calcular los valores posibles para $I_0$ si en todos los transistores $I_S = 10^{-12}$ A, $V_{CC} = 10$V y la resistencia $R_1 = 10$ k$\Omega$.

c) Para evitar que el circuito genere una corriente cero se añade el conjunto formado por la resistencia $R_3$ y los diodos D1 a D5. Calcular el valor que debe tener la resistencia R2 para que el diodo D1 se corte cuando el circuito principal esté conduciendo la corriente calculada. Suponer que las caídas de tensión en los diodos valen lo mismo que las tensiones emisor base de los transistores.

## Solución

a) La relación entre $I_b$ e $I_a$ es:

$$I_b = \frac{V_T}{R_1} \ln\left(\frac{I_a}{I_S} + 1\right)$$

b) El transistor Q3 tiene la misma $V_{BE}$ que Q1; por tanto, $I_0 = I_a$. Pero, además, el espejo de corriente formado por Q4 y Q5 fuerza que $I_a = I_b$. La ecuación del apartado anterior con estas dos condiciones tiene dos soluciones para $I_0$. La primera es trivial, $I_0 = 0$. Para encontrar la segunda hay que usar métodos numéricos. Por ejemplo partiendo de la propia ecuación anterior como formula recurrente:

$$I_{0nueva} = \frac{V_T}{R_1} \ln\left(\frac{I_{0anterior}}{I_S} + 1\right)$$

De ahí encontramos

$$I_0 = \boxed{\phantom{XXXX}} \ \mu A$$

c) La condición para que el diodo esté cortado será

$$4 \cdot V_D - (I_0 R_2 + V_{BE2} + V_{BE1}) > V_D$$

Como $V_D$ es la misma que la $V_{BE}$ de los transistores, calculamos, como paso intermedio, este valor:

$$V_D = V_{BE} = \boxed{\phantom{xxxxx}} \ V$$

Y de este resultado, el valor de la resistencia mínima:

$$R_{2min} = \boxed{\phantom{xxxxx}} \ k\Omega$$

Capítulo 11
Amplificadores diferenciales

# LECCIÓN 11

## Amplificadores diferenciales

# Índice

NOTA: Este es un documento interactivo. Los diferentes elementos interactivos estarán marcados sobre el texto en color gris. Para un correcto funcionamiento de los vínculos presentes en el documento, es necesario que se haya seguido el procedimiento de instalación descrito en la guía de instalación de la asignatura.

## 11.1 Introducción

Los circuitos analógicos precisan, en numerosas ocasiones, amplificar señales débiles, muchas veces sumergidas en señales de amplitud mayor. La capacidad de extraer estas señales relaja mucho el diseño de los elementos sensores y proporciona un nivel de ganancia adecuado al procesado posterior de la señal. El circuito fundamental que resuelve este problema es el amplificador diferencial, cuyas propiedades hacen que amplifique la diferencia de dos señales con una ganancia elevada y rechace (o atenúe) la señal común a ambas entradas.

Los amplificadores diferenciales forman parte de las etapas de entrada de numerosos circuitos lineales como, por ejemplo, los amplificadores operacionales. En esta lección se proporcionan las bases de la amplificación diferencial y se aplican las definiciones a un circuito diferencial elemental que puede considerarse como un miniamplificador operacional que permitirá discutir todos los conceptos relacionados que aparecen.

## 11.2 Señal diferencial y señal común

Dadas dos señales x(t) e y(t), como caso teórico general, se definen las señales diferencial y común de la siguiente forma:

• Señal diferencial:

$$d(t) = x(t) - y(t)$$

• Señal común:

$$c(t) = \frac{x(t) + y(t)}{2}$$

Ambas señales son en general función del tiempo, de la misma manera que las señales x(t) e y(t). En la figura 11.1 izquierda se muestran dos señales de ejemplo y, a la derecha, sus señales común y diferencial correspondientes.

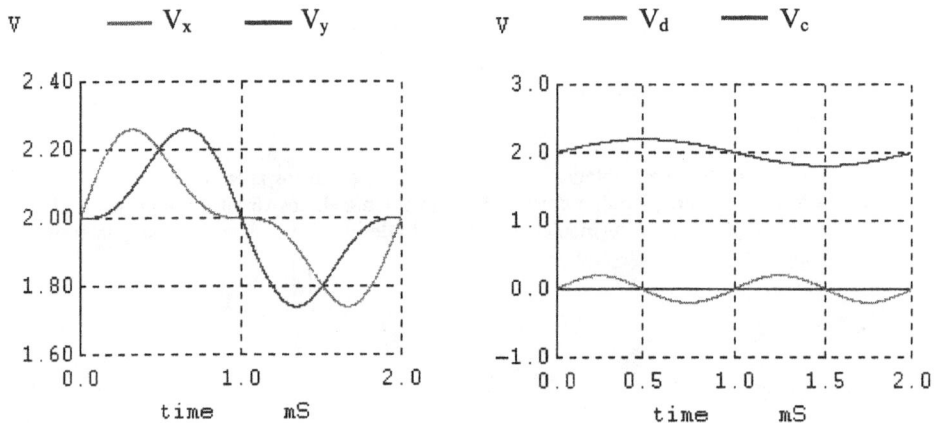

*Figura 11.1. Ejemplo de señales común y diferencial*

Es conveniente obtener las señales x(t) e y(t) en función de las señales diferencial y común despejando del sistema de ecuaciones anterior:

$$x(t) = c(t) + \frac{d(t)}{2}$$

$$y(t) = c(t) - \frac{d(t)}{2}$$

A la vista de este resultado, si se diseña un circuito amplificador con dos entradas y que amplifique cada señal con una ganancia, $A_x$ para la señal x(t) y $A_y$ para la señal y(t), el resultado a la salida z(t) será

$$z(t) = A_x x(t) + A_y y(t) = A_x\left(c(t) + \frac{d(t)}{2}\right) + A_y\left(c(t) - \frac{d(t)}{2}\right)$$

Agrupando términos obtenemos

$$z(t) = \left(A_x + A_y\right)c(t) + \left(\frac{A_x - A_y}{2}\right)d(t)$$

Se define la ganancia en modo común como

$$A_{cm} = A_x + A_y$$

Igualmente, se llama ganancia en modo diferencial a

$$A_d = \frac{A_x - A_y}{2}$$

Para el propósito de un circuito que funcione como un amplificador diferencial es necesario que la ganancia en modo común sea muy pequeña, al contrario que la ganancia en modo diferencial. Por tanto, es conveniente que $A_x$ y $A_y$ sean de signos opuestos y de valores cercanos para que de esta forma se cumplan los requisitos del circuito.

A partir de las definiciones dadas podemos describir la señal de salida como

$$z(t) = A_{cm}\, c(t) + A_d\, d(t)$$

A la vista del desarrollo anterior parece claro que siempre habrá una cierta ganancia modo común por mucho que el diseño se esfuerce en hacer idénticas y de signo contrario las dos ganancias $A_x$ y $A_y$. Por eso se define una tercera magnitud, llamada relación de rechazo de modo común (CMRR), que se suele expresar en decibelios:

$$CMRR = 20\log\left(\frac{A_d}{A_{cm}}\right)$$

Cuanto más elevado sea el valor de la CMRR mejor será el amplificador diferencial.

## 11.3 Circuito equivalente en modo diferencial

El principal interés de los circuitos presentados en este capítulo se centra en la señal diferencial, que es donde normalmente reside la información. Resulta útil intentar reducir el circuito a un circuito equivalente válido únicamente cuando la señal diferencial es distinta de cero y la señal común es cero. Por ello se define el circuito en modo diferencial como el circuito resultante de forzar c(t)=0. En este caso, la salida del circuito se puede escribir como

$$z(t) = A_d\, d(t)$$

En este apartado se presenta el concepto de circuito equivalente de pequeña señal en modo diferencial, a través de un ejemplo que ilustra su funcionalidad.

### Ejercicio 11.1

Sea el circuito de la figura 11.2 en el cual se asimilan las tensiones $v_1(t)$ y $v_2(t)$ a las señales genéricas x(t) e y(t) del apartado anterior y la salida genérica z(t) a la diferencia de tensión $v_{o1}$-$v_{o2}$. Podemos escribir, como extensión de las expresiones encontradas en el apartado anterior:

$$v_1(t) = v_{cm}(t) + \frac{v_d(t)}{2} \qquad\qquad v_2(t) = v_{cm}(t) - \frac{v_d(t)}{2}$$

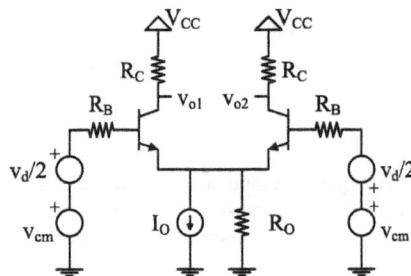

*Figura 11.2. Circuito amplificador diferencial*

Encontrar su circuito equivalente de pequeña señal en modo diferencial. Considerar despreciable la resistencia de salida de los transistores, $r_o$. Calcular la expresión de la ganancia diferencial del circuito.

Simular la respuesta en modo diferencial cuando $I_0 = 1mA$, $R_B = 15$ k$\Omega$, $R_C=2$k$\Omega$, con una señal diferencial senoidal de 20 mV de amplitud y 1kHz de frecuencia. Comparar la ganancia de tensión diferencial en pequeña señal obtenida. Suponer que los transistores son los del modelo propuesto en el capítulo 8.

### Solución

Si forzamos que la señal en modo común sea nula, obtenemos el circuito equivalente en modo diferencial. El circuito resultante es el de la figura 11.3.

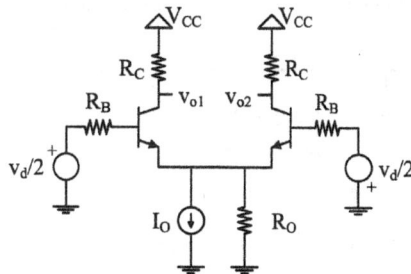

*Figura 11.3. Circuito en modo diferencial*

Para poder calcular parámetros de pequeña señal, tales como la ganancia, se sustituyen los transistores por su circuito equivalente:

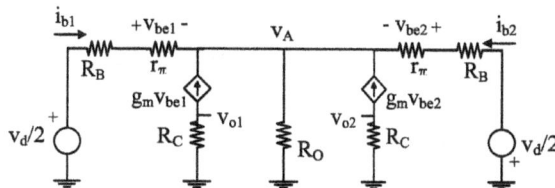

*Figura 11.4. Circuito equivalente de pequeña señal en modo diferencial*

En el circuito aparece la resistencia $R_0$, la resistencia interna de la fuente de corriente de polarización $I_0$. Se puede demostrar que esa resistencia puede suprimirse en el circuito equivalente de modo diferencial por el simple motivo de que la corriente que circula por ella en modo diferencial y pequeña señal, $i_0$, es cero. En efecto, podemos escribir las siguientes ecuaciones de la tensión en el nodo:

$$v_A = \frac{v_d}{2} - i_{b1}(R_B + r_\pi) \qquad\qquad v_A = -\frac{v_d}{2} - i_{b2}(R_B + r_\pi)$$

Sumando ambas expresiones obtenemos

$$2v_A = -(i_{b1} + i_{b2})(R_B + r_\pi) = 2R_0 i_0$$

La KVL en el nodo A dice:

$$i_{b1} + g_m r_\pi i_{b1} + i_{b2} + g_m r_\pi i_{b2} = i_0$$

$$i_{b1} + i_{b2} = \frac{i_0}{1 + g_m r_\pi}$$

Sustituyendo la suma de las corrientes de base en la ecuación anterior obtenemos una relación para la $i_0$, que fuerza $i_0 = 0$, puesto que:

$$R_0 \neq -\frac{R_B + r_\pi}{2(1 + g_m r_\pi)}$$

Una vez demostrado que la corriente $i_0$ es nula, la diferencia de tensión del nodo A a masa es nula también. A efectos de análisis en pequeña señal y en modo diferencial, ese nodo A puede conectarse directamente a la masa diferencial en pequeña señal (nodo de referencia). Con esto el circuito equivalente que resulta está en realidad compuesto por dos circuitos separados uno para cada transistor, como se ve en la figura 11.5:

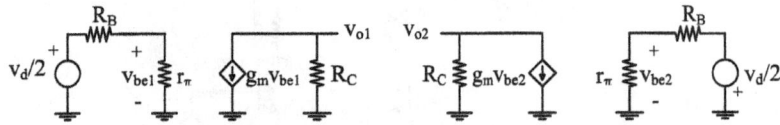

*Figura 11.5. Circuito equivalente de pequeña señal en modo diferencial simplificado*

Calculando la relación entre las salidas en los dos colectores y las respectivas entradas resulta:

$$v_{o1} = -\frac{g_m r_\pi R_C}{r_\pi + R_B}\frac{v_d}{2} \qquad\qquad v_{o2} = \frac{g_m r_\pi R_C}{r_\pi + R_B}\frac{v_d}{2}$$

Con lo que la ganancia diferencial es

$$A_d = \frac{v_{o1} - v_{o2}}{v_d} = -\frac{g_m r_\pi R_C}{r_\pi + R_B}$$

Y si la resistencia de entrada definida como la relación entre la tensión diferencial y la corriente es

$$R_i = \frac{v_d}{i_{b1}} = 2(r_\pi + R_B)$$

se aprecia que la ganancia diferencial es proporcional a la resistencia de colector y al parámetro beta del transistor e inversamente proporcional a la resistencia de entrada.

Si simulamos el circuito con los parámetros propuestos, obtenemos la evolución temporal de la figura 11.6:

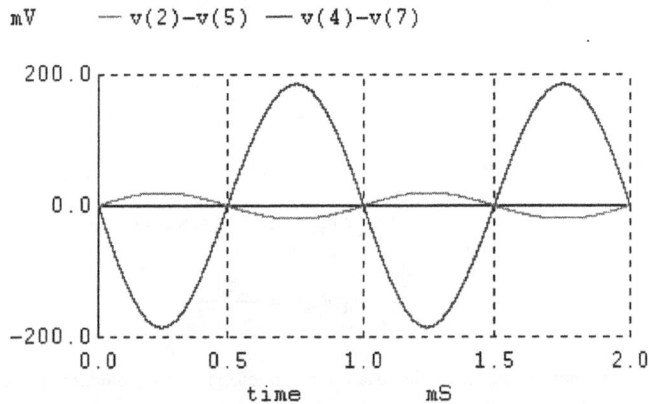

Pulsando sobre esta gráfica se accede al simulador. Desde el simulador, el comando EDIT permite modificar el fichero original.

*Figura 11.6. Evolución temporal de las señales diferenciales de entrada y salida*

En esta simulación se puede medir la ganancia diferencial en pequeña señal:

$$A_{dsim} = -\boxed{\phantom{xxxxxxx}}$$

Para los valores propuestos de simulación, obtenemos que los parámetros de pequeña señal de los bipolares son

$$g_m = \boxed{\phantom{xxxxx}} \; \Omega^{-1} \qquad r_\pi = \boxed{\phantom{xxxxx}} \; k\Omega$$

Con ellos podemos calcular la ganancia diferencial en pequeña señal:

$$A_{dcalc} = -\boxed{\phantom{xxxxxx}}$$

## 11.4 Circuito equivalente en modo común

Como se ha expuesto en el apartado 11.1 la ganancia en modo diferencial es conveniente en la medida en que sea mayor que la ganancia en modo común (CMRR). Para calcular la ganancia en modo común, resulta útil, tal como ocurría con el modo diferencial, intentar reducir el circuito a un circuito equivalente válido únicamente cuando la señal diferencial es cero y la señal común es distinta de cero. Por ello se define el circuito en modo común como el circuito resultante de forzar $d(t)=0$. En este caso, la salida del circuito se puede escribir como

$$z(t) = A_{cm} \, c(t)$$

Como en el anterior apartado, en este se presenta el concepto de circuito equivalente de pequeña señal en modo común, a través de un ejemplo que ilustra su funcionalidad.

### Ejercicio 11.2

Volviendo al circuito de la figura 11.2, encontrar ahora su circuito equivalente de pequeña señal en modo común y calcular la expresión de la ganancia en modo común del circuito.

### Solución

Si forzamos que la señal en modo diferencial sea nula, obtenemos el circuito equivalente en modo común. El circuito resultante es el de la figura 11.7.

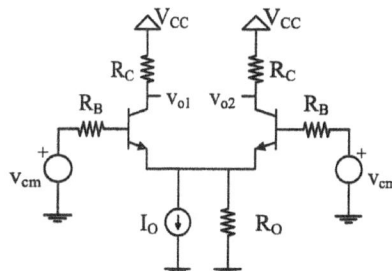

*Figura 11.7. Circuito en modo común*

Tal como se ha hecho en el ejercicio anterior, se sustituyen los transistores por su circuito equivalente:

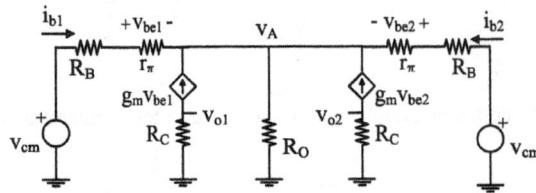

*Figura 11.8. Circuito equivalente de pequeña señal en modo común*

Calculando la tensión del nodo A por la rama de la izquierda y por la de la derecha se observa que

$$v_{cm} - i_{b1}(R_B + r_\pi) = v_{cm} - i_{b2}(R_B + r_\pi)$$

Es decir, $i_{b1} = i_{b2}$. Calculando la expresión de la intensidad de corriente que circula por $R_0$, $i_0$, resulta que

$$i_0 = i_{b1} + g_m r_\pi i_{b1} + i_{b2} + g_m r_\pi i_{b2} = 2(1+\beta)i_{b1}$$

De donde podemos calcular $v_A$:

$$v_A = i_0 R_0 = 2R_0(1+\beta)i_{b1}$$

Observamos que $v_A$ sólo depende de $i_{b1}$, con lo que podemos también independizar las dos mitades del circuito, y obtener el circuito mitad de la figura 11.9 para el cálculo de $v_{o1}$:

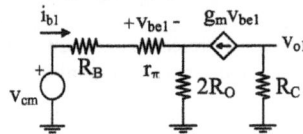

*Figura 11.9. Circuito equivalente de pequeña señal en modo común*

Podemos escribir que

$$v_{cm} = i_{b1}(R_B + r_\pi) + (i_{b1} + g_m r_\pi i_{b1})2R_0 \qquad \text{es decir,} \qquad i_{b1} = \frac{v_{cm}}{2(\beta+1)R_0 + R_B + r_\pi}$$

Podemos entonces calcular la tensión de salida $v_{o1}$:

$$v_{o1} = -g_m v_{be1} R_C = -g_m r_\pi i_{b1} R_C = -\frac{\beta R_C}{2(\beta+1)R_0 + R_B + r_\pi} v_{cm}$$

La otra mitad del circuito es exactamente igual, con lo que el análisis es el mismo.

$$v_{o2} = -\frac{\beta R_C}{2(\beta+1)R_0 + R_B + r_\pi} v_{cm}$$

Ahora podemos calcular la ganancia en modo común del circuito estudiado a partir de la definición:

$$A_{cm} = \frac{v_{o1} - v_{o2}}{v_{cm}} = \boxed{\phantom{xxxxxx}}$$

## 11.5 Estudio de un amplificador diferencial con etapa de salida

Este apartado recoge el estudio de un circuito concreto que permite ver de qué forma puede implementarse un amplificador diferencial con tecnología de circuito integrado. En este estudio se utilizan y conjugan los conocimientos presentados a lo largo de los últimos capítulos. El esquema del circuito estudiado es el de la figura 11.10.

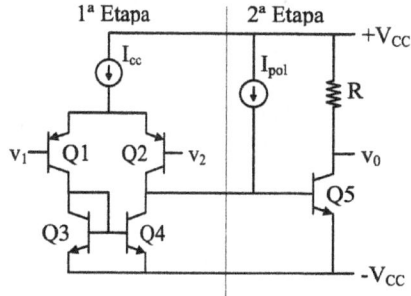

*Figura 11.10. Circuito amplificador diferencial con etapa de salida*

En el circuito todos los transistores tienen una ganancia de corriente de $\beta = 100$. La tensión de alimentación será de $V_{CC} = 15$ V, y las corrientes de polarización valdrán $I_{CC} = 20\ \mu A$ e $I_{pol} = 1.3\ \mu A$. La resistencia de salida R será de $100k\Omega$. Para simplificar, consideraremos $r_o$ de los transistores despreciable ($r_o \rightarrow \infty$) y que el potencial térmico $v_T = 25$ mV.

Las características más destacables del circuito son las siguientes:

- Las dos resistencias de colector del circuito estudiado en los apartados precedentes se sustituyen por una fuente de corriente, formada por los transistores Q3 y Q4. Esta solución ocupa menos espacio que resistencias tradicionales y además procura una mejor simetría al circuito.
- En el circuito, la salida de la etapa diferencial (la primera etapa) se realiza por corriente en lugar de por tensión. El motivo principal es que se puede realizar la diferencia de corrientes directamente en el propio nodo de salida de la etapa diferencial.
- Los transistores activos de la etapa diferencial son, en este caso, de tipo PNP.
- La salida diferencial ataca una segunda etapa conformada por el transistor Q5, que convierte la salida diferencial de corriente en una tensión.

Dividiremos el análisis del circuito en diferentes apartados, empezando por el análisis en continua, que permitirá encontrar los puntos de trabajo del circuito, a partir de los cuales podremos calcular los valores de los parámetros de pequeña señal de los transistores. De ahí podremos encontrar el circuito equivalente en pequeña señal y calcular la ganancia diferencial del circuito, así como la resistencia de entrada. Para acabar el análisis estudiaremos una compensación de la respuesta en frecuencia de polo dominante.

### 11.5.1 Análisis en continua

Supondremos para realizar este análisis que la tensión diferencial en continua es cero, de forma que no afecta a los puntos de trabajo en continua. Entonces observamos directamente en la figura 8 que $v_{EB1} = v_{EB2}$. Como los dos transistores son iguales debe circular por ellos la misma corriente de colector, $I_{C1} = I_{C2}$.

Como la suma de ambas corrientes más las corrientes de base de los transistores debe ser igual a la corriente de polarización $I_{CC}$, tenemos

$$I_{C1} = I_{C2} = \frac{I_{CC}}{2}\left(\frac{\beta}{\beta+1}\right) = \boxed{\phantom{XXXX}}\ \mu A$$

Por otro lado, la relación entre $I_{C1}$ e $I_{C3}$ incluye las corrientes de base de los transistores Q3 y Q4:

$$I_{C1} = I_{C3} + I_{B3} + I_{B4} = I_{C3} + 2I_{B3} = I_{C3}\left(\frac{\beta+2}{\beta}\right)$$

Además, Q3 y Q4 forman un espejo de corriente, en que $v_{BE3} = v_{BE4}$. Por tanto, sabemos también que $I_{C3} = I_{C4}$.

$$I_{C3} = I_{C4} = \boxed{\phantom{XXXX}} \ \mu A$$

Ahora podemos calcular la corriente de salida del diferencial cuando la tensión diferencial de entrada es cero, $I_0 = I_{C2} - I_{C4}$, y a partir de ella podemos saber la corriente de base del transistor Q5.

$$I_{B5} = I_0 + I_{pol} = \boxed{\phantom{XXXX}} \ \mu A$$

Este valor permite saber el punto de trabajo de la tensión de salida $V_o$.

$$V_o = V_{CC} - \beta \cdot I_B \cdot R = \boxed{\phantom{XXXX}} \ V$$

Podemos validar estos cálculos mediante una simulación SPICE. Si bien SPICE siempre empieza por calcular el punto de trabajo, podemos realizar tan sólo este análisis mediante la orden .OP (operating point). Entonces podremos imprimir los valores de tensiones o corrientes de trabajo para, en nuestro caso, obtener,

```
Circuit: Amplificador diferencial de dos etapas

DC Operating Point ...
v(4) = 5.881711e-02
i(vau1) = 9.901024e-06
i(vau2) = 9.803992e-06
i(vau3) = 1.940837e-07
```

donde el nodo 4 es el de salida, y las corrientes que circulan por las fuentes auxiliares vau1, vau2 y vau3 son la corriente de colector de Q2, $I_{C2}$, la corriente de emisor de Q4, $I_{E4}$, y la corriente de salida de la primera etapa, $I_o$, respectivamente.

## 11.5.2 Parámetros de pequeña señal

Con los resultados del apartado anterior ya se pueden encontrar los distintos parámetros de pequeñas señal que caracterizan a cada uno de los transistores, a partir de las relaciones encontradas en el capítulo 8.

Los transistores Q1 y Q2, por tener la misma corriente de colector, tienen la misma $g_m$ y la misma $r_\pi$:

$$g_{m1} = g_{m2} = g_{mp} = \frac{I_C}{v_T} = \boxed{\phantom{XXXX}} \ \Omega^{-1} \qquad r_{\pi1} = r_{\pi2} = r_{\pi p} = \frac{\beta}{g_{mp}} = \boxed{\phantom{XXXX}} \ k\Omega$$

Lo mismo ocurre con los transistores Q3 y Q4:

$$g_{m3} = g_{m4} = g_{mn} = \boxed{\phantom{XXXX}} \ \Omega^{-1} \qquad r_{\pi3} = r_{\pi4} = r_{\pi n} = \boxed{\phantom{XXXX}} \ k\Omega$$

Finalmente, en el transistor Q5, la corriente de colector será $\beta$ veces su corriente de base, de donde calculamos:

$$g_{m5} = \boxed{\phantom{XXXX}} \ \Omega^{-1} \qquad r_{\pi5} = \boxed{\phantom{XXXX}} \ k\Omega$$

### 11.5.3 Ganancia diferencial

Para calcular la ganancia diferencial partiremos del circuito equivalente en pequeña señal del amplificador, cuyo esquema se muestra en la figura 11.11:

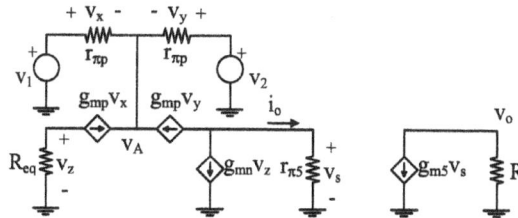

*Figura 11.11. Circuito equivalente de pequeña señal del amplificador diferencial*

Donde
$$R_{eq} = \frac{1}{g_{mn}} \left\| r_{\pi n} \right\| r_{\pi n} \cong \frac{1}{g_{mn}}$$

Además, aplicando la KCL encontramos que las tensiones $v_x$ y $v_y$ cumplen

$$\frac{v_x}{r_{\pi p}} + \frac{v_y}{r_{\pi p}} = -g_{mp} v_x - g_{mp} v_y \qquad v_x + v_y = -g_{mp} r_{\pi p} \left( v_x + v_y \right)$$

es decir, que obligatoriamente $v_x + v_y = 0$ o, lo que es lo mismo, $v_x = -v_y$.

Para calcular la ganancia diferencial en pequeña señal, encontramos el circuito equivalente en modo diferencial. Esto implica forzar $v_1 = v_d/2$ y $v_2 = -v_d/2$ y, sabiendo que $v_x = -v_y$ podemos deducir que el nodo A estará a tensión cero (referencia), con lo que el circuito que deberemos estudiar será

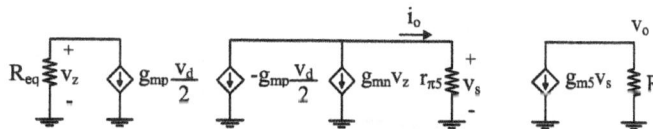

*Figura 11.12. Circuito equivalente de pequeña señal en modo diferencial*

Observamos que la corriente de salida, $i_o$, vale

$$i_o = -g_{mn} v_z - \left( -g_{mp} \frac{v_d}{2} \right)$$

Pero $v_z$ depende de $v_d$:

$$v_z = -R_{eq} g_{mp} \frac{v_d}{2} \approx -\frac{1}{g_{mn}} g_{mp} \frac{v_d}{2} \qquad\qquad \text{con lo que} \qquad\qquad i_o = g_{mp} v_d$$

Así que la transconductancia de pequeña señal de la primera etapa es

$$\frac{i_o}{v_d} = g_{mp} = \boxed{\phantom{xxxx}} \ \Omega^{-1}$$

A partir de aquí podemos encontrar la relación de la tensión de salida con la corriente de entrada en la segunda etapa:

$$v_o = -R \cdot g_{m5} \cdot r_{\pi5} \cdot i_o$$

La transimpedancia de la segunda etapa es de

$$\frac{v_o}{i_o} = -R \cdot g_{m5} \cdot r_{\pi5} = -\boxed{\phantom{xxxx}} \ V/A$$

A partir de los dos resultados parciales, podemos fácilmente calcular la ganancia diferencial de pequeña señal del circuito:

$$\frac{v_o}{v_d} = -R \cdot g_{m5} \cdot r_{\pi5} \cdot g_{mp} = -\boxed{\phantom{xxxx}}$$

Podemos ahora hacer una simulación excitando el circuito con una tensión diferencial de pequeña amplitud, por ejemplo 1 mV, y así validar los cálculos hechos:

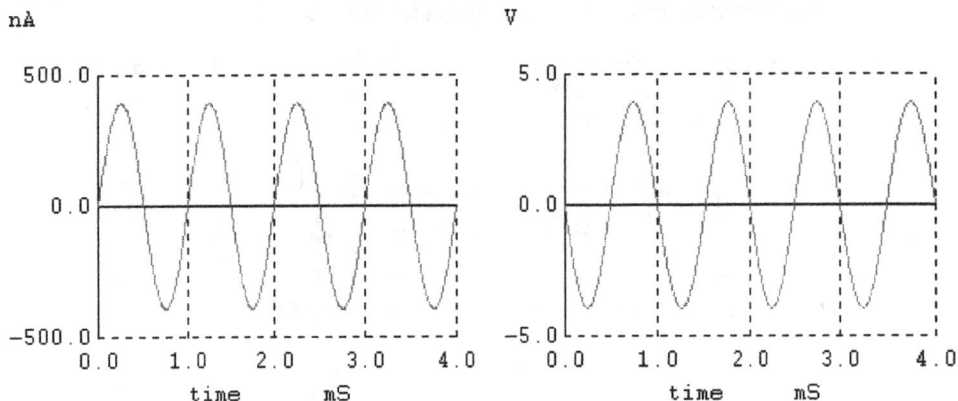

Pulsando sobre esta gráfica se accede al simulador. Desde el simulador, el comando EDIT permite modificar el fichero original.

*Figura 11.13. Corriente de salida de la primera etapa y tensión de salida del amplificador diferencial*

## 11.5.4 Cálculo de la resistencia de entrada

Para el cálculo de la resistencia de entrada en modo diferencial partimos del circuito en pequeña señal (figura 11.11) y excitamos con una fuente de corriente $i_x$ entre las entradas $v_1$ y $v_2$; calculamos entonces la caída de tensión que provoca la fuente.

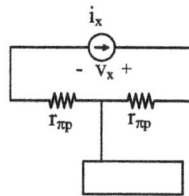

*Figura 11.14. Parte relevante del circuito para el cálculo de la resistencia de entrada*

Entonces, obtenemos directamente

$$R_{id} = \frac{v_x}{i_x} = \frac{r_{\pi p} i_x + r_{\pi p} i_x}{i_x} = 2r_{\pi p} = \boxed{\phantom{xxxx}}\ k\Omega$$

## 11.5.5 Compensación de polo dominante

Una compensación de la respuesta en frecuencia de tipo polo dominante se puede realizar, en este circuito, colocando un condensador entre el colector y la base del transistor 5. Suponiendo que todos los demás condensadores de los transistores son lo suficientemente pequeños como para que los puntos singulares (polos y ceros) de la función de transferencia ocurran a frecuencias mucho mayores, la ganancia de tensión del amplificador incluyendo el polo dominante viene dada por

$$A_v(s) = \frac{-A_{v0}}{1 + \dfrac{s}{\omega_p}}$$

De forma que si se desea, por ejemplo, una frecuencia de ganancia unidad de 1MHz podemos calcular la frecuencia asociada al polo dominante a partir del módulo de la ganancia en función de la frecuencia:

$$|A_v(\omega)| = \frac{A_{v0}}{\sqrt{1 + \dfrac{\omega^2}{\omega_p^2}}}$$

Igualando la ganancia a la unidad encontramos

$$1 = \frac{A_{v0}}{\sqrt{1 + \dfrac{\omega_u^2}{\omega_p^2}}} \approx \frac{A_{v0} \cdot \omega_p}{\omega_u}$$

De donde podemos calcular

$$\omega_p = \frac{\omega_u}{A_{v0}} = \boxed{\phantom{xxxx}}\ rad/s \qquad \text{o lo que es lo mismo,} \qquad f_p = \boxed{\phantom{xxxx}}\ Hz$$

Para encontrar el valor del condensador que permitirá diseñar la frecuencia de ganancia unidad de 1 MHz debe hacerse, como se muestra en el capítulo 9, que la constante de tiempo asociada al condensador sea igual al inverso de la pulsación del polo que queremos obtener. Esta constante de tiempo es igual a la capacidad multiplicada por la resistencia equivalente entre los nodos colector y base del transistor Q5.

Obtenemos el circuito para determinar esa resistencia equivalente suprimiendo las fuentes independientes del circuito equivalente en pequeña señal de la figura 11.11, y poniendo una fuente de corriente entre los nodos correspondientes. Al suprimir las fuentes $v_1$ y $v_2$, encontramos que $v_d = 0$ y, por tanto, $i_0 = 0$ también. En esas condiciones, el circuito que deberemos analizar es el mostrado en la figura siguiente:

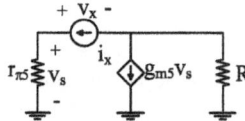

*Figura 11.15. Circuito para el cálculo de la resistencia equivalente*

Podemos escribir

$$v_x = r_{\pi 5} \cdot i_x - R\left(-i_x - g_{m5} \cdot r_{\pi 5} \cdot i_x\right) = \left(r_{\pi 5} + R + g_{m5} \cdot r_{\pi 5} \cdot R\right)i_x$$

y calcular el valor de la resistencia equivalente como la relación entre la tensión que provoca la fuente y la corriente aportada por ésta:

$$R_{eq} = r_{\pi 5} + R + g_{m5} \cdot r_{\pi 5} \cdot R = \boxed{\phantom{xxxxx}} \ M\Omega$$

Conocido el valor de la resistencia equivalente, encontramos el valor del condensador:

$$\omega_p = \frac{1}{R_{eq}C} \quad \Rightarrow \quad C = \frac{1}{R_{eq}\omega_p} = \boxed{\phantom{xxxxx}} \ pF$$

Si simulamos el circuito añadiendo la capacidad calculada, de nuevo para una señal diferencial de 1 mV de amplitud, podemos observar cómo la respuesta en frecuencia corta la ganancia unidad (0 dB) en 1 MHz, como esperábamos.

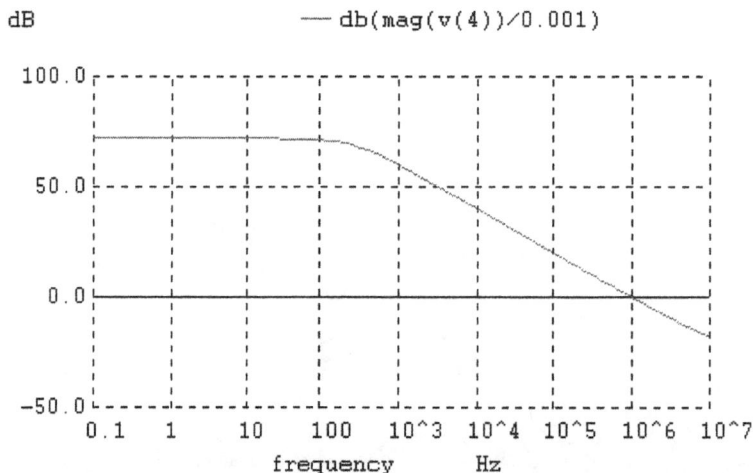

Pulsando sobre esta gráfica se accede al simulador. Desde el simulador, el comando EDIT permite modificar el fichero original.

*Figura 11.16. Respuesta frecuencial del amplificador diferencial con condensador de compensación*

## 11.6 Problemas

### Problema 11.1

El circuito de la figura es un amplificador operacional a las entradas del cual se conecta la misma señal, $V_{cm}$, para poder calcular su ganancia de modo común, $A_{cm}$.

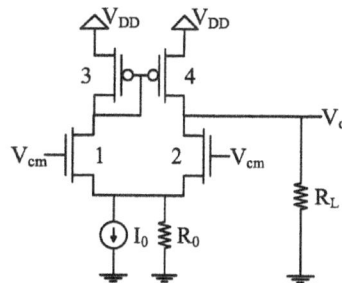

*Figura 11.17. Circuito en estudio*

a) Encontrar el circuito equivalente en pequeña señal considerando que las resistencias de salida, $r_o$, de los transistores MOS es infinita, y escribir la expresión de la ganancia en modo común, $A_{cm} = v_o/v_{cm}$.

b) Calcular el valor de dicha ganancia, si los dos transistores PMOS tienen la misma relación de aspecto, $(W/L)_3 = (W/L)_4 = 4$, y los dos NMOS son también iguales, $(W/L)_1 = (W/L)_2 = 1$. Los distintos parámetros del circuito valen: $I_0 = 20 \ \mu A$, $R_L = 1 \ k\Omega$, $R_0 = 1 \ M\Omega$, $V_{DD} = 5 \ V$, $k'_N = 80 \times 10^{-6} \ A/V^2$ y $k'_P = 40 \times 10^{-6} \ A/V^2$.

c) Calcular de nuevo dicha ganancia con los mismos datos pero con los transistores PMOS ligeramente desequilibrados, con $(W/L)_3 = 4$ y $(W/L)_4 = 4.1$.

### Solución

a) El circuito equivalente de pequeña señal en modo común es el de la figura siguiente:

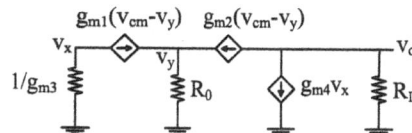

*Figura 11.18. Circuito equivalente en modo común*

Con lo que la expresión de la ganancia en modo común es

$$A_{cm} = R_L \frac{g_{m1} \dfrac{g_{m4}}{g_{m3}} - g_{m2}}{1 + R_0 \left(g_{m1} + g_{m2}\right)}$$

b) En el circuito, la corriente del punto de trabajo que circula por las dos ramas de transistores es la misma, con lo que $g_{m1} = g_{m2}$ y $g_{m3} = g_{m4}$. Por lo tanto, la ganancia en modo común vale

$$A_{cm} = \boxed{\phantom{xxxxxx}}$$

c) En este caso ya no se cumple que $g_{m3} = g_{m4}$. Calculamos primero los valores concretos de los parámetros de pequeña señal:

$$g_{m1} = g_{m2} = \sqrt{2k'_N \left(\frac{W}{L}\right)_N I_D} = \boxed{\phantom{xxxxx}} \ \mu A / V$$

$$\frac{g_{m4}}{g_{m3}} = \sqrt{\frac{\left(W/L\right)_3}{\left(W/L\right)_4}} = \boxed{\phantom{xxxxx}}$$

Y con ellos el valor de la ganancia en modo común que, evidentemente, deja de valer cero:

$$A_{cm} = \boxed{\phantom{xxxxx}}$$

## Problema 11.2

El circuito de la figura es un amplificador diferencial de corriente. Calcular la relación entre la corriente de salida con las corrientes de entrada si todos los transistores son idénticos, excepto M6 que es k veces más ancho que los demás.

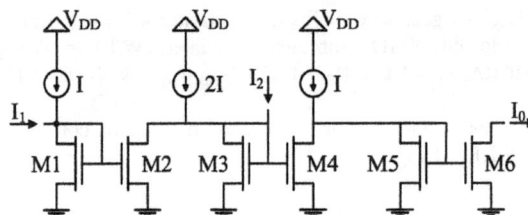

*Figura 11.19. Amplificador diferencial de corriente*

## Solución

$$I_0 = k \cdot \left(I_1 - I_2\right)$$

Capítulo 12
Amplificadores operacionales CMOS

# LECCIÓN 12

## Amplificadores operacionales CMOS

# Índice

NOTA: Este es un documento interactivo. Los diferentes elementos interactivos estarán marcados sobre el texto en color gris. Para un correcto funcionamiento de los vínculos presentes en el documento, es necesario que se haya seguido el procedimiento de instalación descrito en la guía de instalación de la asignatura.

## 12.1 Introducción

Una vez descritas las propiedades diferenciales y de modo común de los amplificadores en las lecciones anteriores, y haciendo uso de los conceptos en ellas presentados, esta lección entra en el detalle del diseño de los transistores de amplificadores operacionales CMOS, centrándose en un circuito de dos etapas que puede considerarse representativo de este tipo de amplificadores.

El diseño del tamaño de los transistores se basa en la relación que dichos tamaños tienen con propiedades funcionales del amplificador operacional, y que constituyen las especificaciones del mismo. Estas especificaciones son, principalmente:

- producto ganacia por ancho de banda
- ganancia en baja frecuencia
- *slew-rate*

a partir de cuyos valores pueden dimensionarse los principales transistores. Teniendo, además, en cuenta que los transistores deben estar saturados para el funcionamiento lineal, la condición de saturación establece cotas para las dimensiones de otros transistores.

## 12.2 Amplificador operacional de dos etapas

El circuito de la figura es un amplificador operacional formado por 8 transistores que tiene dos etapas. Una etapa diferencial de entrada, compuesta por los transistores 1, 2, 3 y 4, y un amplificador de salida dado por el transistor 5. Ambas etapas están polarizadas por fuentes de corriente (transistores 6 y 7) y un circuito de referencia realizado con el transistor 8 y la resistencia R.

Los transistores 3 y 4 son las cargas activas de los dos transistores de entrada del par diferencial y el transistor 6, además de ser la salida de la fuente de polarización del transistor 5, actúa de carga activa del mismo. El amplificador tiene incorporada una compensación de polo dominante mediante el condensador $C_C$ conectado entre el drenador y la puerta del transistor 5.

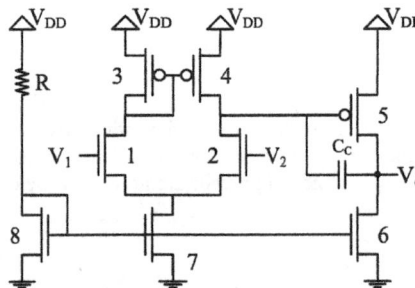

*Figura 12.1. Esquema del amplificador operacional propuesto*

## 12.3 Cálculo de la ganancia diferencial

Para calcular la ganancia diferencial, estudiaremos el circuito equivalente de pequeña señal en modo diferencial del circuito de la figura 12.1. En el circuito equivalente de los transistores, a frecuencias bajas-medias no consideraremos las capacidades puesto que la respuesta frecuencial se considerará condicionada exclusivamente por el condensador de compensación de polo dominante $C_C$.

Empezando el análisis por los transistores 6, 7 y 8, así como la resistencia R, vemos que esta parte del circuito tendrá como circuito equivalente el mostrado en la figura 12.2:

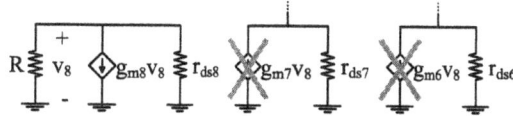

*Figura 12.2. Parte del circuito equivalente en pequeña señal*

Se observa, a la izquierda, que $v_8$ debe ser forzosamente cero, y por tanto que los transistores 6 y 7 se pueden sustituir sólo por su resistencia $r_{ds}$. Cabía esperar este resultado, ya que la tensión $V_{gs}$ de los tres transistores es constante, y tienen, por tanto, valor cero en pequeña señal.

A continuación, por un razonamiento análogo al descrito en la lección undécima, y dada la simetría de las dos ramas del par diferencial, podríamos concluir que por $r_{ds7}$ no circula corriente. Si miramos el circuito equivalente sin contemplar las $r_{ds}$ de los transistores M1 a M4 esta afirmación es estrictamente cierta, y en el caso general, una aproximación que permite llegar a soluciones analíticas sencillas. En consecuencia, los surtidores de los transistores 1 y 2 están efectivamente a cero voltios en modo diferencial y pequeña señal. En tal caso el circuito equivalente resultante es

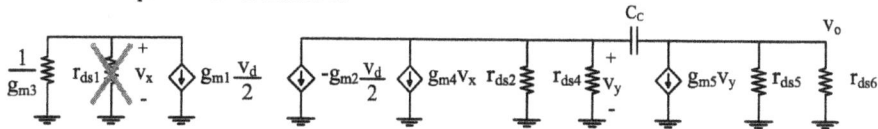

*Figura 12.3. Circuito equivalente en pequeña señal*

De este circuito se deduce que

$$v_x = -\frac{g_{m1}}{g_{m3}}\frac{v_d}{2} \qquad g_{m4}v_x = -\frac{g_{m4}}{g_{m3}}g_{m1}\frac{v_d}{2} = -g_{m1}\frac{v_d}{2}$$

Con lo que, finalmente, se puede simplificar y compactar el circuito de la siguiente forma:

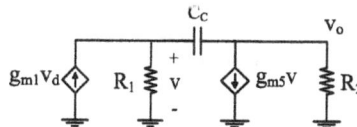

*Figura 12.4. Circuito equivalente en pequeña señal simplificado*

Como se ve, para poder realizar la simplificación del circuito es necesario que las ramas del par diferencial sean simétricas:

$$g_{m1} = g_{m2} \qquad\qquad g_{m4} = g_{m3}$$

lo que implica una restricción sobre el tamaño de estos dos transistores. Y, además, los parámetros $R_1$ y $R_2$ se corresponden con:

$$R_1 = r_{ds2} \| r_{ds4} = \frac{1}{\lambda_2 I_{D2} + \lambda_4 I_{D4}} \qquad\qquad R_2 = r_{ds5} \| r_{ds6} = \frac{1}{\lambda_5 I_{D5} + \lambda_6 I_{D6}}$$

Estudiando el circuito, podemos escribir la ecuacion dada por la KVL en el nodo de salida:

$$\left(v - v_o\right)\cdot sC_c = g_{m5}v + \frac{v_o}{R_2} \quad \text{o lo que es lo mismo} \quad v = v_o\,\frac{sC_c + 1/R_2}{sC_c - g_{m5}}$$

Igualando las corrientes entrante y saliente de la capacidad $C_C$, obtenemos una nueva ecuación:

$$g_{m1}v_d - \frac{v}{R_1} = g_{m5}v + \frac{v_o}{R_2}$$

Y sustituyendo la relación entre $v$ y $v_o$ encontrada podemos calcular la ganancia de tensión:

$$g_{m1}v_d = \left[\left(1/R_1 + g_{m5}\right)\frac{sC_c + 1/R_2}{sC_c - g_{m5}} + 1/R_2\right]v_o \qquad v_o = -\frac{g_{m1}\left(g_{m5} - sC_c\right)}{\left(1/R_1 + g_{m5}\right)\left(sC_c + 1/R_2\right) + 1/R_2\left(sC_c - g_{m5}\right)}v_d$$

$$\frac{v_o}{v_d} = -R_1 R_2 g_{m1} g_{m5}\,\frac{1 - sC_c/g_{m5}}{1 + sC_c\left(g_{m5}R_1 R_2 + R_1 + R_2\right)}$$

Esta función ganancia diferencial tiene un polo y un cero, por lo que puede representarse por la forma genérica siguiente:

$$\frac{v_o}{v_d} = A_0\,\frac{\left(1 + s/z\right)}{\left(1 + s/p\right)}$$

Identificando terminos, observamos que la ganancia en baja frecuencia, $A_0$, valdrá

$$A_0 = -R_1 R_2 gm_1 gm_5$$

Y el polo y el cero estarán en

$$p = \frac{-1}{C_C\left(g_{m5}R_1 R_2 + R_1 + R_2\right)} \qquad z = \frac{g_{m5}}{C_C}$$

Normalmente el cero de esta función ocurrirá a frecuencias mucho mayores que la frecuencia de ganancia unidad y, por lo tanto, no afectará al funcionamiento del circuito en la banda de interés. Entonces podemos calcular el producto ganancia por ancho de banda:

$$GBW = \left|A_0 \cdot p\right| = \frac{R_1 R_2 g_{m1} g_{m5}}{C_C\left(g_{m5}R_1 R_2 + R_1 + R_2\right)} \approx \frac{g_{m1}}{C_C}$$

## Ejercicio 12.1

Deseamos dimensionar los componentes del circuito de la figura 12.1 para obtener un amplificador operacional con un valor absoluto de ganancia de baja frecuencia de 24000 y un producto ganancia por ancho de banda de $2\pi\cdot10^6$ rad/s. Queremos que la tensión de alimentación sea de 5V, el condensador de compensación de respuesta frecuencial sea de 5 pF, la resistencia de polarización R sea de 75 k$\Omega$ y que las corrientes de polarización que proporcionan M6, M7 y M8 sean de 50, 10 y 50 $\mu$A, respectivamente. Para simplificar los cálculos asumiremos que todos los transistores tienen un valor de $\lambda = 0.01$ V$^{-1}$ y el resto de parámetros corresponden a los transistores de las prácticas, con el modelo descrito en los ficheros de simulación.

a) Calcular la corriente que circula por los transistores M1, M2, M3 y M4 cuando la señal diferencial es nula ($v_d$=0). Encontrar la relación de aspecto de los transistores M1 y M2 para satisfacer la especificación del GBW.

b) Calcular la relación de aspecto de M5 para cumplir la especificación de ganancia a baja frecuencia. Verificar que el cero de la función de ganancia se encuentra por encima de la frecuencia de transición.

c) El transistor M3 estará siempre saturado, dado el cortocircuito entre su puerta y su drenador, pero el transistor M4 corre el riesgo de salir de saturación. Para asegurar que esto no se produce, diseñaremos el circuito de forma que cuando $v_d = 0$, $V_{SG5} = V_{SG3}$. Encontrar las relaciones de aspecto de los transistores M3 y M4 que permitan cumplir dicha condición.

d) Calcular los tamaños de los transistores M8, M7 y M6 para que con $v_d = 0$ circulen por ellos las corrientes especificadas.

## Solución

a) Por M3 y M4 circula la misma corriente, puesto que se trata de un espejo de corriente en que ambos tienen la misma $V_{gs}$ y el mismo tamaño. Cuando $v_d = 0$, ocurre lo mismo con M1 y M2. Finalmente, por construcción, por M3 y M1 circula la misma corriente de drenador. Por ello

$$I_{DQ1} = I_{DQ2} = I_{DQ3} = I_{DQ4} = \frac{I_{DQ7}}{2} = \boxed{\phantom{XXX}} \ \mu A$$

Como deseamos un GBW de $2\pi \cdot 10^6$ rad/s, y hemos encontrado que este está relacionado con el tamaño de M1, podemos calcular $g_{m1}$:

$$GBW \approx \frac{g_{m1}}{C_C} \qquad\qquad g_{m1} = \boxed{\phantom{XXX}} \ A/V$$

Y sabiendo $g_{m1}$ y $I_{DQ1}$, encontramos la relacion de aspecto de los transistores M1 y M2:

$$g_{m1} = \sqrt{2k_{N1}I_{DQ1}} \qquad\qquad \left(\frac{W}{L}\right)_1 = \left(\frac{W}{L}\right)_2 = \boxed{\phantom{XXX}}$$

b) Para cumplir la especificación de la ganancia en baja frecuencia, sólo nos queda una variable de diseño libre, que es el valor de $g_{m5}$. Efectivamente, $R_1$ y $R_2$ sólo dependen de las corrientes de polarización de M2, M4, M5 y M6 y del factor $\lambda$. Además, sabemos que las corrientes de punto de trabajo de M5 y M6 son la misma.

$$R_1 = \frac{1}{\lambda I_{D2} + \lambda I_{D4}} = \boxed{\phantom{XXX}} \ M\Omega \qquad\qquad R_2 = \frac{1}{\lambda I_{D5} + \lambda I_{D6}} = \boxed{\phantom{XXX}} \ M\Omega$$

La expresión de la ganancia en baja frecuencia permite entonces calcular $g_{m5}$:

$$|A_0| = R_1 R_2 g_{m1} g_{m5} \qquad\qquad g_{m5} = \boxed{\phantom{XXX}} \ A/V$$

De donde podemos calcular la relación de aspecto del transistor:

$$g_{m5} = \sqrt{2k_{P5}I_{DQ5}} \qquad\qquad \left(\frac{W}{L}\right)_5 = \boxed{\phantom{XXX}}$$

Dado que la posición del cero en la respuesta frecuencial del amplificador dependía sólo del transistor M5, es posible comprobar ahora si queda más allá de la frecuencia de ganancia unidad, que es, según las especificaciones, de 1MHz:

$$f_z = \frac{g_{m5}}{2\pi C_C} = \boxed{\phantom{xxxxx}}\; MHz$$

c) Para que M4 esté siempre en saturación, debe cumplirse que $V_{SD4} \geq V_{SG4} - |V_{TP}|$. Dado que $V_{SG4} = V_{SG3}$ y que $V_{SD4} = V_{SD5}$ por construcción, asegurando que $V_{SG5} = V_{SG3}$ sabremos que M4 está en saturación:

$$I_{DQ5} = \frac{k'_P}{2}\left(\frac{W}{L}\right)_5 \left(V_{SG5} - |V_{TP}|\right)^2 \qquad I_{DQ3} = \frac{k'_P}{2}\left(\frac{W}{L}\right)_3 \left(V_{SG3} - |V_{TP}|\right)^2$$

Como deseamos $V_{SG5} = V_{SG3}$, dividiendo las dos ecuaciones obtendremos las relaciones de aspecto:

$$\frac{I_{DQ3}}{I_{DQ5}} = \frac{(W/L)_3}{(W/L)_5} \qquad \left(\frac{W}{L}\right)_3 = \left(\frac{W}{L}\right)_4 = \boxed{\phantom{xxxxx}}$$

d) La caída de tensión en la resistencia R permite calcular la $V_{GS}$ de los tres transistores, M6, M7 y M8:

$$V_{DD} - V_{GS} = RI_{DQ8} \qquad V_{GS} = \boxed{\phantom{xxxx}}\; V$$

Y a partir de $V_{gs}$, podemos encontrar las relaciones de aspecto de los transistores:

$$I_{DQ} = \frac{k'_N}{2}\left(\frac{W}{L}\right)(V_{GS} - V_{TN})^2 \qquad \left(\frac{W}{L}\right)_6 = \left(\frac{W}{L}\right)_8 = \boxed{\phantom{xxx}} \qquad \left(\frac{W}{L}\right)_7 = \boxed{\phantom{xxx}}$$

Si simulamos el circuito con los parámetros propuestos, obtenemos la respuesta frecuencial de la figura 12.5:

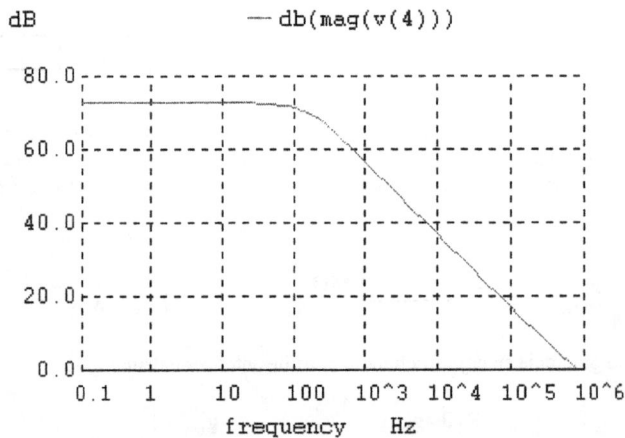

Pulsando sobre esta gráfica se accede al simulador. Desde el simulador, el comando EDIT permite modificar el fichero original.

*Figura 12.5. Respuesta frecuencial del amplificador operacional propuesto*

Observamos que el producto GBW obtenido es de 0.7 MHz, un poco inferior al 1MHz especificado, y que la ganancia de baja frecuencia es de poco más de 72 dB, sensiblemente menor que los 87.6 especificados.

## Ejercicio 12.2

El circuito de la figura 12.6 es un amplificador operacional CMOS que deseamos analizar.

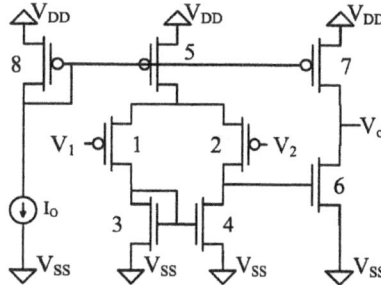

*Figura 12.6. Amplificador operacional CMOS*

La corriente de polarización es de $I_0$ = 20 $\mu$A y las tensiones de alimentacion del circuito son simétricas, con $V_{DD}$ = 5V y $V_{SS}$ = -5V. Todos los transistores tienen una relación de aspecto de (W/L) =100/8, excepto M3 y M4, que tienen (W/L) = 50/8 y los mismos parámetros tecnológicos del ejercicio 12.1.

a) Calcular la corriente que circula por cada uno de los transistores cuando $V_1 = V_2$.

b) Calcular la $V_{GS}$ en los transistores M6 y M7, suponiendo que están en saturación y que $\lambda$=0. Usando el valor de $V_{GS}$ calculado, pero sabiendo que $\lambda_{NMOS}$ = 0.012 y $\lambda_{PMOS}$ = 0.006, encontrar el valor de la tensión de salida, $V_O$.

c) Suponer que en régimen de pequeña señal y modo diferencial la etapa de entrada, formada por los transistores M1 a M5, puede sustituirse por el circuito equivalente de la figura:

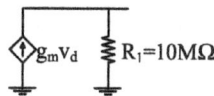

*Figura 12.7. Circuito equivalente de la etapa diferencial*

donde $g_m$ es la transconductancia de el transistor M1 (idéntica a la del transistor M2). Dibujar el resto del circuito equivalente y encontrar la expresión de la ganancia diferencial cuando se añade un condensador de compensación de 10 pF entre el drenador y la puerta del transistor M6. Obtener la ganancia de baja frecuencia y la posición del polo en la respuesta frecuencial.

## Solución

a) La corriente de M8 la fuerza la fuente de corriente, y como $V_{SG5} = V_{SG7} = V_{SG8}$, las corrientes por los tres transistores serán iguales. Por construcción, por M6 circula la misma corriente que por M7:

$$I_{D5} = I_{D6} = I_{D7} = I_{D8} = \boxed{\phantom{xxxx}} \mu A$$

Además, también por construcción, por M1 y M2 circulan las mismas corrientes que por M3 y M4 respectivamente. Podemos calcular las cuatro sabiendo que $V_{GS3} = V_{GS4}$, y que la suma de las corrientes por M1 y M2 es igual a la que circula por M5:

$$I_{D1} = I_{D2} = I_{D3} = I_{D4} = \boxed{\phantom{xxxx}} \ \mu A$$

b) Sabiendo la corriente, calculamos las tensiones puerta surtidor de ambos transistores:

$$I_{D6} = \frac{K_{N6}}{2} \left( V_{GS6} - V_{TN} \right)^2 \qquad\qquad V_{GS6} = \boxed{\phantom{xxxx}} \ V$$

$$I_{D7} = \frac{K_{P7}}{2} \left( V_{SG7} - |V_{TP}| \right)^2 \qquad\qquad V_{SG7} = \boxed{\phantom{xxxx}} \ V$$

Para calcular $V_O$, hay que encontrar las $V_{DS}$ de los transistores M6 y M7, y para ello usamos la expresión que considera $\lambda$. Como los términos con $V_{GS}$ son iguales, tenemos que

$$\left. \begin{array}{c} \lambda_{NMOS} \cdot V_{DS6} = \lambda_{PMOS} \cdot V_{SD7} \\ V_{DS6} + V_{SD7} = V_{DD} - V_{SS} \end{array} \right\} \qquad V_O = \boxed{\phantom{xxxx}} \ V$$

c) Añadimos los circuitos equivalentes de los tres transistores restantes al circuito propuesto para la etapa diferencial:

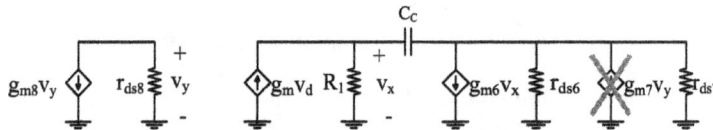

*Figura 12.8. Circuito equivalente en modo diferencial*

Podemos observar que la tensión $v_y$ es la $v_{gs}$ del transistor M8 (y a su vez de M7), y que $v_x$ es la tensión $v_{gs}$ del transistor M6. La parte de la izquierda del circuito permite ver que $v_y = 0$, ya que $v_y = -g_{m8}v_y r_{ds8}$, o sea $v_y(1+g_{m8}r_{ds8}) = 0$, que implica $v_y = 0$. Este razonamiento es análogo al realizado en el ejercicio anterior. Se puede entonces simplificar el circuito equivalente a estudiar al de la figura 12.9.

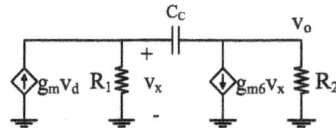

*Figura 12.9. Circuito equivalente en modo diferencial simplificado*

donde $R_2$ es el paralelo de $r_{ds6}$ y $r_{ds7}$. A partir del circuito podremos encontrar la ganancia diferencial. Por un lado, la KCL en el nodo $v_x$ dice

$$g_m v_d - \frac{v_x}{R_1} = \left( v_x - v_o \right) s C_c \quad \text{de donde lo que podemos escribir que} \quad v_x = \frac{g_m v_d + s C_c v_o}{s C_c + \dfrac{1}{R_1}}$$

Por otro lado, la corriente que entra en el condensador es la misma que la que sale:

$$g_m v_d - \frac{v_x}{R_1} = g_{m6} v_x + \frac{v_o}{R_2}$$

Sustituyendo la relación antes encontrada por $v_x$, podemos llegar a una expresión para la ganancia diferencial:

$$A_d = \frac{v_o}{v_d} = \frac{-g_m \left( g_{m6} - sC_c \right)}{sC_c \left( g_{m6} - sC_c \right) + \left( \frac{1}{R_1} + sC_c \right) \left( \frac{1}{R_2} + sC_c \right)}$$

en que $R_1$ es la propuesta para modelar la primera etapa, y quedan por calcular $g_m$, $g_{m6}$ y $R_2$:

$$g_m = \sqrt{2K'_P \left( \frac{W}{L} \right)_1 I_{D1}} = \boxed{\phantom{xxxx}} \; \mu A / V$$

$$g_{m6} = \sqrt{2K'_N \left( \frac{W}{L} \right)_6 I_{D6}} = \boxed{\phantom{xxxx}} \; \mu A / V$$

$$R_2 = r_{ds6} \| r_{ds7} = \frac{1}{\lambda_{NMOS} I_{D6} + \lambda_{PMOS} I_{D7}} = \boxed{\phantom{xxxx}} \; M\Omega$$

Reordenando la expresión de la ganancia de tensión, podemos encontrar la ganancia a baja frecuencia y la frecuencia del polo:

$$|A_{d0}| = |-g_m g_{m6} R_1 R_2| = \boxed{\phantom{xxxx}} \; dB$$

$$f_p = \frac{1}{2\pi R_1 R_2 C_C \left( g_{m6} + \frac{1}{R_1} + \frac{1}{R_2} \right)} = \boxed{\phantom{xxxx}} \; Hz$$

Simulando el amplificador propuesto podemos validar las soluciones de los apartados anteriores y encontrar la respuesta frecuencial. La figura siguiente representa dicha ganancia en función de la frecuencia:

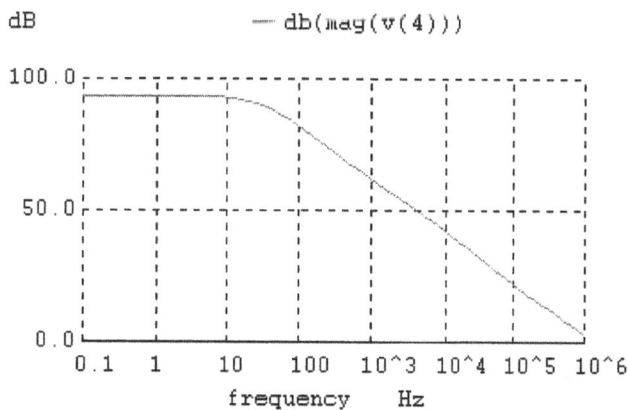

Pulsando sobre esta gráfica se accede al simulador. Desde el simulador, el comando EDIT permite modificar el fichero original.

*Figura 12.10. Respuesta frecuencial simulada del amplificador operacional*

## 12.4 *Slew rate* en amplificadores operacionales

Hasta ahora, los análisis realizados llevaban implícito que el amplificador operacional era un dispositivo lineal, dado que siempre se usaban conceptos de pequeña señal, asumiendo que las variaciones de tensión a la salida eran de pequeña magnitud. Existe, por otro lado, otra limitación del comportamiento ideal de un amplificador operacional relacionada con variaciones de gran amplitud a la salida, provocadas por variaciones a la entrada que lleven al operacional a la saturación. La distorsión de la señal asociada dependerá de la velocidad a la que la salida debe cambiar para seguir las variaciones a la entrada. Esta limitación es conocida como *slew rate*.

La limitación por *slew rate* está físicamente asociada a la velocidad finita a la que las capacidades del amplificador operacional, incluyendo el condensador de compensación, pueden ser cargadas o descargadas en respuesta a la entrada. En un condensador, la velocidad a la que las tensiones pueden cambiar viene dada por la relación

$$\frac{dV}{dt} = \frac{I}{C}$$

En un amplificador operacional real, la corriente está limitada a algún valor maximo, $I_{MAX}$. Entonces el *slew rate*, definido por la máxima velocidad de cambio posible de la salida, será

$$SR = \frac{I_{MAX}}{C}$$

Para ilustrar el efecto del *slew rate*, simulamos el amplificador operacional del ejercicio 12.2 con una señal cuadrada a la entrada que lo lleve a saturación. Cabe esperar un *slew rate* de 2 V/μs, ya que el condensador de compensación, que es la capacidad mayor en el circuito, es de 10 pF, y las corrientes máximas involucradas en su carga y descarga son iguales a la de polarización, $I_{pol} = 20$ μA.

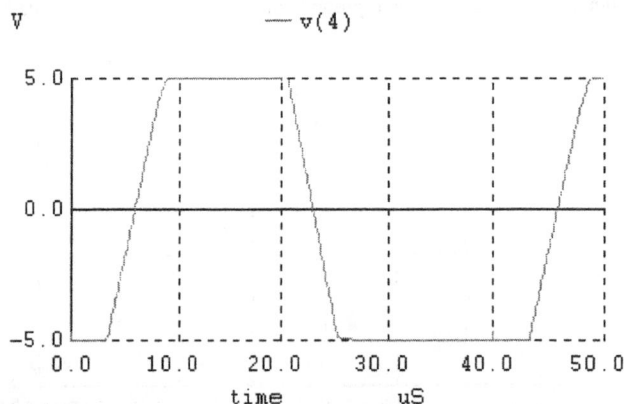

Pulsando sobre esta gráfica se accede al simulador. Desde el simulador, el comando EDIT permite modificar el fichero original.

*Figura 12.11. Respuesta temporal del amplificador operacional*

En la figura se puede observar cómo la salida cambia efectivamente a un ritmo de aproximadamente 2 V/μs.

## 12.5 Problemas

### Problema 12.1

En el circuito de la figura los transistores NMOS tienen una relación de aspecto de $(W/L)_N = 1$, y los transistores PMOS tienen una anchura doble que los NMOS.

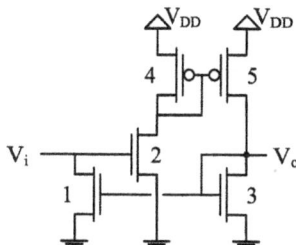

*Figura 12.12. Circuito en estudio*

a) Calcular la tensión de entrada necesaria para que la tensión de salida en el punto de trabajo sea la mitad de la tensión de alimentación, $V_o = V_{DD}/2 = 2.5$ V. Comprobar que en este caso todos los transistores están en zona de saturación.

b) Encontrar la ganancia de pequeña señal del circuito, así como sus resistencias incrementales, tanto de entrada como de salida

### Solución

a) La corriente que circula por todos los transistores en el punto de trabajo es la misma, por los espejos formados por M4 y M5 y M1 y M3. Por ello, $V_{GS2} = V_{GS3}$:

$$V_{iQ} = \boxed{\phantom{XXXX}} \text{ V}$$

Para comprobar que los transistores están en saturación, debemos encontrar la tensión del nodo de puerta de los dos transistores PMOS:

$$V_{xQ} = \boxed{\phantom{XXXX}} \text{ V}$$

b) Para calcular los parámetros de pequeña señal partimos del circuito equivalente:

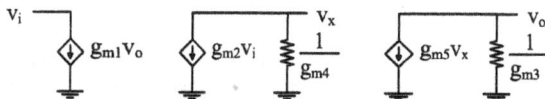

*Figura 12.13. Circuito equivalente en pequeña señal*

Entonces, las características de pequeña señal del circuito, como la ganancia de tensión se calculan como

$$A_v = \frac{v_o}{v_i} = \frac{g_{m2}g_{m5}}{g_{m3}g_{m4}} = \boxed{\phantom{XXXX}}$$

Y las resistencias de entrada y salida serán

$$r_i = \frac{v_i}{i_i} = \frac{g_{m3} g_{m4}}{g_{m1} g_{m2} g_{m5}} = \boxed{\phantom{XXXX}} \ k\Omega$$

$$r_o = \frac{v_o}{i_o} = \frac{1}{g_{m3}} = \boxed{\phantom{XXXX}} \ k\Omega$$

## Problema 12.2

El circuito de la figura tiene una polarización adaptativa que intenta mejorar el *slew rate* del amplificador diferencial. En él, las fuentes de corriente $I_{s1}$ o $I_{s2}$ proporcionan corriente cuando hay un desequilibrio entre las entradas diferenciales, y funciona de la siguiente forma:

- $V_{i1} = V_{i2}$    $I_{s1} = I_{s2} = 0$
- $V_{i1} > V_{i2}$    $I_{s1} \neq 0;\ I_{s2} = 0$
- $V_{i1} < V_{i2}$    $I_{s1} = 0;\ I_{s2} \neq 0$

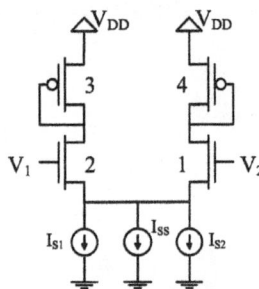

*Figura 12.14 Amplificador diferencial con polarización adaptativa*

Las fuentes $I_{s1}$ e $I_{s2}$ se realizan como indica la figura 12.15, donde $I_1$ e $I_2$ son copias de las corrientes de drenador que circulan por los transistores M1 y M2, hechas reflejando la corriente de los tranisitores M3 y M4 respectivamente.

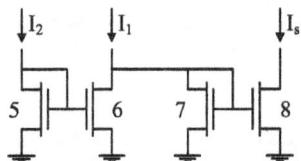

*Figura 12.15. Fuente de corriente $I_{S1}$*

Las dimensiones de los transistores de la fuente son idénticas, excepto M8, que tiene una anchura menor a la del resto, $W_8 = K \cdot W$, con $K < 1$.

a) Encontrar la dependencia de $I_{S1}$ con $I_1$ e $I_2$, en el caso en que $I_1 > I_2$.

b) En un instante determinado, las entradas pasan de ser iguales, a ser $V_{i1} \gg V_{i2}$. Describir la evolución temporal de las corrientes $I_1$, $I_2$ e $I_{S1}$ mientras dure dicha condición de entrada. Calcular el valor final de $I_1$ para el caso de $K = 0.5$ si $I_{SS} = 10 \ \mu A$.

c) Calcular el *slew rate* si el condensador a cargar es de 1 nF y compararlo con el que tendría el diferencial sin las fuentes $I_{S1}$ e $I_{S2}$.

## Solución

a) Si $I_{S1} = I_{D8}$, $I_{D8} = K \cdot I_{D7}$, $I_{D7} = I_1 - I_{D5}$, $I_{D5} = I_{D4}$ e $I_{D4} = I_2$, obtenemos

$$I_{S1} = K \cdot (I_1 - I_2)$$

b) Inicialmente, mientras $V_{i1} = V_{i2}$, $I_{S1} = 0$, e $I_1 = I_2 = I_{SS}/2$. En el momento en que $V_{i1} \gg V_{i2}$, $I_2$ pasa a valer 0, con lo que $I_1 = I_{SS} + I_{S1}$, e $I_{S1} = K \cdot (I_1 - I_2) = K \cdot I_1$, es decir, que al aumentar $I_1$ aumenta $I_{S1}$ y al aumentar $I_{S1}$ vuelve a aumentar $I_1$. El valor final al que llega la corriente es de

$$I_1 = \frac{I_{SS}}{1 - K} = \boxed{\phantom{XXXXX}} \ \mu A$$

c) El *slew rate* vendrá determinado por la corriente máxima que pueda circular por el condensador.

$$SR = \frac{I_{MAX}}{C} = \frac{I_{SS}}{(1-K) \cdot C} = \boxed{\phantom{XXXXX}} \ V/s$$

Que en el caso de K=0.5 es el doble que el *slew rate* que obtendríamos sin las fuentes auxiliares $I_{S1}$ e $I_{S2}$.

## Problema 12.3

El circuito de la siguiente figura es una etapa diferencial de un amplificador operacional, del que queremos averiguar el margen de tensiones de entrada en que los tres transistores están en saturación:

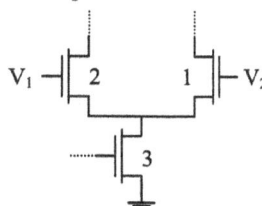

*Figura 12.16. Parte del circuito en estudio*

a) Suponiendo que la corriente de drenador de M3 es de 10 $\mu A$, la $K_N$ de los tres transistores es de 80 $\mu A/V^2$ y la $V_{TN} = 1V$, calcular el mínimo valor de $V_{DS3}$ que hace que el transistor 3 esté saturado. Calcular el mínimo valor de la tensión de modo común, $V_{cm}$ cuando la tensión diferencial es nula ($V_d = 0$), lo que permite que M3 esté saturado. Encontrar en dicho caso el menor valor de tensión de drenador de M1, necesaria para que M1 esté también saturado.

Se observa que el circuito sólo permite trabajar con señales en modo común altas. Para evitar este problema, se recurre a circuitos paralelo como el de la figura 12.17, en que cuando la señal de modo común es cercana a cero, el par diferencial NMOS está cortado, cuando es cercana a $V_{DD}$, el diferencial PMOS está cortado, y en situaciones intermedias, ambos diferenciales están trabajando.

En este caso, la transconductancia de la etapa diferencial es igual a la suma de las transconductancias de ambos diferenciales,

$$g_{mT} = g_{mn} + g_{mp}$$

de forma que depende de la tensión de entrada en modo común.

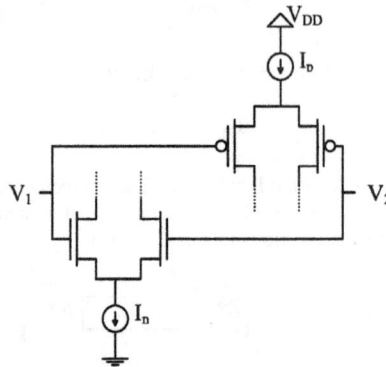

*Figura 12.17. Pares diferenciales NMOS y PMOS en paralelo*

b) Encontrar la expresión que relaciona la transconductancia total con $I_n$ e $I_p$ si los transistores de ambos pares diferenciales tienen $K_N = K_P = K$, y $V_{TN} = -V_{TP}$.

Para asegurar que la transconductancia total es constante se recurre al circuito de la figura 12.18.

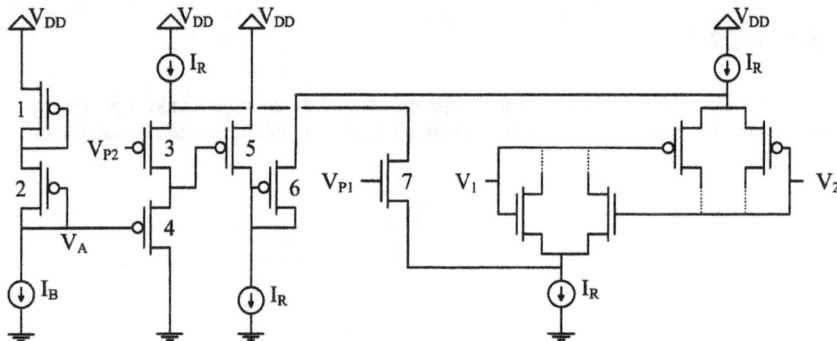

*Figura 12.18. Circuito en estudio*

c) Si todos los transistores PMOS añadidos son idénticos, escribir la expresión de $V_A$ en función de $I_B$, y encontrar la relación entre $V_A$, $V_{GS4}$ y $V_{GS5}$. Escribir a continuación la relación entre $I_{D6}$, $I_{D7}$, $I_n$ e $I_p$ (del apartado anterior) y, finalmente, demostrar que $g_{mT}$ sólo depende de $I_B$.

## Solución

a) El valor mínimo de $V_{DS3}$ vendrá dado por

$$V_{DS3MIN} = \sqrt{\frac{2I_{D3}}{K_3}} = \boxed{\phantom{xxxxxx}} V$$

Y a partir de ella se encuentra la mínima tensión de modo común que asegurará este resultado:

$$V_{cmMIN} = V_{DS3MIN} + V_{TN} + \sqrt{\frac{I_{D3}}{K_1}} = \boxed{\phantom{xxxxxx}} V$$

b) Partiendo de la expresión de la transconductancia de un NMOS, podemos llegar a

$$g_{mT} = \sqrt{K}\left(\sqrt{I_n} + \sqrt{I_p}\right)$$

c) La corriente que circula por M1 Y M2 es la de saturación:

$$V_A = V_{DD} - 2|V_{TP}| - 2\sqrt{\frac{2 \cdot I_B}{K_P}}$$

La suma de las tensiones $V_{SG}$ de los transistores M4 y M5 es la diferencia entre $V_A$ y la tensión de alimentación:

$$V_{SG4} + V_{SG5} = V_{DD} - V_A$$

Pero también las podemos relacionar con sus corrientes de drenador:

$$V_{SG4} = |V_{TP}| - \sqrt{\frac{2 \cdot I_{D4}}{K_P}} \qquad\qquad V_{SG5} = |V_{TP}| - \sqrt{\frac{2 \cdot I_{D5}}{K_P}}$$

Si observamos que $I_{D4} = I_n$ e $I_{D5} = I_p$, podemos concluir que

$$\sqrt{I_n} + \sqrt{I_p} = 2\sqrt{I_B} \qquad \text{y, por tanto,} \qquad g_{mT} = 2\sqrt{KI_B}$$

Capítulo 13
Transistores de paso y biestables

# LECCIÓN 13

## Transistores de paso y biestables

# Índice

NOTA: Este es un documento interactivo. Los diferentes elementos interactivos estarán marcados sobre el texto en color gris. Para un correcto funcionamiento de los vínculos presentes en el documento, es necesario que se haya seguido el procedimiento de instalación descrito en la guía de instalación de la asignatura.

## 13.1 Introducción

Este capítulo presenta de forma descriptiva la realización a nivel de transistores MOS de algunos circuitos interesantes que complementan las puertas lógicas CMOS descritas en el capítulo 1. En particular, se hace hincapié en el uso de transistores MOS como interruptores, también llamados transistores de paso.

También se presentan realizaciones y simulaciones de los elementos básicos de memoria digital, los biestables. Distinguiremos las realizaciones correspondientes a estructuras realimentadas de puertas lógicas CMOS de las que usan los transistores de paso descritos al principio del capítulo.

## 13.2 Transistores de paso

El hecho de que los transistores puedan trabajar en dos zonas claramente diferenciadas como son corte y conducción lleva implícito el concepto de su uso como interruptor. En el caso concreto de un transistor NMOS, sabemos que cuando $V_{GS}$ es menor que $V_T$ éste está en corte, y cuando $V_{GS}$ es mayor que dicha tensión umbral, estará conduciendo.

Aplicando a la puerta de un transistor NMOS la tensión más baja del circuito, aseguramos que su drenador y su surtidor están aislados, comportamiento correspondiente al de un interruptor abierto. Si, por el contrario, aplicamos a su puerta la tensión más alta del circuito ($V_{DD}$), es de esperar que el transistor conduzca, conectando entre sí su drenador y surtidor.

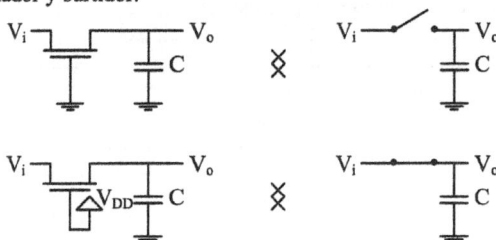

*Figura 13.1. Equivalencia entre transistor NMOS e interruptor*

En cualquier caso, no se trata de un interruptor ideal, como muestra una simulación de su comportamiento en conducción:

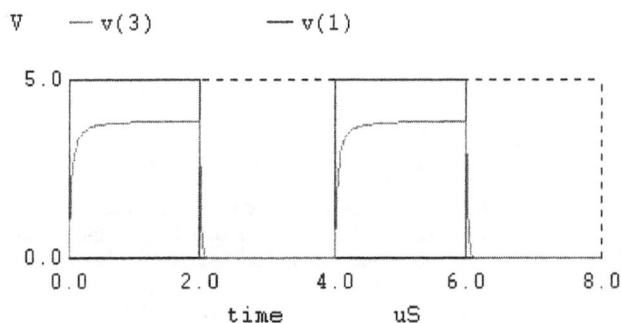

Pulsando sobre esta gráfica se accede al simulador. Desde el
simulador, el comando EDIT permite modificar el fichero original.

*Figura 13.2. Respuesta del transistor NMOS en conducción*

L. Castañer, V. Jiménez, D. Bardés                                          13.2

La figura 13.2 muestra el resultado de la simulación. Una capacidad añadida permite ver , identificando el retardo que hay entre el flanco a la entrada y la variación a la salida, que existe una cierta resistencia de conducción, mencionada ya en el capítulo 4. En dicha figura se aprecia no sólo el retardo asociado a la resistencia de conducción, sino que cuando se trata de transmitir una tensión alta de su entrada a su salida, ésta se degrada. Cabe notar que, al contrario, cuando se trata de descargar el nodo de salida para transmitir una tensión baja, funciona correctamente.

Este comportamiento se explica por el motivo que cuando el transistor NMOS intenta descargar el condensador por que está conduciendo, y $V_i$ es baja, acaba conduciendo en zona óhmica (la entrada actúa como surtidor y la salida como drenador), llegando al valor final esperado. Por otro lado, cuando se trata de cargar el condensador por que está conduciendo, y $V_i$ es elevada, conduce en saturación, con la entrada actuando de drenador y la salida de surtidor. El transistor pasa de saturación a corte cuando $V_{GS} = V_T$, y deja de cargar el condensador.

El mismo razonamiento puede aplicarse a los transistores PMOS, de lo que se obtiene un resultado dual.

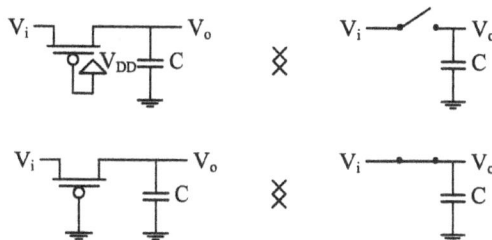

*Figura 13.3. Equivalencia entre transistor PMOS e interruptor*

Si realizamos la simulación equivalente observamos, por un lado, el retardo mencionado y, por otro, cómo el PMOS degrada la transmisión de los ceros lógicos y mantiene los unos.

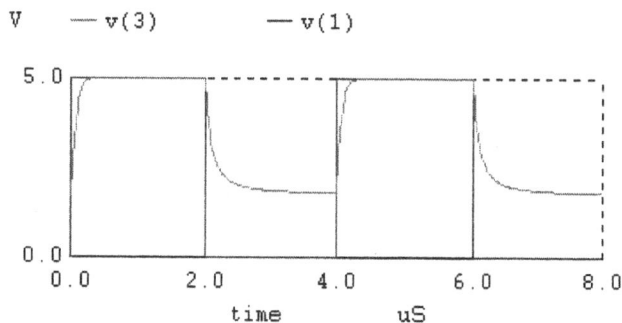

Pulsando sobre esta gráfica se accede al simulador. Desde el simulador, el comando EDIT permite modificar el fichero original.

*Figura 13.4. Respuesta del transistor PMOS en conducción*

## 13.3 Puertas de transimisión CMOS

El hecho de que los transistores NMOS no degradan la conducción de tensiones bajas (ceros) y que los PMOS no degradan la conducción de las tensiones altas (unos) justifica el uso de las estructuras CMOS presentadas en el capítulo 1.

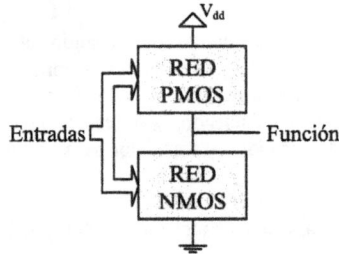

*Figura 13.5. Estructura de funciones lógicas CMOS*

Si queremos diseñar un circuito que se comporte como un interruptor, el hecho de que cada uno de los transistores MOS conduzca bien la mitad de los casos lleva a pensar en una estructura en paralelo que combine ambos transistores. A dicha estructura se la denomina puerta de transmisión CMOS.

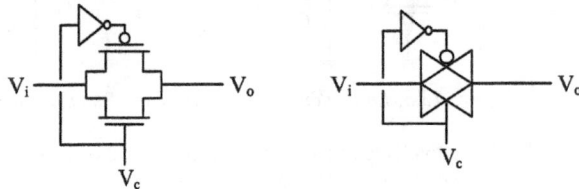

*Figura 13.6. Estructura y símbolo de la puerta de transmisión CMOS*

En la figura 13.6 se muestra dicho circuito así como su símbolo y también se ilustra el hecho de que para su correcto funcionamiento, los transistores NMOS y PMOS deben estar controlados por tensiónes opuestas, para así poder conducir, o estar cortados al mismo tiempo.

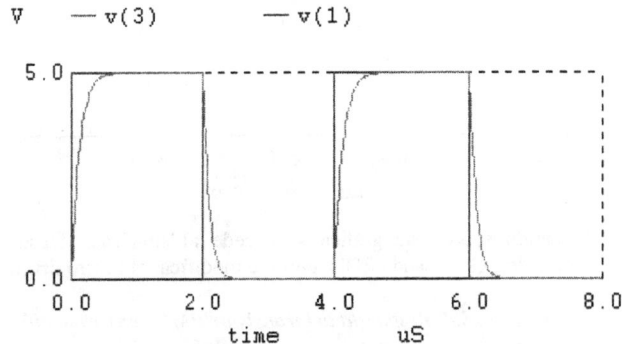

Pulsando sobre esta gráfica se accede al simulador. Desde el simulador, el comando EDIT permite modificar el fichero original.

*Figura 13.7. Respuesta de la puerta de transmisión CMOS en conducción*

Una simulación de la puerta de transmisión muestra cómo no se degrada ninguno de los valores lógicos.

## Ejercicio 13.1

En la gráfica de la figura 13.7 se aprecia nuevamente un retardo entre entrada y salida. Encontrar en la simulación el valor del retardo tanto para la transición a la salida de cero a uno como para su inversa.

Usando el modelo de retardos propuesto en el capítulo 4, se puede asimilar la puerta de transmisión en conducción a una resistencia. Mostrar mediante una simulación DC de la puerta de transmisión de la figura 13.7, la corriente que circula por ella en relación con la tensión de entrada aplicada. Calcular la resistencia equivalente que de ella se deriva. Finalmente, calcular el resultado predicho por el modelo teórico de resistencia del capítulo 4.

## Solución

Ampliando la gráfica de la figura 13.7 obtenemos

$$t_{pLH} = \boxed{\phantom{XXXXX}} \text{ ns} \qquad\qquad t_{pHL} = \boxed{\phantom{XXXXX}} \text{ ns}$$

Si modificamos el fichero que da pie a la simulación anterior, cortocircuitando el condensador y haciendo un barrido dc a la entrada de la puerta obtenemos la siguiente gráfica:

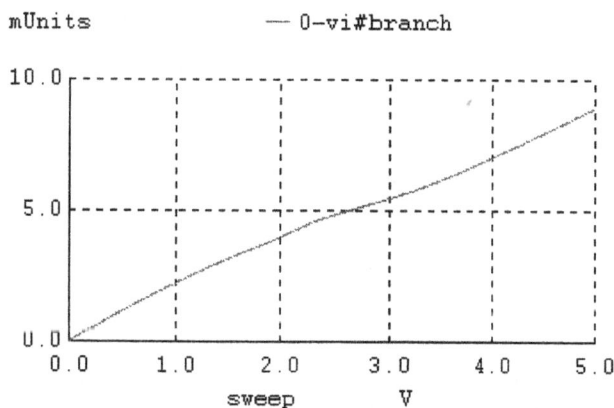

Pulsando sobre esta gráfica se accede al simulador. Desde el simulador, el comando EDIT permite modificar el fichero original.

*Figura 13.8. Corriente que circula por la puerta de transmisión*

Para obtener una resistencia equivalente en conducción hay que asimilar la respuesta de la figura 13.8 a una recta y calcular su pendiente:

$$R_{eq} = \boxed{\phantom{XXXXX}} \ \Omega$$

Por otro lado, teóricamente, lo que podemos observar son dos transistores en conducción, dispuestos en paralelo, con lo que la resistencia equivalente será

$$R_{eq} = R_{eqNMOS} \| R_{eqPMOS}$$

La resistencia de un transistor en conducción la habíamos calculado anteriormente. Entonces obtenemos

$$R_{eqMOS} = \frac{2}{k'(V_{DD} - |V_T|)} \frac{L}{W} \qquad R_{eq} = \boxed{\phantom{xxxxxx}} \, \Omega$$

## 13.4 Circuitos con puertas de transimisión

Las puertas de transmisión tienen una aplicación muy directa e intuitiva en la realización de multiplexores. Esta realización, a diferencia de la usada en circuitos CMOS con la estructura de la figura 13.5, puede funcionar, a su vez, como demultiplexor, dada la simetría de la estructura de las puertas de transmisión. Así, el caso más sencillo, de un multiplexor de dos canales y una variable de selección, puede ser implementado con dos puertas de transmisión y un inversor. Para obtener multiplexores de más canales, una posibilidad interesante e intuitiva consiste en encadenar en forma de árbol multiplexores menores. En la siguiente figura se muestra un multiplexor/demultiplexor de cuatro canales:

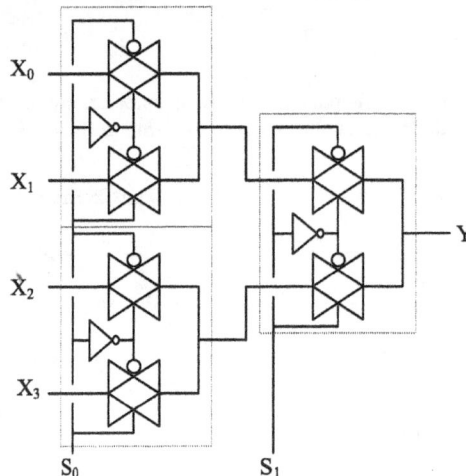

*Figura 13.9. Multiplexor/demultiplexor con puertas de transimisión*

Además de multiplexores, se pueden hacer puertas combinacionales usando puertas de transmisión. Partiendo del concepto de realización de funciones lógicas con multiplexores y conectando todas las variables de la función excepto una a las entradas de selección de canal, dicha realización es inmediata. El ejercicio siguiente ejemplifica este concepto.

## Ejercicio 13.2

Proponer una realización, usando puertas de transmisión, de una función OR de dos variables, $F = A + B$, y simular su salida para todas las combinaciones de entrada.

## Solución

Partiremos de un multiplexor de una sola variable de selección. Si conectamos a dicha entrada de selección una de las variables de la función, A, cuando $A = 0$ la salida debe ser $F = 0 + B = B$, mientras que la salida cuando la $A = 1$ debe ser $F = 1 + B = 1$. Debemos conectar entonces a los canales de entrada 1 y B respectivamente.

Al presentar las puertas de transmisión se ha discutido el interés de poner dos transistores en paralelo para poder conducir bien los valores lógicos altos y bajos. Si sabemos, como es el caso, que la entrada de una puerta de transmisión va a estar conectada a un solo valor lógico, podemos no poner uno de los dos transistores que la componen.

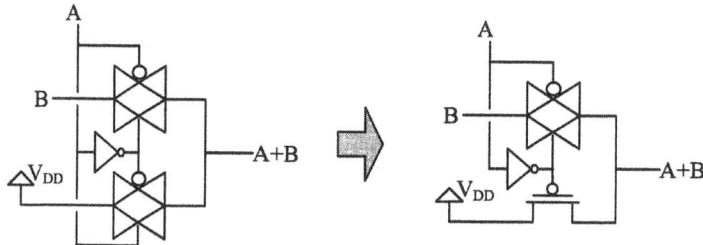

*Figura 13.10. Realización combinacional con puertas de transmisión*

Observamos que en este caso se usan menos transistores (cinco) que en la realización convencional (seis). Por otro lado, la corriente que carga y descarga el nodo de salida la proporcionan las entradas, en este caso la entrada B, a diferencia de en la realización CMOS, en que la corriente proviene de la alimentación.

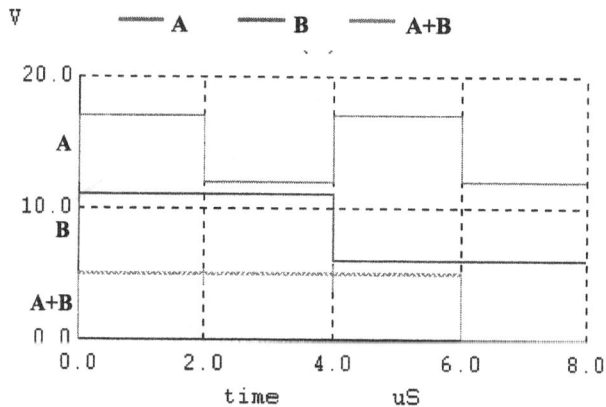

Pulsando sobre esta gráfica se accede al simulador. Desde el simulador, el comando EDIT permite modificar el fichero original.

*Figura 13.11. Simulación de la función OR con puertas de transmisión*

La simulación muestra la funcionalidad esperada para la puerta diseñada en las cuatro combinaciones de entradas posibles.

## 13.5 Realizaciones de biestables

Los biestables son los elementos básicos de memoria en circuitos digitales. Una forma de obtener elementos con memoria consiste en la realimentación de las salidas de puertas combinacionales a sus propias entradas. Un ejemplo sencillo es el biestable asíncrono RS realizado a partir de dos puertas NOR, tal como se muestra en la figura 13.12.

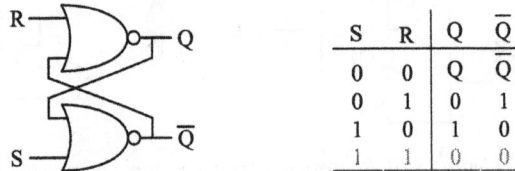

| S | R | Q | $\overline{Q}$ |
|---|---|---|---|
| 0 | 0 | Q | $\overline{Q}$ |
| 0 | 1 | 0 | 1 |
| 1 | 0 | 1 | 0 |
| 1 | 1 | 0 | 0 |

*Figura 13.12. Realización de biestable RS asíncrono y tabla de funcionamiento*

La tabla describe el funcionamiento esperado del circuito en términos de combinaciones de entrada y estado que toma el biestable. Observamos que para la combinación de entradas 00 las salidas de estado simplemente mantienen el valor que tenían, obteniendo la funcionalidad de memoria deseada.

Podemos comprobar mediante simulación que las combinaciones de entrada 01 y 10 fuerzan los estados bajo y alto respectivamente, mientras que la combinación 00 mantiene el estado anterior.

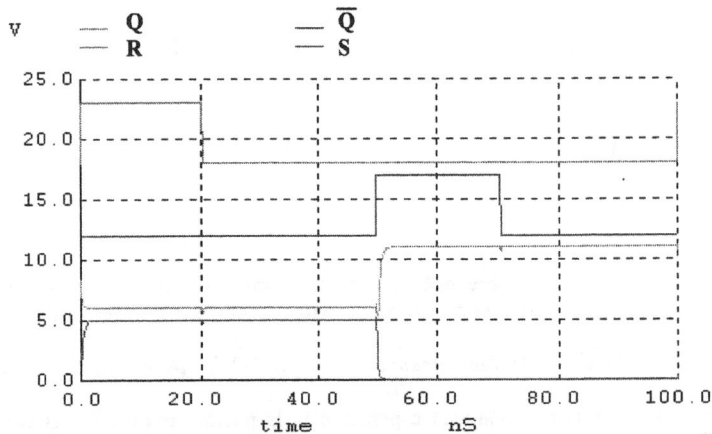

Pulsando sobre esta gráfica se accede al simulador. Desde el simulador, el comando EDIT permite modificar el fichero original.

*Figura 13.13. Funcionamiento del biestable RS*

La combinación de entradas 11, marcada en rojo en la tabla de la figura 13.12, resulta, por un lado, en un funcionamiento sin sentido a nivel lógico, ya que tanto el estado Q como su inverso valen cero a la vez. Pero no es solo eso, sino que una transición simultánea de ambas entradas de 11 a 00 lleva a un estado indeterminado. Este hecho se ilustra en la simulación de la figura 13.14.

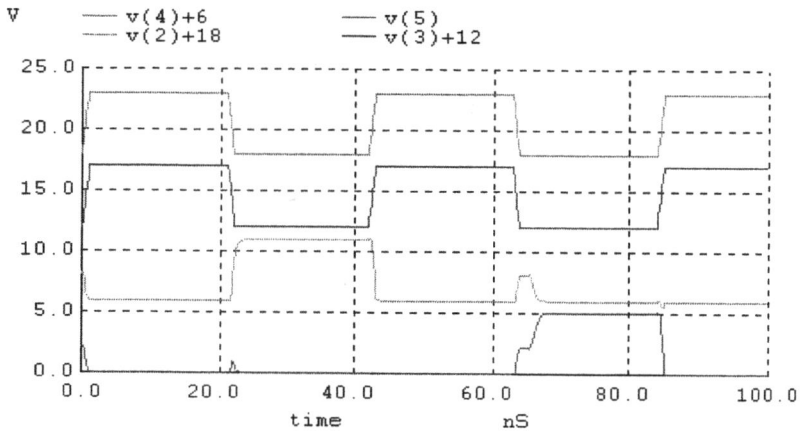

Pulsando sobre esta gráfica se accede al simulador. Desde el simulador, el comando EDIT permite modificar el fichero original.

*Figura 13.14. Simulación de transiciones 11-00 en un biestable RS asíncrono*

## 13.5.1 Biestables síncronos

Llamamos biestables síncronos a aquellos biestables cuyo estado sólo puede cambiar en instantes predeterminados por una entrada especial llamada reloj. El biestable RS presentado en el punto anterior se trata de un biestable asíncrono, puesto que la salida reacciona tan pronto como se activan las diferentes entradas, sólo limitadas por el retardo propio de las puertas lógicas.

Se pueden dividir los biestables síncronos en tres categorias, según en qué momentos asociados a la señal de reloj se permitan los cambios:

- Activos por nivel
- Activados por pulsos cortos
- Activos por flanco

Un biestable activo por nivel permite los cambios de estado siempre que la señal de reloj esté en nivel alto (o bajo). Partiendo del circuito RS asíncrono de la figura 13.12 es posible obtener la funcionalidad de un biestable tipo D activo por nivel, tambien llamado *latch*.

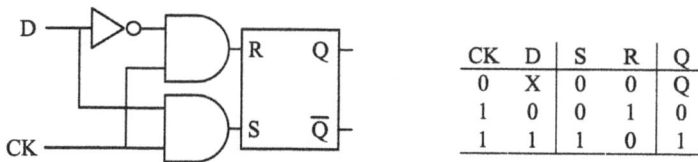

| CK | D | S | R | Q |
|----|---|---|---|---|
| 0  | X | 0 | 0 | Q |
| 1  | 0 | 0 | 1 | 0 |
| 1  | 1 | 1 | 0 | 1 |

*Figura 13.15. Obtención de biestable D síncrono por nivel y tabla de funcionamiento*

Observamos que la combinación de entradas problemática del biestable de partida, R=S=1, no se puede dar nunca en este circuito. En la simulación de la figura 13.15 podemos observar el funcionamiento esperado como biestable activo por nivel alto.

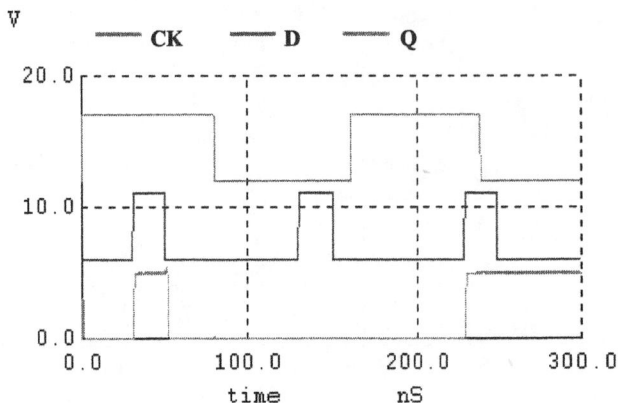

Pulsando sobre esta gráfica se accede al simulador. Desde el simulador, el comando EDIT permite modificar el fichero original.

*Figura 13.16. Respuesta temporal del biestable D*

Dado que la realización CMOS de puertas NAND (y NOR) requiere menos transistores que la de sus inversas, la simulación corresponde al circuito de la figura siguiente, que, como se puede comprobar, es equivalente al propuesto en la figura 13.15:

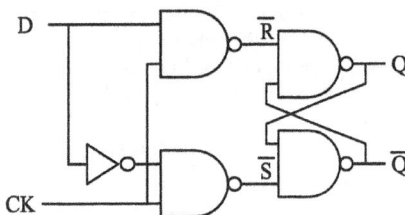

*Figura 13.17. Realización del biestable D síncrono por nivel*

Los biestables síncronos por nivel restringen poco el tiempo en que se permiten los cambios de estado. Por ello no es habitual realizar biestables con la posibilidad de invertir el estado (como el tipo JK) sincronizados por nivel, ya que ello podría llevar a la oscilación de la salida. Un forma de constreñir el periodo en que los cambios son posibles es exigir que los pulsos de reloj sean cortos en relación al tiempo de respuesta del biestable. A este tipo de biestables los llamamos biestables activados por pulsos cortos.

Un ejemplo de realización de biestable activado por pulso corto de tipo JK es el propuesto en la figura 13.18, que también parte de la estructura inicial del biestable RS asíncrono:

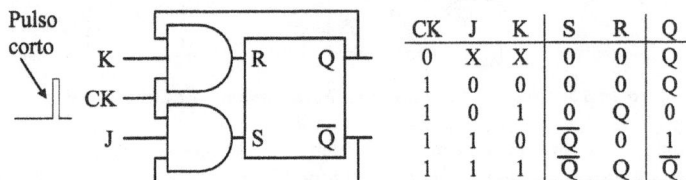

| CK | J | K | S | R | Q |
|----|---|---|---|---|---|
| 0 | X | X | 0 | 0 | Q |
| 1 | 0 | 0 | 0 | 0 | Q |
| 1 | 0 | 1 | 0 | Q | 0 |
| 1 | 1 | 0 | $\overline{Q}$ | 0 | 1 |
| 1 | 1 | 1 | $\overline{Q}$ | Q | $\overline{Q}$ |

*Figura 13.18. Obtención de biestable JK activo por pulso corto y tabla de funcionamiento*

## Ejercicio 13.3

Modificar el circuito de la figura 13.18 a imagen del biestable D síncrono por nivel anterior para minimizar el número de transistores usados en la realización CMOS de las puertas. Simular su respuesta para las diversas combinaciones de entradas. Encontrar, en la simulación, el retardo de propagación desde que cambia la señal de reloj hasta que cambia la salida del biestable. Este tiempo limitará la anchura del pulso de reloj que podemos utilizar.

## Solución

El circuito, usando sólo puertas NAND, quedará como se muestra en la figura 13.19:

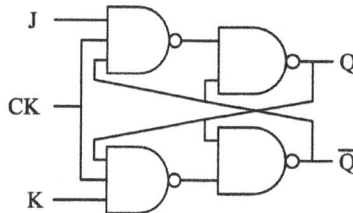

*Figura 13.19. Realización del biestable JK activado por pulso corto*

Si simulamos el circuito, obtendremos la respuesta temporal de la figura 13.20:

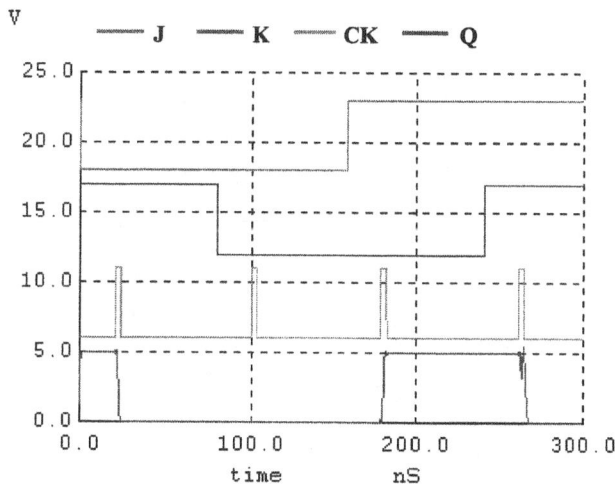

Pulsando sobre esta gráfica se accede al simulador. Desde el simulador, el comando EDIT permite modificar el fichero original.

*Figura 13.20. Respuesta temporal del biestable propuesto*

El tiempo medido en la transición susceptible de crear problemas (cuando la combinación de entradas es J=K=1), es de

$$t_p = \boxed{\phantom{xxxxx}} \; ns$$

Para evitar la restricción asociada a la duración del pulso de reloj, se utilizan biestables activos por flanco. La estructura corresponde a la de dos biestables activos por nivel controlados por relojes en contrafase (cuando un biestable puede cambiar, el otro no, y viceversa), para así cortar el camino de realimentación que puede llevar a oscilación. Este tipo de estructuras se denominan también maestro-esclavo.

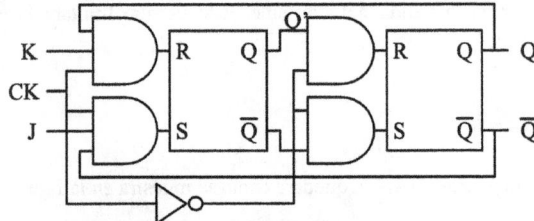

*Figura 13.21. Biestable JK activo por flanco*

Observamos que la salida del biestable maestro, Q', controla las entradas del biestable esclavo, y que la salida del biestable esclavo, Q, es a su vez la salida del biestable completo.

## Ejercicio 13.4

Repetir el ejercicio 13.3 para el biestable activo por flanco de la figura 13.21. Modificar el circuito para minimizar el número de transistores usados en la realización CMOS de las puertas. Simular su respuesta para las diversas combinaciones de entradas y muestre la evolución de las salidas del biestable maestro y del biestable esclavo.

## Solución

El circuito, usando sólo puertas NAND y un inversor, quedará como se muestra en la figura 13.22:

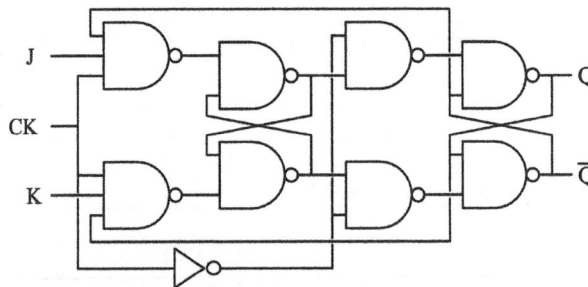

*Figura 13.22. Biestable JK activo por flanco*

En la simulación podemos observar cómo la salida del biestable maestro, Q', cambia cuando el reloj está a nivel alto, pero como la salida del biestable esclavo no puede cambiar hasta que el reloj esté a nivel bajo, no se producen oscilaciones ni en el caso en que las entradas valen J=K=1. Así pues, el biestable diseñado es un biestable JK activo por flanco de bajada.

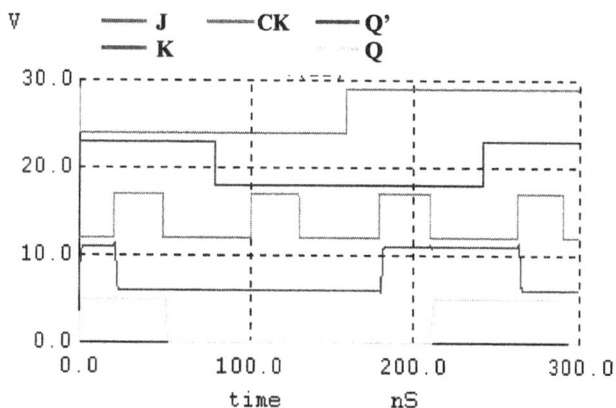

Pulsando sobre esta gráfica se accede al simulador. Desde el simulador, el comando EDIT permite modificar el fichero original.

*Figura 13.23. Respuesta temporal del biestable propuesto*

## 13.5.2 Biestables usando puertas de transmisión

Una forma alternativa de realizar biestables síncronos es usando las puertas de transmisión presentadas en el apartado 13.3. Controlando dichas puertas con la señal de reloj podremos decidir cuándo permitimos los cambios de estado de un biestable. Un ejemplo sencillo sería la realización de un biestable tipo D activo por nivel.

En la realización propuesta en la figura 13.24, se observa cómo el reloj hace conducir alternativamente las dos puertas de transmisión, consiguiendo un biestable activo por nivel bajo:

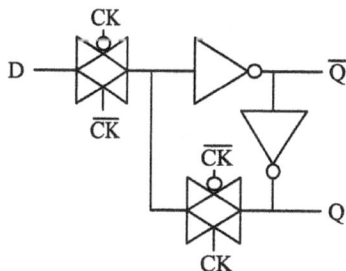

*Figura 13.24. Biestable D activo por nivel bajo*

Una simulación como la mostrada en la figura 13.25 permite comprobar el funcionamiento esperado.

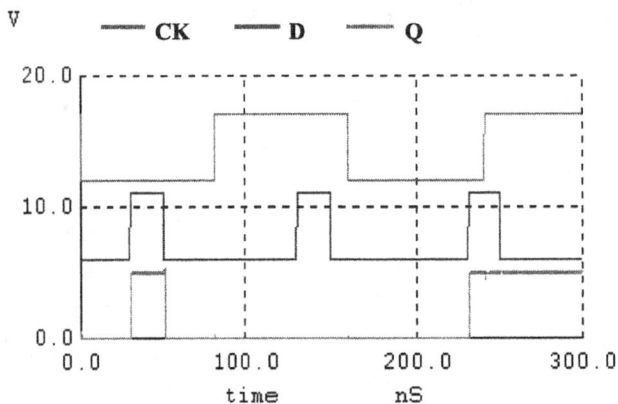

Pulsando sobre esta gráfica se accede al simulador. Desde el simulador, el comando EDIT permite modificar el fichero original.

*Figura 13.25. Respuesta temporal del biestable con puertas de transmisión*

Con la misma filosofía que en el apartado anterior, se pueden combinar dos biestables como los de la figura 13.24, con la estructura maestro-esclavo, para obtener un biestable activo por flanco de subida. El circuito correspondiente se muestra en la siguiente figura:

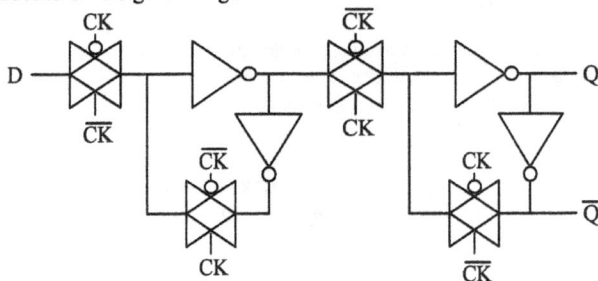

*Figura 13.26. Biestable D activo por flanco de subida*

Finalmente, se puede añadir a los biestables síncronos presentados una nueva funcionalidad: las entradas asíncronas, que permiten forzar un estado determinado independientemente del reloj. En la figura 13.27 se muestra cómo añadir una entrada de *reset* asíncrono al biestable D de la figura anterior.

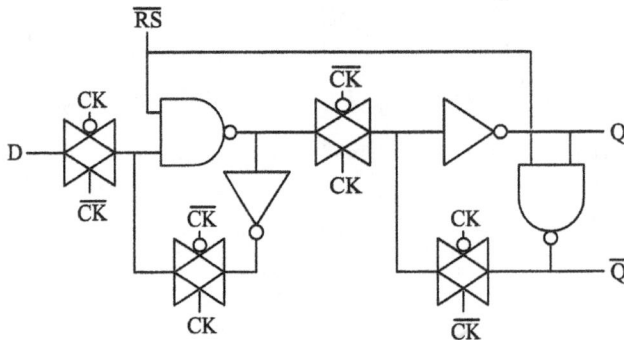

*Figura 13.27. Biestable D activo por flanco de subida con* reset *asíncrono*

donde podemos observar que se trata de una señal de *reset* activa baja, ya que cuando dicha señal es alta, el circuito equivalente es el de la figura 13.26, mientras que cuando vale cero fuerza Q=0, ya sea a través de una u otra NAND, según el reloj esté alto o bajo.

# 13.6 Problemas

## Problema 13.1

Proponer un circuito basado en puertas de transmisión CMOS que realice la función AND de dos entradas. Repetir el problema para la función XOR. Simular ambos circuitos.

## Solución

Una posibilidad interesante para ambos circuitos se muestra en la figura siguiente:

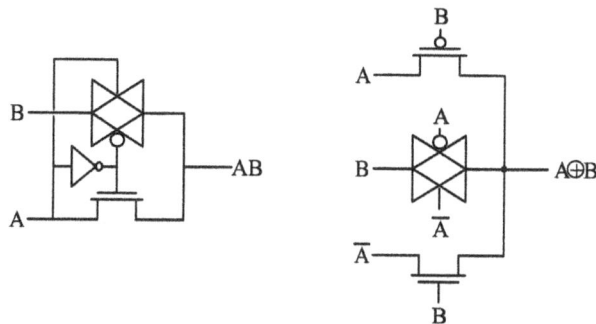

*Figura 13.28. Circuitos AND y XOR con puertas de transmisión*

La simulación demuestra la funcionalidad de las soluciones propuestas, que no son únicas.

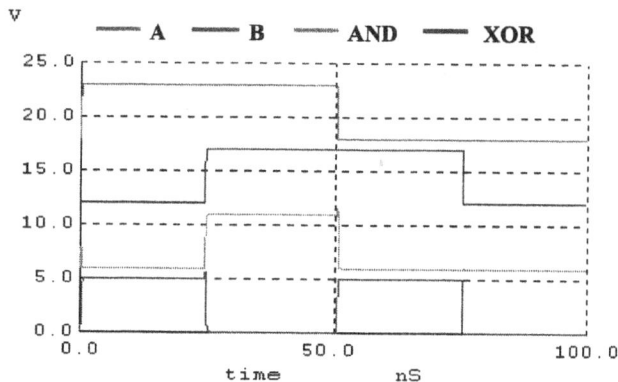

*Figura 13.29. Simulación de los circuitos AND y XOR con puertas de transmisión*

## Problema 13.2

Simular el comportamiento temporal de los biestable tipo D activos por flanco, sin y con entrada asíncrona de *reset*, descritos en las figuras 13.26 y 13.27 respectivamente.

## Solución

El biestable de la figura 13.26 no tiene entrada asíncrona. Si representamos la salida del biestable maestro, Q', y la del esclavo, Q, podremos observar cómo el primero es activo por nivel bajo y el segundo por nivel alto. El resultado es un biestable activo por flanco de subida.

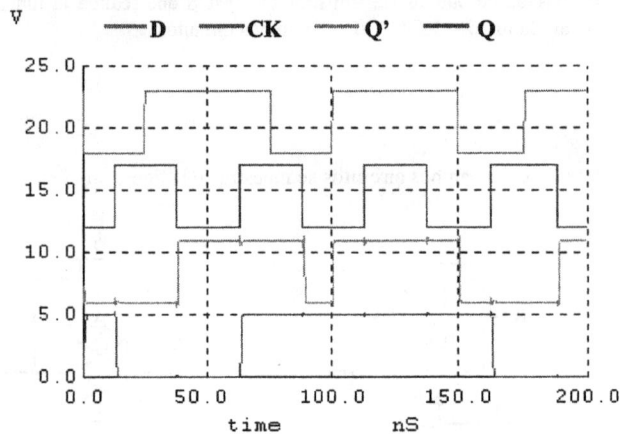

*Figura 13.30. Simulación del biestable propuesto sin entrada asíncrona*

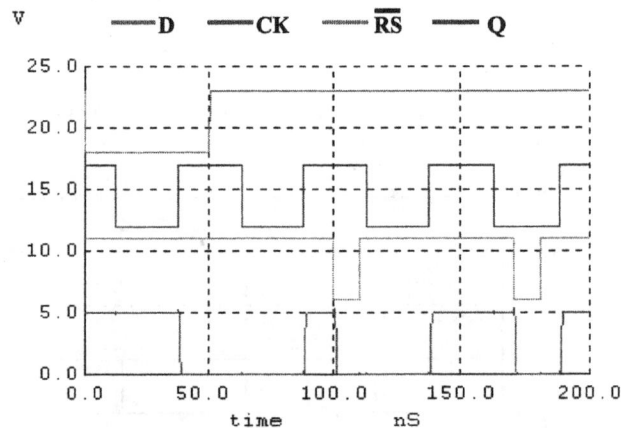

*Figura 13.31. Simulación del biestable con entrada asíncrona*

La simulación del biestable de la figura 13.27 muestra cómo la entrada de *reset* funciona tanto si se activa cuando el reloj está en estado alto como en estado bajo.

## Problema 13.3

Analizar el circuito de la figura como biestable y compararlo con otras estructuras con la misma funcionalidad presentadas a lo largo del capítulo.

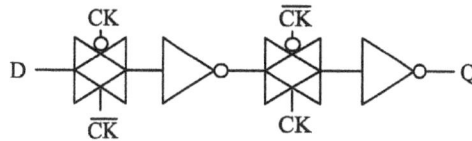

*Figura 13.32. Circuito en estudio*

## Solución

El circuito se comporta como un biestable activado por flanco de subida, como se muestra en la simulación. Este biestable es mucho más simplificado que las otras opciones presentadas a lo largo del capítulo, ya que necesita sólo 10 transistores, mientras que la misma funcionalidad proporcionada por el biestable con puertas de transmisión, de la figura 13.26, necesita 18 transistores (casi el doble), y la realización con puertas estáticas CMOS, añadiendo un inversor entre las entradas J y K del biestable propuesto en la figura 13.22, utiliza hasta 40 transistores.

Por otro lado, este biestable basa su funcionamiento en el mantenimiento de la carga en las capacidades asociadas a los nodos de entrada de los inversores cuando la puerta de transmisión se halla cortada; por lo tanto, es un biestable dinámico, que puede llegar a perder información a frecuencias de reloj suficientemente bajas.

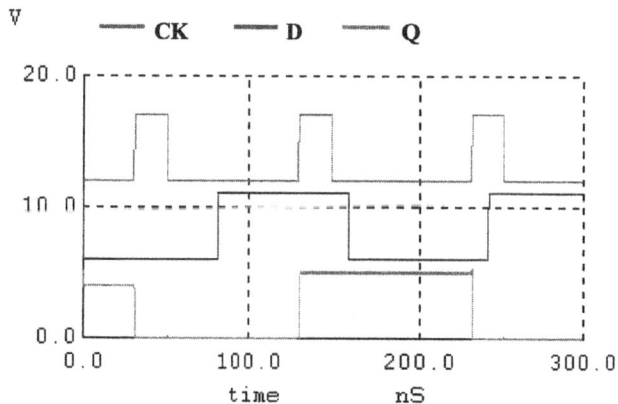

*Figura 13.33. Simulación del biestable simplificado*

Anexo 1
Estructura de ficheros y comandos de SPICE

# ANEXO 1

## Estructura de ficheros y comandos de SPICE

## Índice

NOTA: Este es un documento interactivo. Los diferentes elementos interactivos estarán marcados sobre el texto en color gris. Para un correcto funcionamiento de los vínculos presentes en el documento, es necesario que se haya seguido el procedimiento de instalación descrito en la guía de instalación de la asignatura.

# A1.1 Introducción

En este anexo se presenta la estructura habitual de un fichero SPICE y un breve resumen sobre los comandos que se suelen utilizar para las simulaciones que aparecen en las lecciones.

Si se desea más información se puede consultar el manual del programa WinSpice3.

# A1.2 Estructura de un *netlist*

Los circuitos se describen en SPICE mediante un fichero de texto, guardado con extensión .cir, que contiene un conjunto de líneas, donde se describen la topología del circuito, los valores de los componentes, los parámetros del modelo y los comandos de control para simular.

La primera línea del fichero debe ser el título, y la última debe ser el comando **.END**. Cuando se desea continuar una línea muy larga en otra, se debe empezar la nueva línea con un signo más (+). Si se quiere añadir un comentario dentro del fichero se debe empezar la línea con un asterisco (*).

A continuación se muestra la estructura típica de un *netlist*:

```
Fichero de ejemplo

* Ficheros, librerias o modelos incluidos:
.include fichero1
.model nfet nmos
+ level=2.0   tox=2.50e-8   vto=0.70   ld=0.325u   nsub=2e+16
+ gamma=0.65  uo=510.       uexp=0.22  ucrit=24.3k  vmax=54k
+ delta=0.40  rsh=55        neff=4.0   lambda=0.0   nfs=0.0
+ nss=0.0     xj=0.4u       cj=130u    mj=0.53      cjsw=620p
+ mjsw=0.53   pb=0.68       cgdo=320p  cgso=320p    js=2u
.lib nombre.lib

* Descripcion del circuito
m1 2 1 0 0 nfet w=40u l=8u
m2 2 1 10 10 pfet w=40u l=8u

* Fuentes de alimentación
Vdd 10 0 dc 5
Vin1 1 0 dc 0
Vin2 1 0 PULSE(-1 1 2ns 2ns 2ns 50ns 100ns)

* Simulacion a realizar
.dc vin 0 5 0.05
.tran 1n 50n

* Lineas de control
.control
run
plot v(2)
.endc

.end
```

*Figura 1. Estructura típica de un netlist*

En los siguientes apartados se comentan las partes de fichero y los comandos que se utilizan más habitualmente. Para la descripción de los comandos se sigue el siguiente convenio:

- Texto en negrita: texto del comando que se debe escribir tal como se indica.
- Texto en itálica: parámetro del comando que se debe escribir.
- Texto entre llaves [ ] y en itálica: parámetro del comando opcional.

## A1.3 Incluir ficheros, librerías o modelos

Al principio del *netlist* se suelen indicar los ficheros, librerías o modelos que se deben incluir para completar la descripción del circuito o definir sus componentes.

**. include** *nomfichero*

Equivale a copiar todo el contenido del fichero *nomfichero* en nuestro *netlist*.

**. model** *modnombre tipo (parametro1=valor1 parametro2=valor2 ...)*

Permite fijar el valor de los parámetros del modelo de un dispositivo. En nuestro caso lo utilizamos para fijar los parámetros de los transistores NMOS y PMOS. El nombre que le damos al modelo que definimos es *modnombre*, y el nombre que recibe en SPICE el dispositivo que modelamos es *tipo*.

**. lib** *nombre.lib*

Permite obtener de la librería indicada los modelos y subcircuitos utilizados en nuestro netlist que no hemos definido.

## A1.4 Descripción del circuito

El primer paso para realizar la descripción SPICE del circuito es hacer un dibujo del circuito numerando todos los nodos, teniendo en cuenta que el nodo de masa debe ser el nodo número 0 siempre. De esta forma sabremos entre qué nodos está conectado cada componente del circuito.

El valor de un componente se indica en números y se utiliza el siguiente convenio: meg=$10^6$, k=$10^3$, m=$10^{-3}$, u=$10^{-6}$, n=$10^{-9}$, etc.

Los componentes más utilizados se definen como se muestra a continuación:

**R***nombre nodo1 nodo2 valor*

Resistencia conectada entre *nodo1* y *nodo2* de un determinado *valor*.

**C***nombre nodo1 nodo2 valor*

Condensador conectado entre el *nodo1* (positivo) y el *nodo2* (negativo) de un determinado *valor*.

**M***nombre nd ng ns nb modelo* **w**=*valor1* **l**=*valor2*

Transistor MOSFET con los terminales drenador, puerta, surtidor y sustrato conectados a los nodos *nd*, *ng*, *ns* y *nb* respectivamente. También se indica el nombre del modelo utilizado para el transistor, el valor de la longitud de canal L y la anchura W.

Es importante destacar que un transistor MOS es simétrico, es decir, los terminales drenador y surtidor son idénticos e intercambiables. En un circuito con transistores NMOS y PMOS, el terminal que actuará como surtidor de un transistor NMOS será el conectado a menor potencial (por ejemplo a masa), y para un transistor PMOS el surtidor será el terminal conectado a mayor potencial (por ejemplo a Vdd).

## A1.5 Fuentes de alimentación

Las fuentes de alimentación también forman parte de la descripción del circuito; por tanto, sus terminales estarán conectados al nodo que corresponda. Es conveniente describir todas las fuentes juntas después del circuito, para localizarlas fácilmente si hay que modificar sus valores.

En SPICE hay definidos muchos tipos de fuentes: tensión, corriente, dependientes, independientes, continua, alterna, etc.

A continuación se muestra la definición de las tres fuentes de tensión más utilizadas para las simulaciones de los circuitos de las lecciones. Si se desea definir otro tipo de fuente, consultar el manual del programa WinSpice.

**V**nombre nodo1 nodo2 **dc** valor

Fuente de tensión continua conectada entre el nodo1 (positivo) y el nodo2 (negativo), y de un determinado valor de tensión.

**V**nombre nodo1 nodo2 **ac** valor

Fuente de tensión alterna conectada entre el nodo1 (positivo) y el nodo2 (negativo), y de un determinado valor de pico.

**V**nombre nodo1 nodo2 valordc **pulse** (v1 v2 td tr tf pw per)

Fuente de tensión conectada entre el nodo1 (positivo) y el nodo2 (negativo). En análisis en continua (.DC) la fuente es continua de tensión valordc. En análisis transitorio (.TRAN) la fuente genera una señal cuadrada con los siguientes parámetros:

V1: valor mínimo (inicial)  V2: valor máximo
Td: retardo inicial  Tr: tiempo de subida  Tf: tiempo de bajada
Pw: anchura del pulso  Per: periodo

La figura A1.2 muestra gráficamente el significado de estos parámetros.

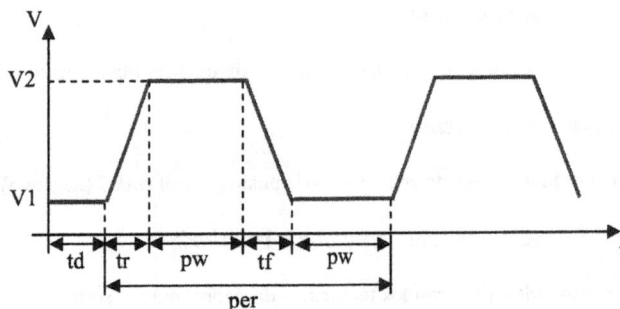

*Figura 2. Parámetros de la señal PULSE.*

## A1.6 Tipos de análisis

Para simular un circuito, SPICE ofrece diferentes clases de análisis. En las simulaciones de las lecciones se utilizarán básicamente dos análisis: análisis DC y análisis TRAN.

**.DC** *fuenom vinicio vfinal vincr* [*fuenom2 vinicio2 vfinal2 incremento2*]

> Este análisis permite obtener la función de transferencia en continua de un circuito. Para ello realiza un barrido DC de la fuente de tensión *fuenom* desde la tensión *vinicio* hasta *vfinal* en incrementos de tensión de *vincr*.

> Opcionalmente, también se puede especificar otra fuente. En este caso se realiza un barrido de la primera fuente *fuenom* para cada valor de la segunda fuente *fuenom2*.

**.AC** *tipovariacion npuntos frecinicio frecfinal*

> Este análisis permite realizar un barrido en frecuencia de las fuentes AC que se hayan definido en el circuito.

> El barrido se realiza variando la frecuencia entre las frecuencias *frecinicio* y *frecfinal*, según se indique en *tipovariacion*: décadas (**DEC**), octavas (**OCT**) o lineal (**LIN**). El parámetro *npuntos* indica el número de puntos por década, por octava, o el número de puntos totales si el barrido es lineal.

**.TRAN** *tpaso tfinal* [*tinicio* [*tmax*]]

> Este análisis permite simular el comportamiento temporal de un circuito. La simulación se realiza desde tiempo cero hasta tiempo *tfinal* en incrementos de *tpaso*.

> Opcionalmente, se puede especificar un tiempo de inicio distinto de cero, *tinicio*. En este caso, la simulación empieza desde tiempo cero, pero los resultados se muestran a partir de *tinicio*. También se puede especificar el máximo incremento de computación que usará el programa, *tmax*.

## A1.7 Comandos de control

En el fichero *netlist*, se pueden incluir comandos del programa SPICE tal y como se introducirían en el intérprete de comandos del programa. Para ello, estos comandos deben estar incluidos entre las líneas **.control** y **.endc**. Estos comandos se ejecutan inmediatamente después de que se cargue el circuito.

En las simulaciones de los circuitos se utilizan básicamente dos comandos: run y plot.

**run**

> Este comando ejecuta las simulaciones indicadas en el *netlist*, por ejemplo: dc, ac, tran.... Por tanto, debe ser el primero en ejecutarse para poder visualizar algún resultado.

**plot** *expres1* [*expres2 expres3* ... ]

> Este comando permite hacer una gráfica por la pantalla de la expresión indicada *expres1*. Si se indica más de una expresión saldrán todas en la misma gráfica.

Puede tener una expresión matemática que incluya la tensión de uno o más nodos de un circuito, como por ejemplo: v(2), v(3) + 2, db(v(1)), v(1)+v(2)...

También se puede representar la corriente que entra por el primer terminal de una fuente de tensión, por ejemplo: i (vdd). Esto se puede utilizar para observar la corriente que circula por una rama de un circuito conectando una fuente de tensión, vaux, de valor 0V, y mostrando la corriente i(vaux).

Anexo 2
Constantes físicas y propiedades de materiales

# ANEXO 2
## Constantes físicas y propiedades de materiales

## Índice

NOTA: Este es un documento interactivo. Los diferentes elementos interactivos estarán marcados sobre el texto en color gris. Para un correcto funcionamiento de los vínculos presentes en el documento, es necesario que se haya seguido el procedimiento de instalación descrito en la guía de instalación de la asignatura.

## A2.1 Tabla de constantes físicas

En esta tabla se lista el valor de algunas constantes físicas usadas en el texto

| Constante | Símbolo | Valor |
|---|---|---|
| Permitividad del vacío | $\varepsilon_0$ | $8.85 \times 10^{-14}$  F/cm |
| Permitividad relativa del óxido de Si | $\varepsilon_{rox}$ | 3'89 |
| Carga del electrón | q | $1.6 \times 10^{-19}$  C |
| Constante de Boltzmann | k | $1.38 \times 10^{-23}$  J/K ($8.62 \times 10^{-5}$ eV/K) |
| Potencial térmico a 300ºK | kT/q | 0.0259  V |

## A2.2 Difusividades en silicio

Gráfica de las difusividades en silicio de los dopantes más comunes, en función de la temperatura:

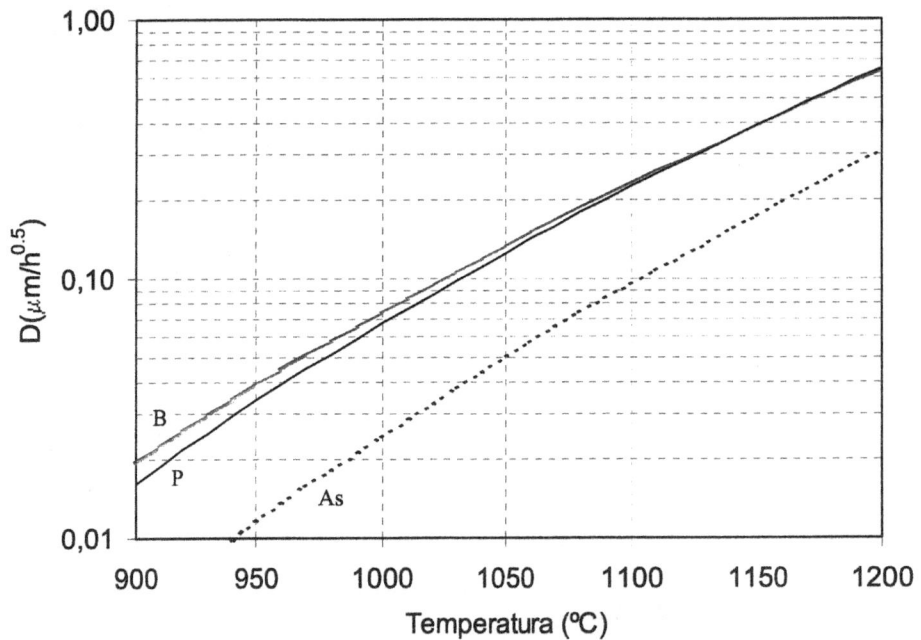

## A2.3 Resistividad del Silicio dopado

Representación gráfica del dopado (tipo n o p) necesario para obtener silicio con una determinada resistividad:

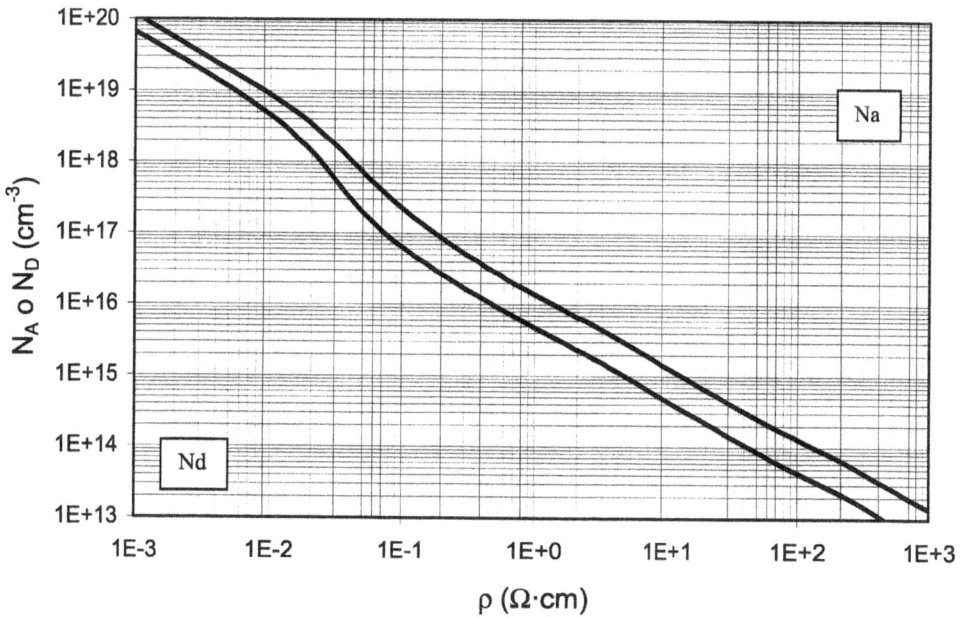

## A2.4 Función error complementaria

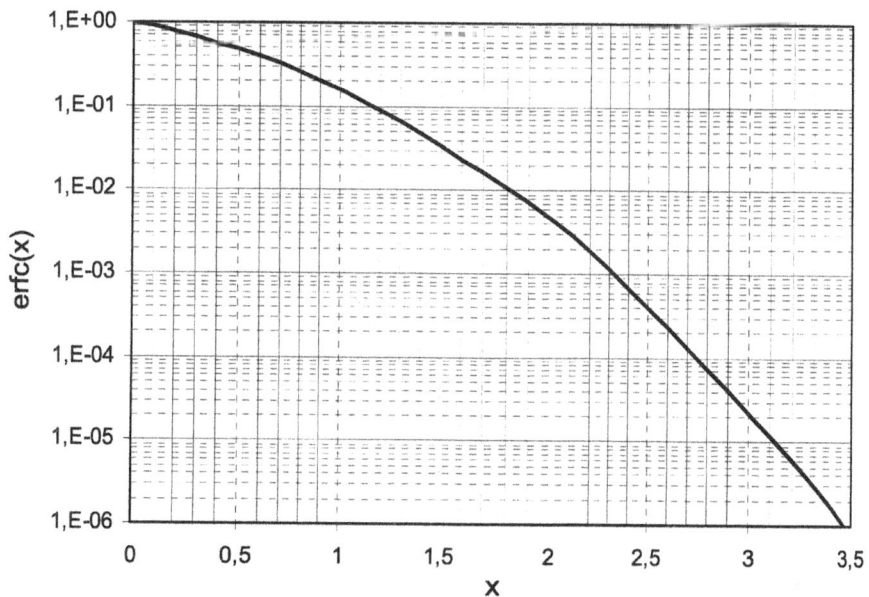

www.ingramcontent.com/pod-product-compliance
Lightning Source LLC
Chambersburg PA
CBHW080519220326
41599CB00032B/6132